U0238042

中文版

DaVinci Resolve 达芬奇 | 视频调色 从入门到精通

微课视频 全彩版

新镜界 编著

中国水利水电出版社
www.waterpub.com.cn
·北京·

内 容 提 要

DaVinci Resolve是一款著名的调色软件，也是一款集后期制作功能于一身的影视后期处理软件，其核心技术有剪辑、色轮、RGB混合器、降噪、选区抠像、窗口蒙版、跟踪、稳定、曲线、节点、LUT、滤镜、转场、字幕、音频、渲染等。

本书共12章，是一本DaVinci Resolve达芬奇视频调色的实用教程，也是一本视频教程，内容包括 DaVinci Resolve软件的入门与基础操作、视频剪辑、一级调色、二级调色、节点调色、LUT与滤镜调色、转场特效、字幕特效、音频与渲染等核心功能应用，以及烟花视频调色和人像视频制作等综合实战案例。本书基础知识讲解与实操案例相结合，同时实例讲解配备了同步教学视频，并提供素材源文件，便于加深读者对知识点的理解和动手操练，提高综合实战能力。

本书结构清晰、语言简洁，适合视频拍摄者、视频调色爱好者、达芬奇软件学习者、影视工作人员使用，也可作为相关院校的教材。

图书在版编目(CIP)数据

中文版DaVinci Resolve达芬奇视频调色从入门到精通：微课视频：全彩版 / 新镜界编著. -- 北京：中国水利水电出版社, 2024. 9. -- ISBN 978-7-5226-2634-5

Ⅰ. TP391.413

中国国家版本馆CIP数据核字第20244XD663号

书　　名	中文版DaVinci Resolve达芬奇视频调色从入门到精通 ZHONGWENBAN DaVinci Resolve DAFENQI SHIPIN TIAOSE CONG RUMEN DAO JINGTONG
作　　者	新镜界　编著
出版发行	中国水利水电出版社 （北京市海淀区玉渊潭南路 1 号 D 座 100038） 网址：www.waterpub.com.cn E-mail：zhiboshangshu@163.com 电话：（010）62572966-2205/2266/2201（营销中心）
经　　售	北京科水图书销售有限公司 电话：（010）68545874、63202643 全国各地新华书店和相关出版物销售网点
排　　版	北京智博尚书文化传媒有限公司
印　　刷	河北文福旺印刷有限公司
规　　格	170mm×240mm　16 开本　14.75 印张　318 千字
版　　次	2024 年 9 月第 1 版　2024 年 9 月第 1 次印刷
印　　数	0001—3000 册
定　　价	89.80 元

前　言

同为视频编程软件，剪映、Premiere主要用于编辑视频与转场特效，而达芬奇的强项是调色，其调色功能在目前的视频编程软件中是比较强大的。

抖音上颜色好看的视频色调，基本上都是用达芬奇制作的，许多影视剧的色调也都是用达芬奇制作的。

随着抖音、快手、B站、视频号、小红书、今日头条、西瓜视频等直播社交平台的发展，用户对视频色彩美感的要求也越来越高。因此，专业级的视频色调基本上都用达芬奇制作。

本书精选105个实例，用“实例+视频”讲解的教学模式帮助读者全面了解软件的功能与应用，做到学用结合。希望读者能够举一反三，轻松掌握这些功能，从而调出专属于自己的热门视频效果。

■ 本书特色

1. 由浅入深，循序渐进。本书以初、中级读者为对象，先从达芬奇的基础知识学起，然后学习达芬奇的核心技术，再学习达芬奇的转场应用，最后学习开发完整项目。本书讲解步骤详尽、版式新颖，图文并茂，让读者在阅读时能一目了然，从而快速掌握书中内容。

2. 同步视频，讲解详尽。书中每章都提供了同步视频教学，这些视频能够引导初学者快速入门，感受学习达芬奇的快乐和获得成就感，增强进一步学习的信心，从而快速成为调色高手。

3. 实例典型，轻松易学。通过例子学习是最好的学习方式，本书通过一个知识点、一个例子、一个结果、一个综合应用的模式，透彻详尽地讲述了实际应用中所需的各类知识。

4. 精彩栏目，贴心提醒。本书根据需要安排了“温馨提示”栏目，让读者可以在学习过程中更轻松地理解相关知识点及概念，更快地掌握相关技术的应用技巧。

5. 应用实践，随时练习。书中几乎每章都提供了“练习实例”，以让读者能够通过对问题的解答重新回顾、熟悉所学知识，举一反三，为进一步学习做好充分的准备。

■ 资源获取

为了帮助读者更好地学习与实践，本书附赠了配套的学习资源，包括225分钟的同步教学视频、实例的素材文件、效果文件和课后习题答案。读者请使用手机微信扫一扫下面的公众号二维码，关注后输入 DVC2634 至公众号后台，即可获取本书相应资源的下载链接。将该链接复制到计算机浏览器的地址栏中（一定要复制到计算机浏览器的地址栏中），根据提示进行下载。读者可加入本书的读者交流圈，与其他读者学习交流，或查看本书的相关资讯。

设计指北公众号

读者交流圈

■ 特别提醒

本书采用DaVinci Resolve 18.5软件编写，请读者一定要使用同版本软件。附送的素材和效果文件请根据本书提示进行下载，学习本书案例时，可以扫描案例中的二维码观看操作视频。

直接打开附送下载资源中的项目时，预览窗口中会显示“离线媒体”提示文字，这是因为每个读者安装的DaVinci Resolve 18.5软件以及素材与效果文件的路径不一致，这属于正常现象，读者只需要重新链接素材文件夹中的相应文件，即可打开。读者也可以将随书附送的下载资源复制到计算机中，第一次链接成功后，将项目文件进行保存或导出，后面打开就不需要再重新链接了。

如果读者将资源文件复制到计算机磁盘中直接打开资源文件，会出现无法打开的情况。此时需要注意，在打开附送的素材效果文件前，需要先将资源文件中的素材和效果文件全部复制到计算机磁盘中，在文件夹上右击，在弹出的快捷菜单中选择“属性”命令，打开“文件夹属性”对话框，取消选中“只读”复选框，然后重新在DaVinci Resolve 18.5软件中打开素材和效果文件，就可以正常使用文件了。

■ 致谢

本书能够顺利出版，是作者和所有编校人员共同努力的结果，在此表示深深的感谢。同时，祝福所有读者在通往优秀设计师的道路上一帆风顺。

编　者

2024年8月

目　录

软件入门 第 1 章

本章要点

DaVinci Resolve 是一款专业的影视调色剪辑软件，它的中文名称为达芬奇。其集视频调色、剪辑、合成、音频、字幕于一体，是常用的视频编辑软件之一。本章将带领读者认识 DaVinci Resolve 18.5 的界面及其基本设置。

1.1 快速看懂达芬奇界面

DaVinci Resolve是一款适用于Mac和Windows双操作系统的软件。DaVinci Resolve于2019年更新至DaVinci Resolve 18.5版本，该版本虽然对系统的配置要求较高，但有着强大的兼容性，还提供了多种操作工具，将剪辑、调色、特效、字幕、音频等实用功能集于一身，是许多剪辑师、调色师都十分青睐的影视后期剪辑软件之一。本节主要介绍DaVinci Resolve 18.5的工作界面，如图1.1所示。

图1.1 DaVinci Resolve 18.5的工作界面

1.1.1 "媒体池"面板

在DaVinci Resolve 18.5"剪辑"步骤面板左上角的工具栏中，单击"媒体池"按钮，即可展开"媒体池"面板，如图1.2所示。

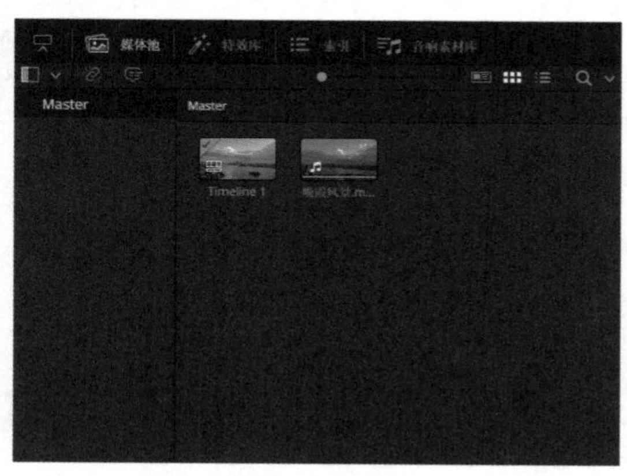

图1.2 "媒体池"面板

在下方的步骤面板中，单击“媒体”按钮，如图1.3所示，即可切换至“媒体”面板，“媒体池”面板和“媒体”面板界面中的“媒体池”是可以通用的。

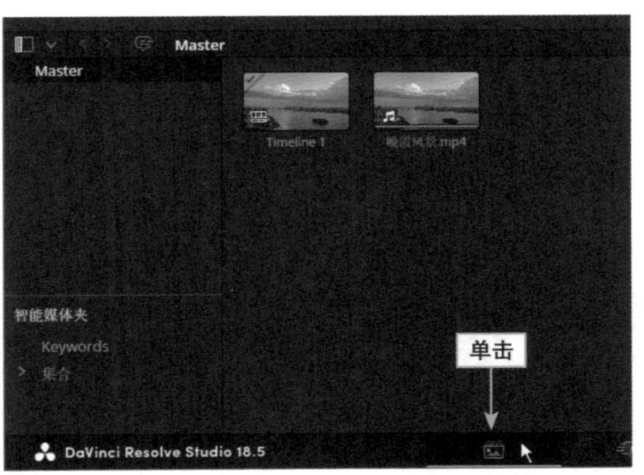

图1.3　单击“媒体”按钮

1.1.2 “特效库”面板

在“剪辑”步骤面板的工具栏中，单击“特效库”按钮，可展开“工具箱”面板，其中为用户提供了视频转场、音频转场、标题、生成器以及效果等功能，如图1.4所示。

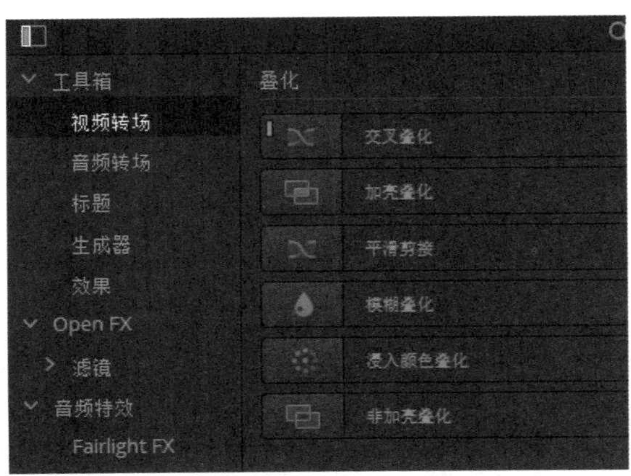

图1.4　“工具箱”面板

1.1.3 “元数据”面板

在“剪辑”步骤面板右上角的工具栏中，单击“元数据”按钮，即可展开“元数据”面板，其中显示了媒体素材的时长、帧数、位深、优先场、数据级别、音频通道以及音频位深等数据信息，如图1.5所示。

1.1.4 “检查器”面板

在“剪辑”步骤面板的右上角单击“检查器”按钮，即可展开“检查器”面板，“检查器”面板的主要作用是针对“时间线”面板中的素材进行基本的处理。图1.6所示为“检查器”|“视频”选项面板，由于“时间线”面板中只置入了一个视频素材，因此面板上方仅显示了“视频”“音频”“特效”“转场”“图像”和“文件”6个标签，单击某个标签即可打开相应面板。

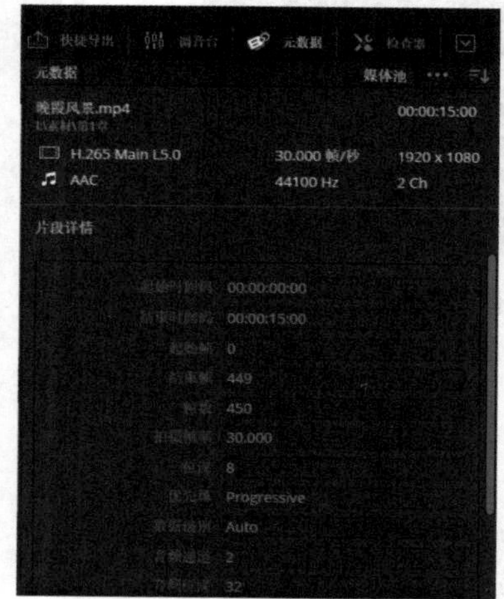

图1.5 “元数据”面板

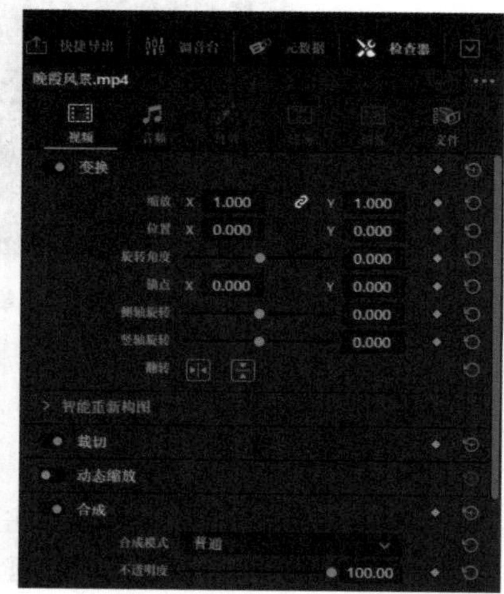

图1.6 “视频”选项面板

1.1.5 “时间线”面板

“时间线”面板是DaVinci Resolve 18.5中进行视频、音频编辑的重要工作区之一，在该面板中可以轻松实现对素材的剪辑、插入以及调整等操作，如图1.7所示。

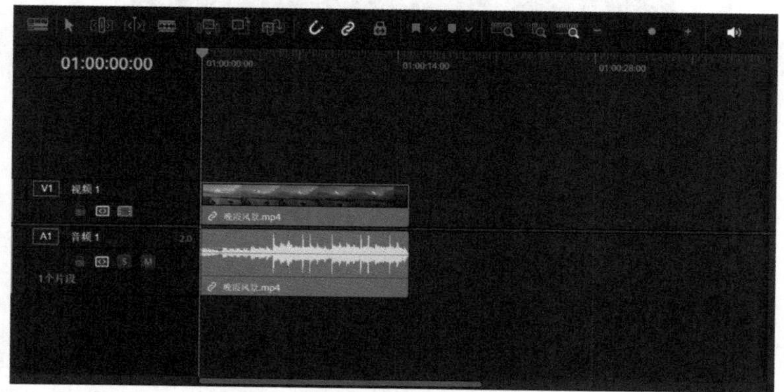

图1.7 “时间线”面板

1.1.6 “调音台”面板

在DaVinci Resolve 18.5“剪辑”步骤面板的右上角，单击“调音台”按钮，即可展开“调音台”面板，在其中用户可以执行编组音频、调整声像以及动态音量等操作，如图1.8所示。

图1.8 “调音台”面板

1.1.7 步骤面板

DaVinci Resolve 18.5中共有7个步骤面板，分别为媒体、快编、剪辑、Fusion、调色、Fairlight以及交付，单击某个标签按钮，即可切换至相应的步骤面板，如图1.9所示。

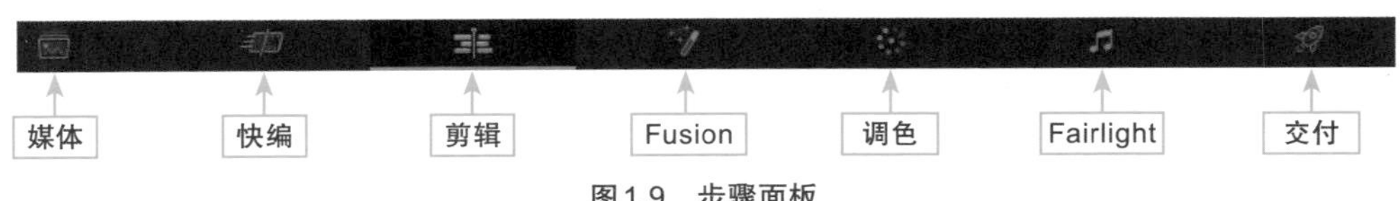

图1.9 步骤面板

1. “媒体”步骤面板

在达芬奇界面下方单击“媒体”按钮，即可切换至“媒体”步骤面板，在其中可以导入、管理以及克隆媒体素材文件，并查看媒体素材的属性信息等。

2. “快编”步骤面板

单击“快编”按钮，即可切换至“快编”步骤面板，“快编”步骤面板是DaVinci Resolve 18.5新增的一个剪切步骤面板，跟“剪辑”步骤面板的功能有些类似，用户可以在其中进行编辑、修剪以及添加过渡转场等操作。

3. “剪辑”步骤面板

“剪辑”步骤面板是达芬奇默认打开的工作界面，在其中可以导入媒体素材、创建时间线、剪辑素材、制作字幕、添加滤镜、添加转场、标记素材入点和出点以及双屏显示素材画面等。

4. Fusion步骤面板

Fusion是一款强大的3D合成软件，在Fusion步骤面板中，提供了背景、快速噪波、文本、画笔、色彩校正器、色彩曲线、色相曲线、明度/对比度、模糊、合并、通道布尔、蒙版控制、调整、变换、矩形、椭圆、多边形、B样条曲线、粒子发射器、粒子合并、粒子渲染器、图像平面3D、形状3D、文本3D、合并3D、摄像机3D、聚光灯以及渲染器3D等功能面板，用户可以在相应的面板中对素材进行操作，制作出电影级视觉特效和动态图形动画。

5. “调色”步骤面板

DaVinci Resolve 18.5中的调色系统是该软件的特色功能。在DaVinci Resolve 18.5工作界面下方的步骤面板中，单击“调色”按钮，即可切换至“调色”步骤面板。在“调色”步骤面板中，提供了Camera Raw、色彩匹配、色轮、HDR调色、RGB混合器、运动特效、曲线、色彩扭曲器、限定器、窗口、跟踪器、神奇遮罩、模糊、键、调整大小以及立体等功能面板，用户可以在相应的面板中对素材进行色彩调整、一级调色、二级调色以及降噪等操作，最大程度地满足了用户对影视素材的调色需求。

6. Fairlight步骤面板

单击Fairlight按钮，即可切换至Fairlight（音频）步骤面板，在其中用户可以根据需要调整音频效果，包括音调匀速校正和变速调整、音频正常化、混响、嗡嗡声移除、人声通道和齿音消除等。

7. “交付”步骤面板

影片编辑完成后，在“交付”步骤面板中可以进行渲染输出设置，将制作的项目输出为MP4、AVI、EXR、IMF等格式的文件。

1.2 设置达芬奇的界面参数

安装好DaVinci Resolve 18.5后，首次打开软件时，需要对软件界面的初始参数进行设置，以方便后期在软件中进行操作。本节主要介绍如何设置软件界面的语言、帧率与分辨率等初始参数。

1.2.1 设置界面语言

首次启动DaVinci Resolve 18.5时，软件界面的语言默认是英文，为了方便用户操作，在偏好设置预设面板中，用户可以将软件界面设置为简体中文。展开UI设置面板，单击“语言”右侧的下三角按钮，在弹出的列表框中选择“简体中文”选项，如图1.10所示。执行操作后，单击“保存”按钮，重启DaVinci Resolve 18.5后，界面语言将变为简体中文。

如果用户在打开软件后，需要再次打开偏好设置预设面板，可以在工作界面中选择DaVinci Resolve命令，在弹出的快捷菜单中选择“偏好设置”命令，如图1.11所示。执行操作后，即可打开偏好设置预设面板。

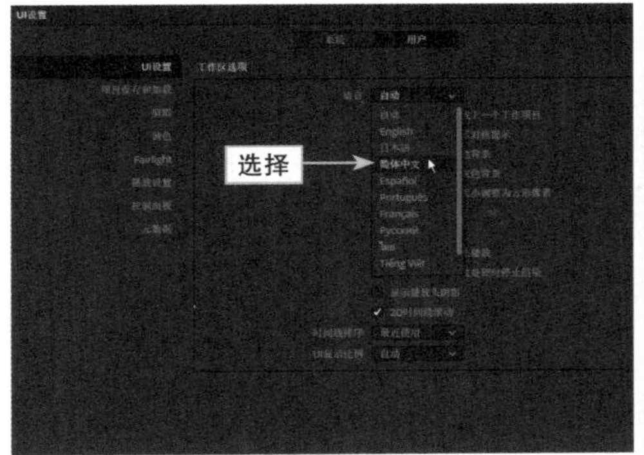

图1.10　选择“简体中文”选项

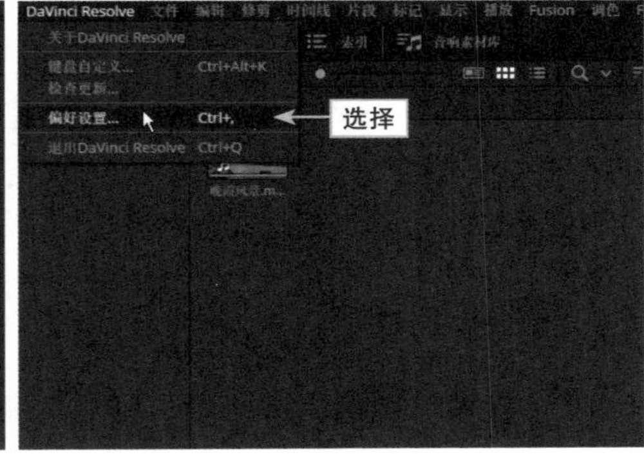

图1.11　选择“偏好设置”命令

1.2.2　设置帧率与分辨率

在软件中，选择“文件”|“项目设置”命令，可弹出“项目设置”对话框。在“主设置”选项卡中，可以设置时间线分辨率、像素宽高比、时间线帧率、播放帧率、视频格式、SDI配置、数据级别、视频位深以及监视器缩放等。

图1.12所示为“项目设置：晚霞风景”对话框，用户可以在其中根据需要设置帧率与分辨率参数。

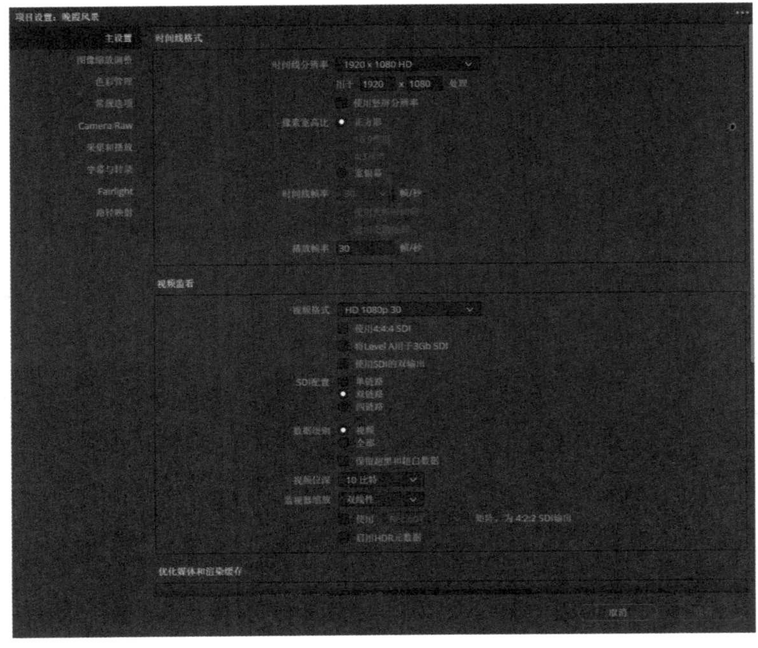

图1.12　“项目设置：晚霞风景”对话框

1.3 管理时间线与轨道

在达芬奇的"时间线"面板中，提供了插入与删除轨道的功能，用户可以在时间线轨道面板中右击，在弹出的快捷菜单中选择相应的命令，直接对轨道进行添加或删除等操作。本节主要向读者介绍管理时间线和轨道的方法。

1.3.1 练习实例：设置时间线显示

【效果展示】在"时间线"面板中，通过调整轨道大小，可以控制时间线显示的视图尺寸。视频效果展示如图1.13所示。

扫码看教程

图1.13 视频效果展示

下面介绍设置时间线显示的具体操作方法。

步骤 01 打开一个项目文件，将鼠标指针移至"时间线"面板中的轨道线上，此时鼠标指针呈双向箭头形状，如图1.14所示。

步骤 02 按住鼠标左键向上拖曳，即可调整"时间线"面板中的视图尺寸，如图1.15所示。

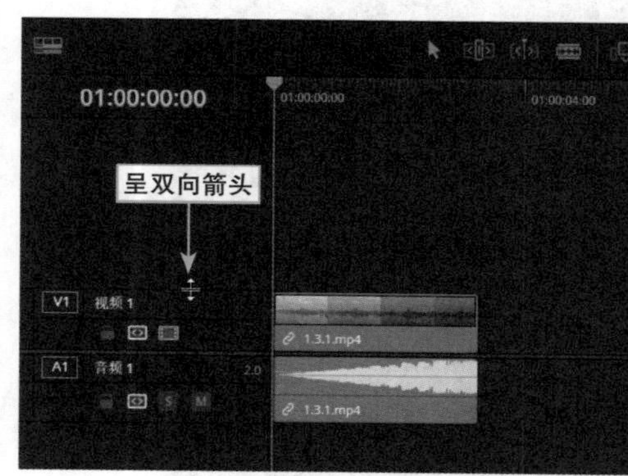

图1.14 鼠标指针呈双向箭头形状

图1.15 调整"时间线"面板中的视图尺寸

1.3.2 练习实例：激活与禁用轨道信息

【效果展示】在“时间线”面板中，用户可以禁用或激活时间线轨道中的素材文件，视频效果展示如图1.16所示。

扫码看教程

图1.16 视频效果展示

下面介绍激活与禁用轨道信息的具体操作方法。

步骤 01 打开一个项目文件，如图1.17所示，进入达芬奇“剪辑”步骤面板，在预览窗口中可以查看打开的项目效果。

步骤 02 在“时间线”面板中单击“禁用视频轨道”按钮，如图1.18所示，即可禁用视频轨道上的素材。

图1.17 打开一个项目文件

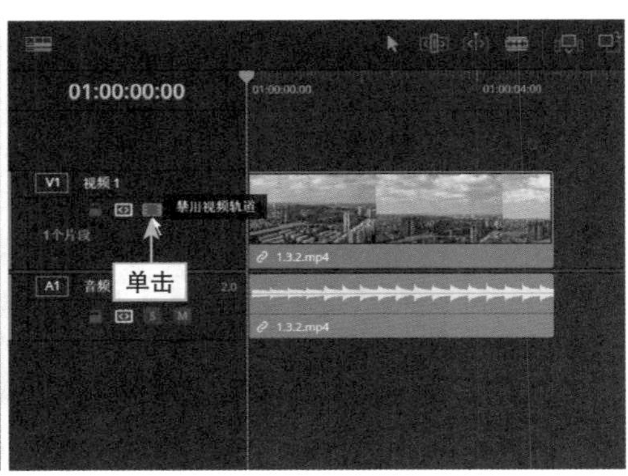

图1.18 单击“禁用视频轨道”按钮

步骤 03 执行上述操作后，预览窗口中的画面将无法播放，单击图标按钮，如图1.19所示，即可激活轨道素材信息。

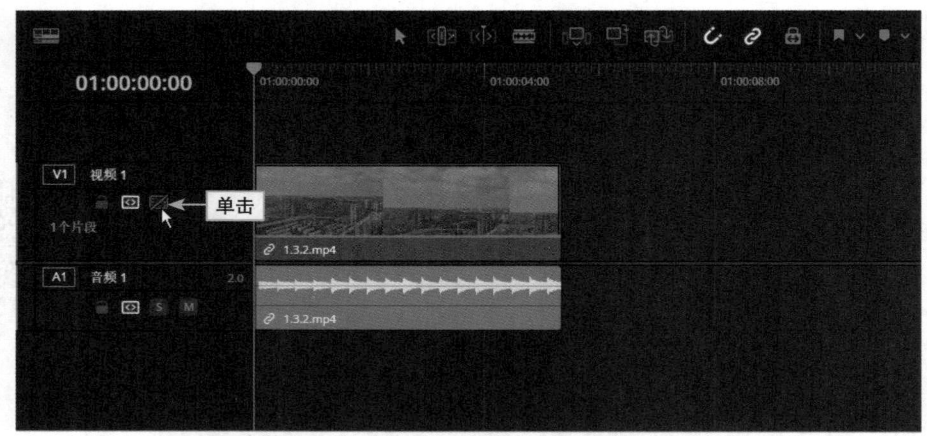

图1.19　单击图标按钮

1.3.3　练习实例：设置轨道的颜色显示

【效果展示】在达芬奇的“时间线”面板中，视频轨道上的素材默认显示为浅蓝色，用户可以更改轨道上素材的显示颜色，效果如图1.20所示。

扫码看教程

图1.20　视频效果展示

下面介绍设置轨道上的素材颜色显示的具体操作方法。

步骤 01　打开一个项目文件，在“时间线”面板中，可以查看视频轨道上素材显示的颜色，如图 1.21 所示。

步骤 02　在视频轨道上右击，在弹出的快捷菜单中选择“更改轨道颜色”|“橘黄”命令，如图 1.22 所示，可以让轨道面板更加精美，颜色不再单一。

步骤 03　执行上述操作后，即可更改轨道上素材显示的颜色，如图 1.23 所示。

图1.21　查看视频轨道上素材显示的颜色

图1.22　选择“橘黄”命令

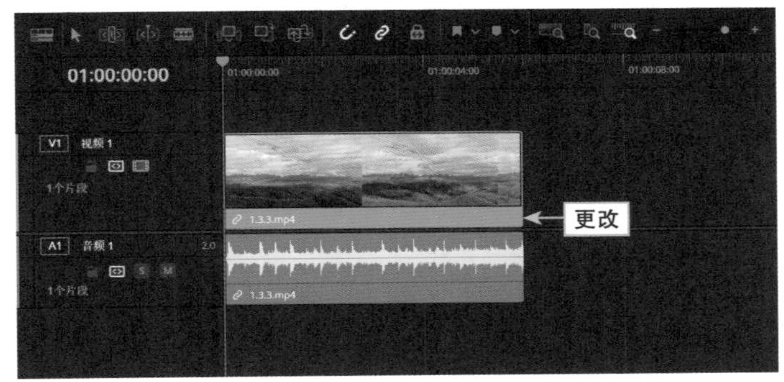

图1.23　更改轨道上素材显示的颜色

举一反三：修改轨道的标题名称

【效果展示】在达芬奇的“时间线”面板中，用户还可以修改轨道的标题名称，这样方便记忆，视频效果如图1.24所示。

扫码看教程

图1.24　视频效果展示

下面介绍修改轨道标题名称的具体操作方法。

步骤 01 打开一个项目文件，在“时间线”面板中，双击标题名称，即可使名称处于编辑模式，如图 1.25 所示。

步骤 02 执行操作后，即可修改轨道的标题名称，如图 1.26 所示。

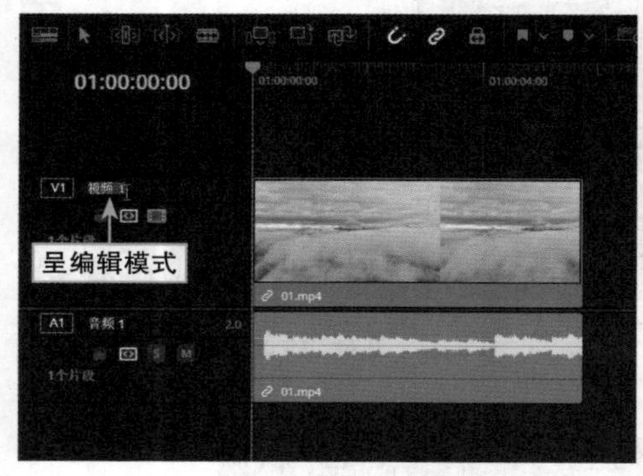

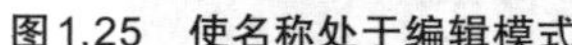
图1.25 使名称处于编辑模式

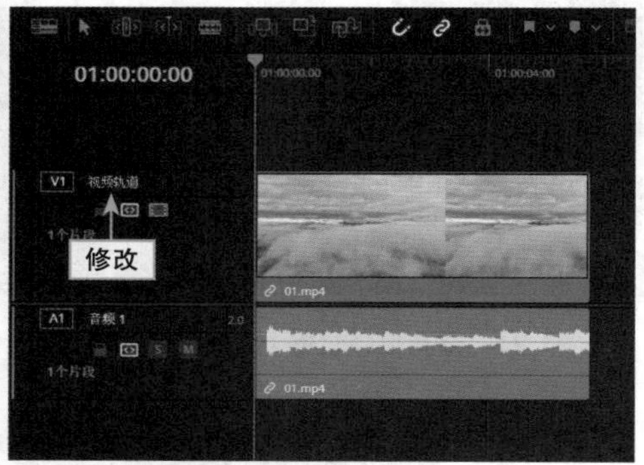

图1.26 修改轨道的标题名称

1.4 掌握影调调色方法

色彩在影视视频的编辑中是必不可少的一个重要元素，合理的色彩搭配加上靓丽的色彩感总能为视频增添几分亮点。由于素材在拍摄和采集的过程中，经常会遇到一些很难控制的环境光，使拍摄出来的素材色感不足、层次不明。因此，需要用户通过后期调色来弥补前期拍摄的缺陷。下面主要介绍在DaVinci Resolve 18.5中进行影调调色的基本操作。

1.4.1 练习实例：让画面更明亮

【效果展示】对比度是指图像中阴暗区域最亮的白与最暗的黑之间不同亮度范围的差异。调色前后对比效果如图1.27所示。

扫码看效果

扫码看教程

图1.27 调色前后对比效果

下面介绍具体的操作方法。

步骤 01 打开一个项目文件，进入“剪辑”步骤面板，如图 1.28 所示，可以看到视频画面的颜色不够明亮，需要加点亮度。

图1.28　打开一个项目文件

步骤 02　切换至“调色”步骤面板，展开“色轮”|“一级 - 校色轮”面板，在“对比度”数值框中输入 1.332，如图 1.29 所示，即可提亮视频。

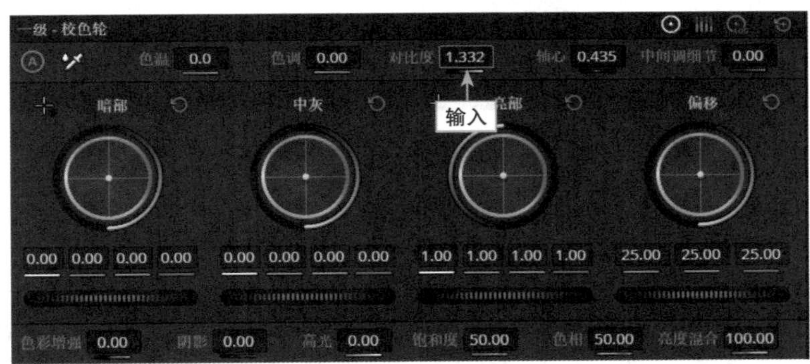

图1.29　设置“对比度”参数

1.4.2　练习实例 :让效果更鲜艳

【效果展示】饱和度是指色彩的鲜艳程度，由颜色的波长来决定。从色彩的成分来讲，饱和度取决于色彩中含色成分与消色成分的比例。含色成分越多，饱和度越高；反之，消色成分越多，则饱和度越低。调色前后对比效果如图 1.30 所示。

扫码看效果

扫码看教程

图1.30　调色前后对比效果

下面介绍具体的操作方法。

步骤 01　打开一个项目文件，进入“剪辑”步骤面板，如图 1.31 所示，可以看到荷花视频画面饱和度偏低。

图 1.31　打开一个项目文件

步骤 02　切换至“调色”步骤面板，展开“色轮”|“一级 - 校色轮”面板，在“饱和度”数值框中输入 100.00，如图 1.32 所示，即可使视频画面色彩更加鲜明。

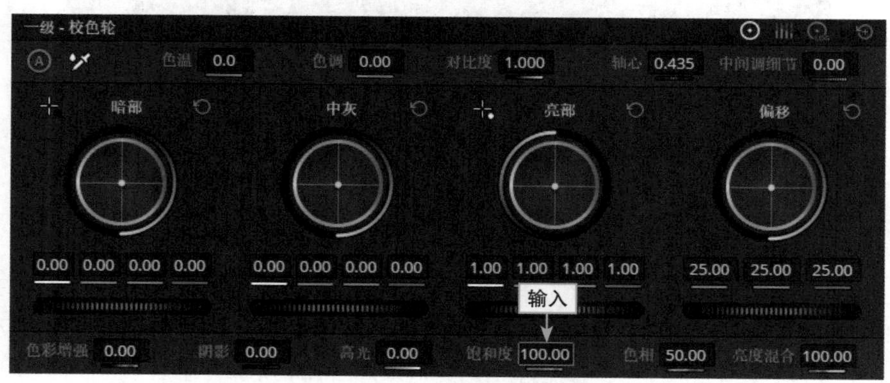

图 1.32　设置“饱和度”参数

1.4.3　练习实例：让画面更加光滑

【效果展示】在拍摄照片或者录制视频时，有时画面上会出现颗粒感，这个就是噪点，通常感光度过高、锐化参数过大、相机温度过高以及曝光时间太长等都会导致拍摄的素材画面出现噪点。调色前后对比效果如图 1.33 所示。

扫码看效果

扫码看教程

图1.33　调色前后对比效果

下面介绍具体的操作方法。

步骤 01　打开一个项目文件，进入"剪辑"步骤面板，如图1.34所示，可以看到视频画面的噪点很多。

步骤 02　切换至"调色"步骤面板，展开"运动特效"面板，在"空域阈值"选项区下方的"亮度"和"色度"数值框中输入100.0，如图1.35所示，即可除去视频画面的噪点，让视频画面更加光滑。

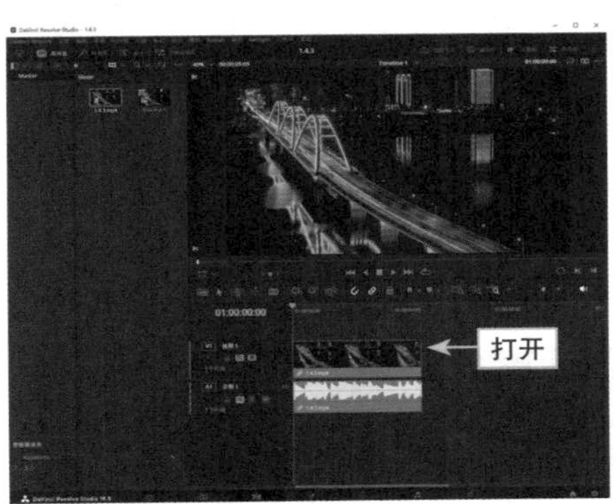

图1.34　打开一个项目文件

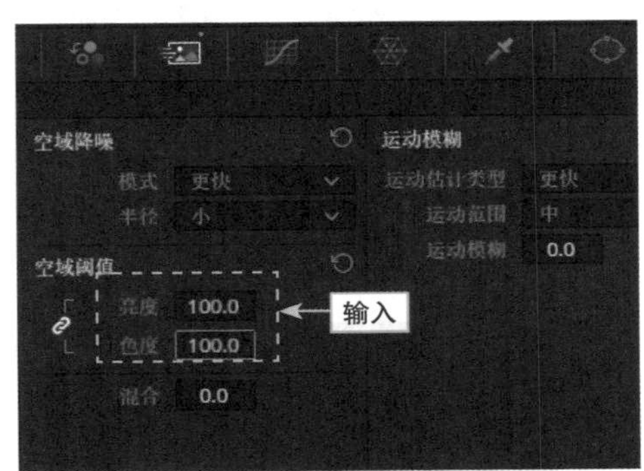

图1.35　输入相应参数

1.4.4 练习实例：优化视频细节

【效果展示】色阶范围为0 ~ 256，图像像素接近0的区域定义为暗部区域，图像像素接近128的区域定义为中间调区域，图像像素接近256的区域定义为高光区域，调整中间调细节可以使画面更加细腻。调色前后对比效果如图1.36所示。

扫码看效果

扫码看教程

图1.36　调色前后对比效果

下面介绍具体的操作方法。

步骤 01 打开一个项目文件，进入“剪辑”步骤面板，如图 1.37 所示，可以看到视频画面的细节不够完美。

步骤 02 切换至“调色”步骤面板，展开“色轮”面板，在“中间调细节”数值框中输入 -100.00，如图 1.38 所示，即可使画面更加光滑。

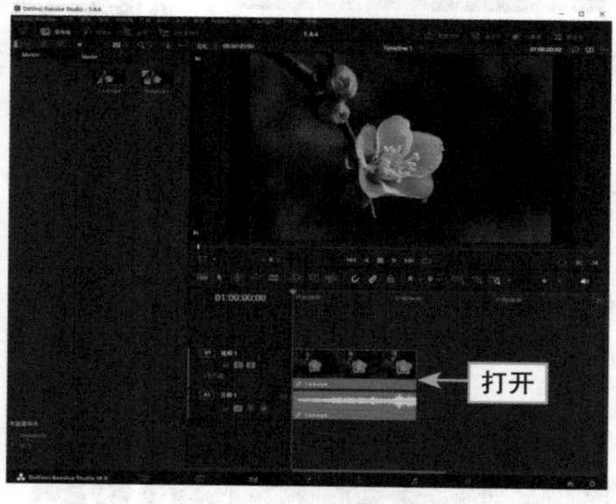

图 1.37　打开一个项目文件

图 1.38　设置“中间调细节”参数

步骤 03 在“节点”面板中，选中 01 节点，右击，在弹出的快捷菜单中选择“添加节点”|“添加串行节点”命令，如图 1.39 所示。

步骤 04 执行操作后，即可添加一个编号为 02 的调色节点，如图 1.40 所示。

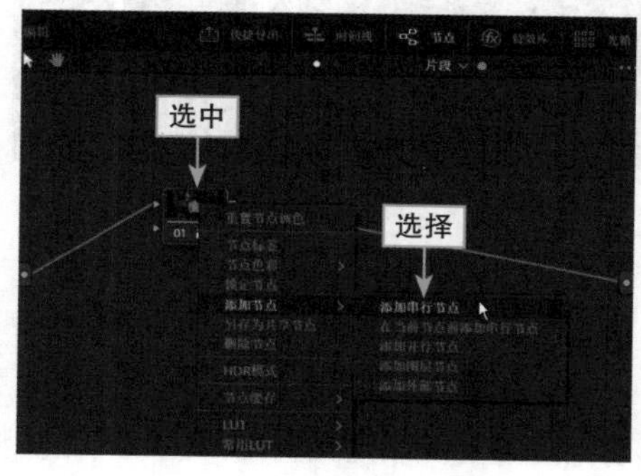

图 1.39　选择“添加串行节点”命令

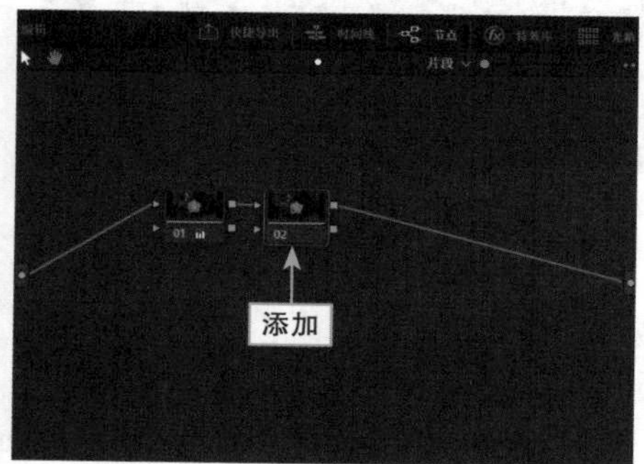

图 1.40　添加一个编号为 02 的调色节点

步骤 05 用同样的方法展开“色轮”面板，在“中间调细节”数值框中输入 -100.00，如图 1.41 所示，即可使画面中的细节处理得更加精细。

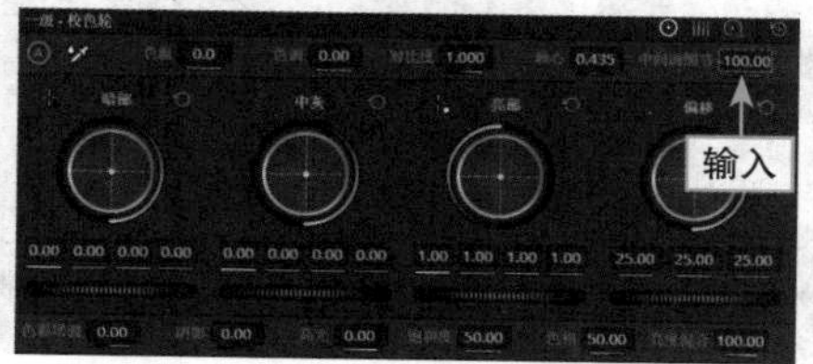

图 1.41　输入相应参数

1.4.5 练习实例：还原视频画面色彩

【效果展示】白平衡是指红、绿、蓝三基色混合生成的白色平衡指标，在DaVinci Resolve 18.5中，应用"白平衡"吸管工具，在预览窗口中的图像画面中吸取白色或灰色的色彩偏移画面，即可调整画面白平衡，还原图像色彩。调色前后对比效果如图1.42所示。

扫码看效果

扫码看教程

图1.42 调色前后对比效果

下面介绍具体的操作方法。

步骤 01 打开一个项目文件，进入"剪辑"步骤面板，如图1.43所示。

图1.43 打开一个项目文件

步骤 02 切换至"调色"步骤面板，进入"色轮"面板，单击"白平衡"吸管工具，如图1.44所示。

步骤 03 鼠标指针随即变为白平衡吸管样式，在预览窗口中的素材图像上单击鼠标左键吸取画面中的色彩，即可还原画面色彩，如图1.45所示。

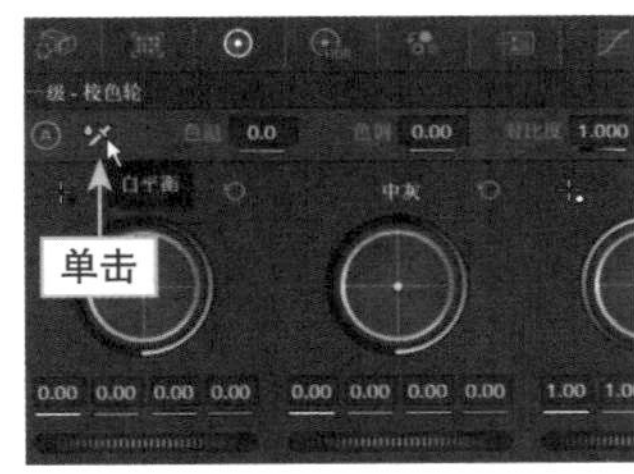

图1.44 单击"白平衡"吸管工具

图1.45 单击鼠标左键吸取色彩

1.4.6 练习实例：替换局部色彩

【效果展示】在DaVinci Resolve 18.5中，可以应用限定器创建色彩选区，然后通过调整色相参数替换选定的色彩，达到色彩转换的效果。调色前后对比效果如图1.46所示。

扫码看效果

扫码看教程

图1.46 调色前后对比效果

下面介绍具体的操作方法。

步骤 01 打开一个项目文件，进入“剪辑”步骤面板，如图1.47所示，可以对视频进行局部调色，让视频画面更加精美。

步骤 02 切换至“调色”步骤面板，单击“限定器”按钮，展开“限定器-HSL”面板，单击“拾取器”按钮，如图1.48所示。

图1.47 打开一个项目文件

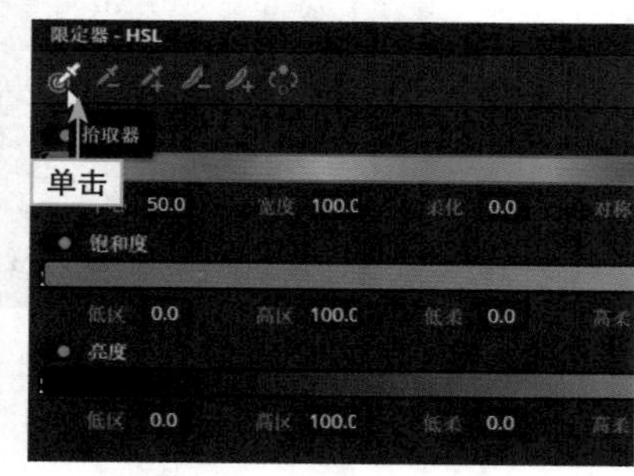

图1.48 单击“拾取器”按钮

步骤 03 执行操作后，鼠标指针随即转换为滴管工具，移动鼠标指针至“检查器”面板，在面板上方单击“突出显示”按钮，如图1.49所示。

步骤 04 在预览窗口中，按住鼠标左键拖曳滴管工具选取色彩区域，如图1.50所示。

▶ 温馨提示

在“检查器”面板中单击“突出显示”按钮，可以使被选取的色彩区域在画面中突出显示，未被选取的区域将会呈灰色显示。

步骤 05 展开“色轮”面板，在“色相”数值框中输入60.80，如图1.51所示，即可使红色变为紫色。执行操作后，即可完成替换局部色彩的操作。

图1.49　单击“突出显示”按钮

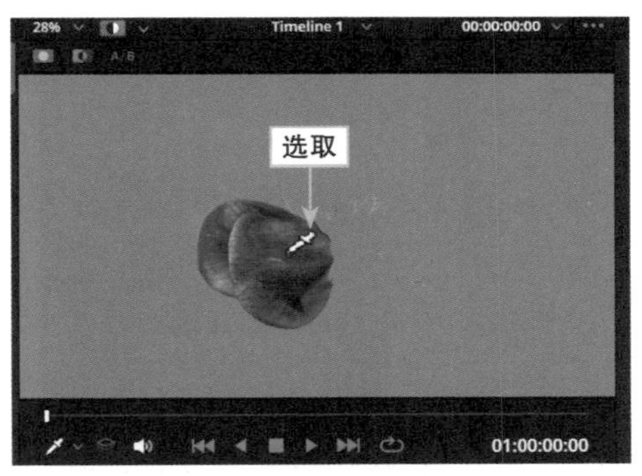

图1.50　选取色彩区域

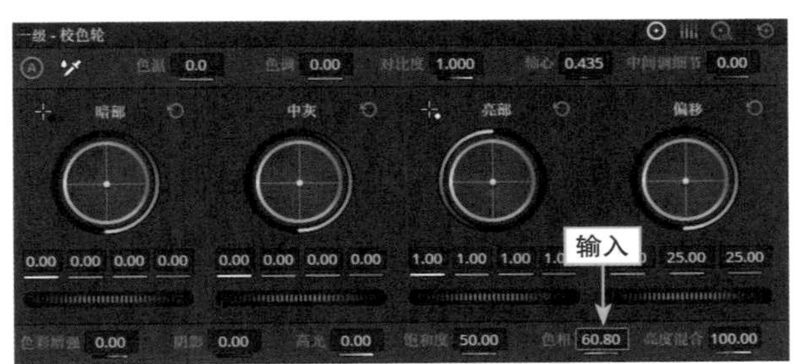

图1.51　设置“色相”参数

举一反三：调整画面的整体色调

【效果展示】在达芬奇软件中的“调色”步骤面板中，在需要制作特殊的颜色偏移效果时，可以通过调整红、绿、蓝参数值，使图像画面整体偏红、偏绿、偏蓝，也可以用同样的方法消除偏色画面。调色前后对比效果如图1.52所示。

扫码看效果

扫码看教程

图1.52　调色前后对比效果

下面介绍具体的操作方法。

步骤 01 打开一个项目文件，进入“剪辑”步骤面板，如图1.53所示。如果觉得视频画面色调不好看，可以调成自己喜欢的色调。

步骤 02 切换至“调色”步骤面板，进入“RGB混合器”面板，在“蓝色输出”通道中，设置红色参数为0.12，设置蓝色参数为1.41，如图1.54所示，即可使画面整体色彩偏蓝色调。

图1.53　打开一个项目文件

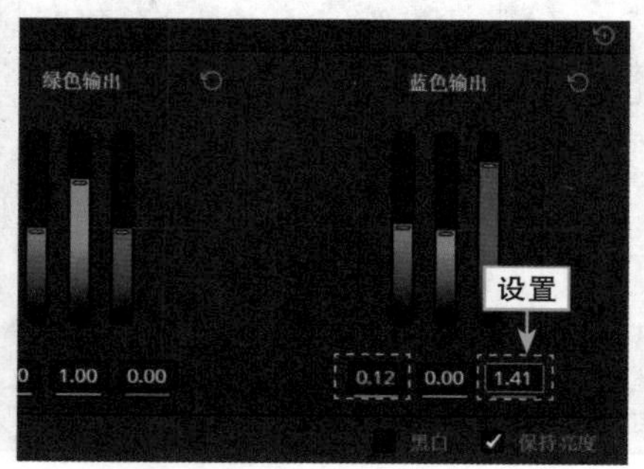

图1.54　设置相应参数

课后习题：去色处理

本习题练习在达芬奇中对画面进行去色或单色处理，主要是将素材画面转换为灰度图像，制作黑白图像效果。调色前后对比效果如图1.55所示。

扫码看效果

扫码看教程

图1.55　调色前后对比效果

模拟考试

主题：为视频画面增加色彩。

要求：

（1）自行准备一段素材。

（2）画面尽量简洁，色彩简单。

考查知识点：调色工具、色轮工具、色彩增强工具。

基本操作 第 2 章

本章要点

DaVinci Resolve 18.5 有着丰富的功能面板，在开始学习这款软件之前，读者应该积累一定的基础入门知识，这样有助于后面的学习。本章主要介绍 DaVinci Resolve 18.5 的基本操作，帮助用户更好地掌握该软件。

2.1 掌握项目文件的基本操作

使用DaVinci Resolve 18.5编辑影视文件，需要创建一个项目文件才能对视频、照片、音频进行编辑。下面主要介绍DaVinci Resolve 18.5中有关项目的基本操作方法，包括新建项目、新建时间线、保存项目以及关闭项目等基础操作。

2.1.1 练习实例：新建项目文件

【效果展示】启动DaVinci Resolve 18.5后，会弹出一个“项目”管理器面板，单击“新建项目”按钮，即可新建一个项目文件。此外，用户还可以在项目文件已创建的情况下，通过“新建项目”命令，创建一个工作项目，效果如图2.1所示。

扫码看教程

图2.1 视频画面效果

下面介绍新建项目文件的具体操作方法。

步骤 01 选择“文件”|“新建项目”命令，如图2.2所示。

步骤 02 弹出“新建项目”对话框，在文本框中输入项目名称，单击“创建”按钮，如图2.3所示。

图2.2 选择“新建项目”命令

图2.3 单击“创建”按钮

步骤 03 选择需要的素材文件，将其拖曳至“时间线”面板中，如图2.4所示，即可完成新建项目文件。

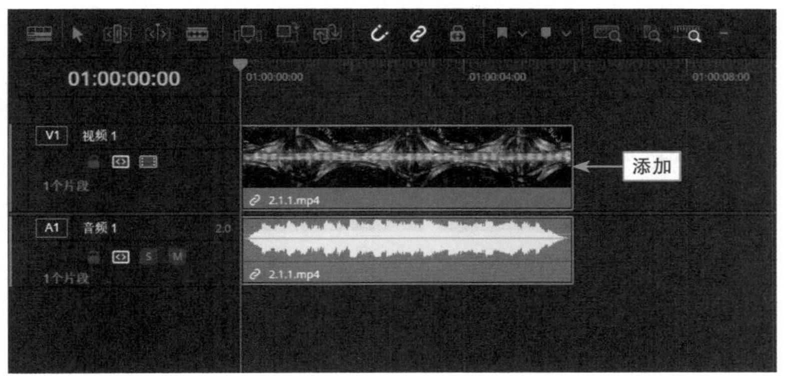

图2.4 添加素材文件

2.1.2 练习实例：新建时间线

【效果展示】在“时间线”面板中，用户可以对添加到视频轨中的素材进行剪辑、分割等操作。除通过拖曳素材至“时间线”面板新建时间线外，还可以通过“媒体池”面板新建一个时间线。视频画面效果如图2.5所示。

图2.5 视频画面效果

扫码看教程

下面介绍新建时间线的操作方法。

步骤 01 进入“剪辑”步骤面板，在“媒体池”面板中右击，在弹出的快捷菜单中选择“时间线”|“新建时间线”命令，如图2.6所示。

步骤 02 弹出“新建时间线”对话框，在“时间线名称”文本框中可以修改时间线名称，单击“创建”按钮，如图2.7所示，即可添加一个时间线。

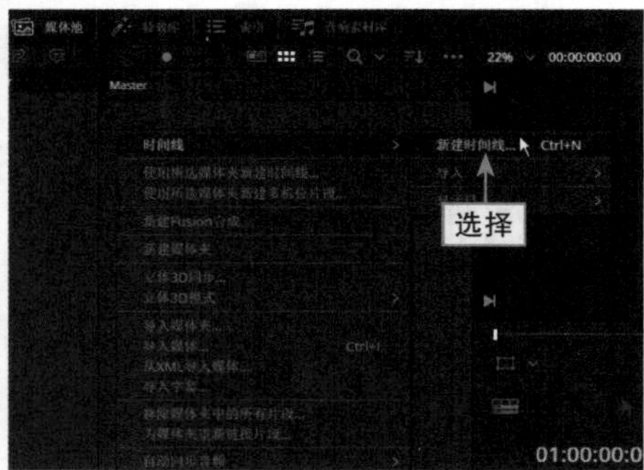

图2.6　选择“新建时间线”命令

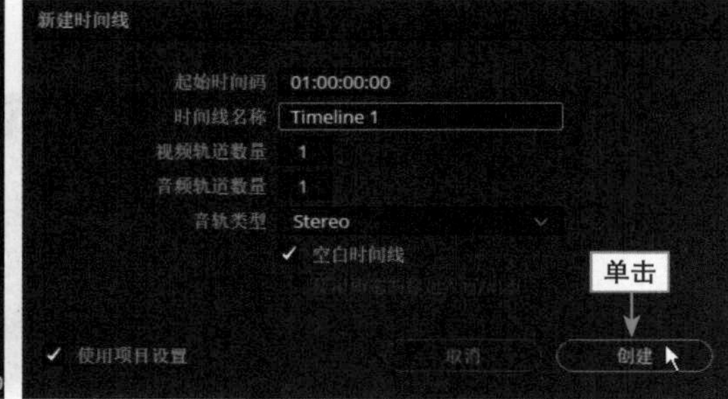

图2.7　单击“创建”按钮

步骤 03 选择需要的素材文件，将其拖曳至视频轨中，添加素材文件，如图 2.8 所示，也可完成新建时间线操作。

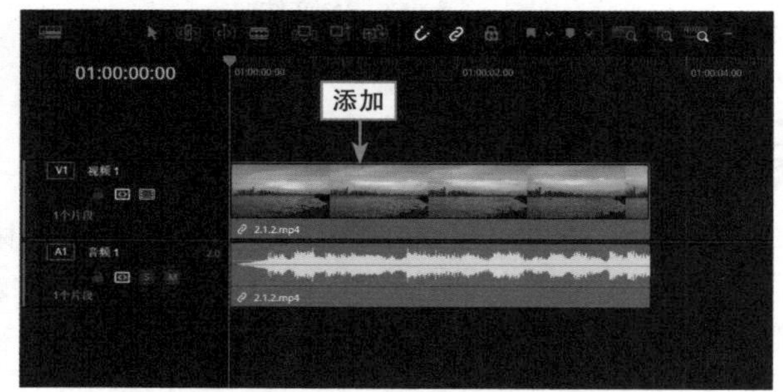

图2.8　添加素材文件

2.1.3　练习实例：保存项目文件

【效果展示】在DaVinci Resolve 18.5中编辑视频、图片、音频等素材后，应及时保存，保存后的项目文件会自动显示在“项目管理器”面板中，用户可以在其中打开保存好的项目文件，继续编辑项目中的素材。视频画面效果如图2.9所示。

扫码看教程

图2.9　视频画面效果

下面介绍保存项目文件的具体操作方法。

步骤 01 打开一个项目文件，进入“剪辑”步骤面板，如图 2.10 所示。

步骤 02 待素材编辑完成后，选择“文件”|“保存项目”命令，即可保存项目文件，如图 2.11 所示。

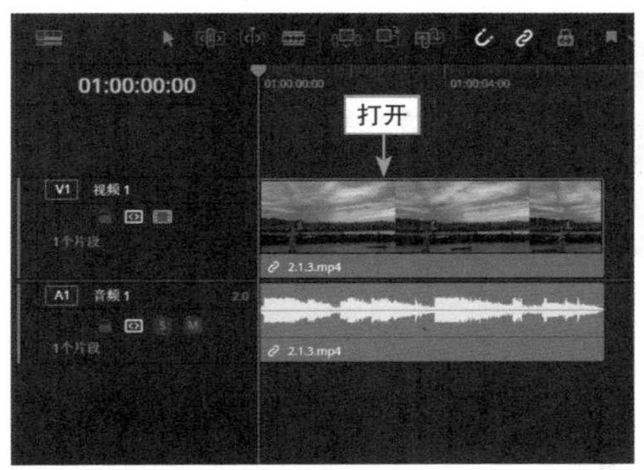

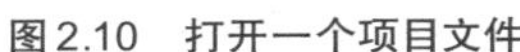
图2.10　打开一个项目文件

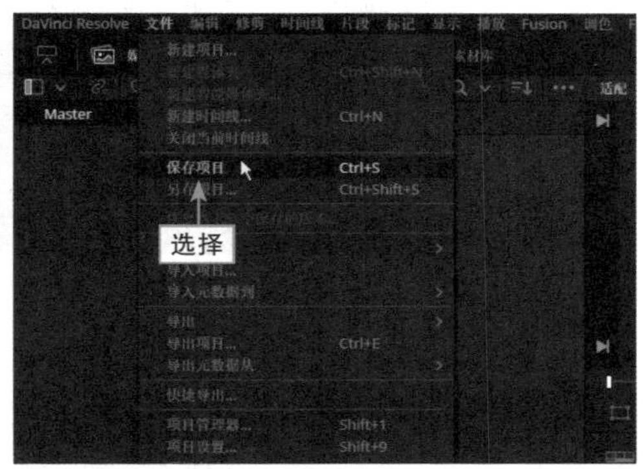

图2.11　选择“保存项目”命令

2.1.4　练习实例：关闭项目文件

【效果展示】项目文件编辑完成后，在不退出软件的情况下，可以在“项目管理器”面板中将项目关闭。视频画面效果如图 2.12 所示。

扫码看教程

图2.12　视频画面效果

下面介绍关闭项目文件的具体操作方法。

步骤 01 打开一个项目文件，进入“剪辑”步骤面板，如图 2.13 所示。

步骤 02 在工作界面的右下角单击“项目管理器”按钮，如图 2.14 所示。

步骤 03 弹出“项目”面板，选中 2.1.4 项目图标，右击，在弹出的快捷菜单中选择“关闭”命令，如图 2.15 所示，即可关闭项目文件。

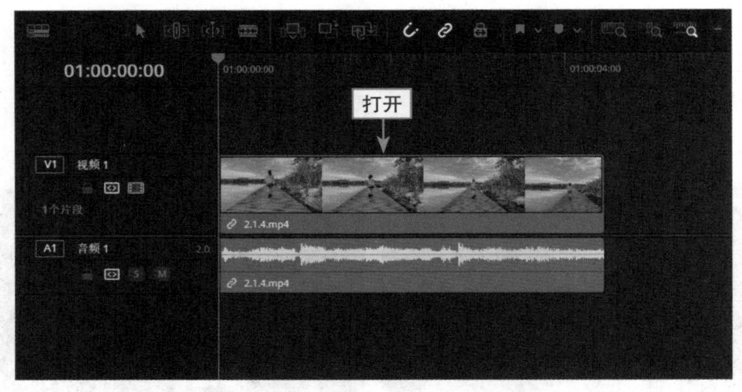

图2.13　打开一个项目文件

图2.14　单击“项目管理器”按钮

图2.15　选择“关闭”命令

2.2　导入媒体素材文件

在DaVinci Resolve 18.5的“剪辑”步骤面板中，用户可以添加不同类型的素材。本节主要介绍导入项目文件、视频素材、字幕素材以及照片素材的操作方法。

2.2.1　练习实例：导入项目文件

【效果展示】当用户不小心在项目管理器中将制作的项目文件删除后，可以重新导入项目文件。视频画面效果如图2.16所示。

下面介绍导入项目文件的具体操作方法。

步骤 01 进入“剪辑”步骤面板，在菜单栏中选择“文件”|“导入项目”命令，如图2.17所示。

步骤 02 弹出“导入项目文件”对话框，在其中选择制作好的项目文件，如图2.18所示，单击“打开”按钮，即可导入项目文件。

扫码看教程

图2.16　视频画面效果

图2.17　选择“导入项目”命令

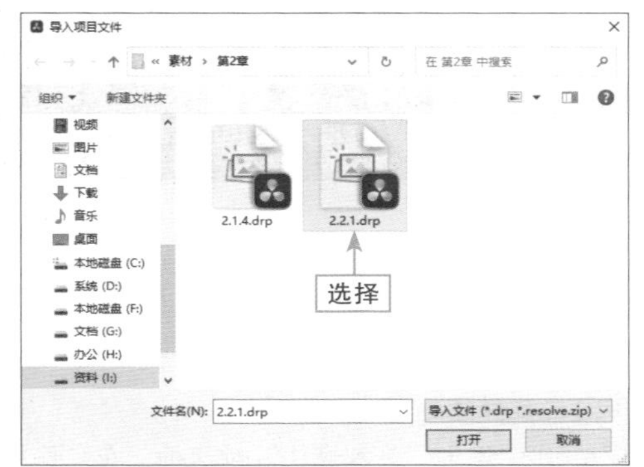

图2.18　选择项目文件

步骤 03 在工作界面的右下角单击“项目管理器”按钮，如图 2.19 所示。

步骤 04 进入“项目”面板，即可查看导入的项目文件，如图 2.20 所示。

图2.19　单击“项目管理器”按钮

图2.20　查看导入的项目文件

▶ 温馨提示

双击导入的项目文件，即可打开项目文件。

2.2.2　练习实例：导入视频素材

【效果展示】在DaVinci Resolve 18.5中，用户可以将视频素材导入"媒体池"面板中，并将视频素材添加到时间线中。视频画面效果如图2.21所示。

扫码看教程

图2.21　视频画面效果

下面介绍导入视频素材的具体操作方法。

步骤 01 新建一个项目文件，在"媒体池"面板中右击，在弹出的快捷菜单中选择"导入媒体"命令，如图2.22所示。

步骤 02 弹出"导入媒体"对话框，在文件夹中选择需要导入的视频素材，如图2.23所示。

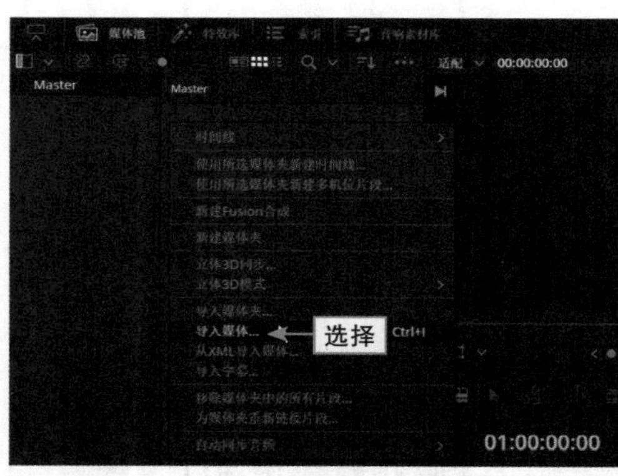

图2.22　选择"导入媒体"命令

图2.23　选择需要导入的视频素材

步骤 03 单击"打开"按钮，即可将视频素材导入"媒体池"面板中，如图2.24所示。

步骤 04 选择"媒体池"面板中的视频素材，按住鼠标左键将其拖曳至"时间线"面板中的视频轨道中，如图2.25所示，即可完成导入视频素材的操作。

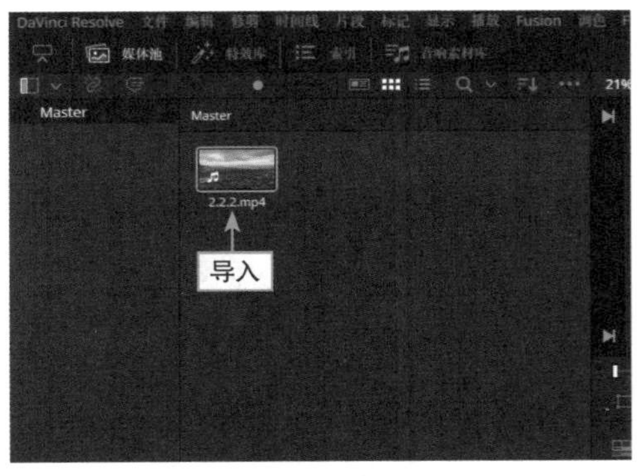

图2.24 素材导入“媒体池”面板

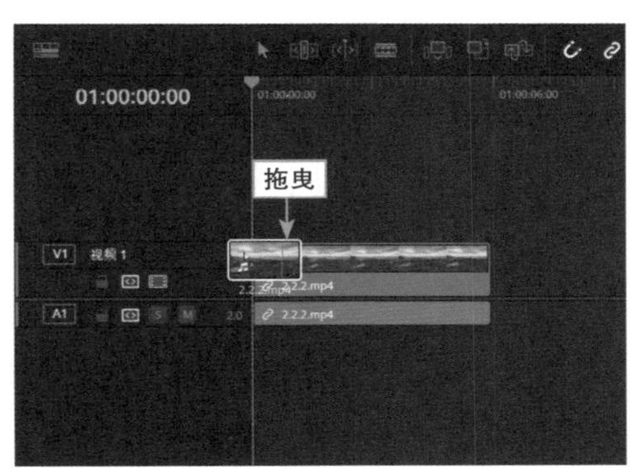

图2.25 拖曳视频至“时间线”面板

2.2.3 练习实例：导入字幕素材

【效果展示】在DaVinci Resolve 18.5中，用户可以将字幕素材导入“媒体池”面板中，并将字幕素材添加到时间线中。导入字幕素材前后对比效果如图2.26所示。

扫码看效果

扫码看教程

图2.26 导入字幕素材前后对比效果

下面介绍导入字幕素材的具体操作方法。

步骤 01 打开一个项目文件，进入“剪辑”步骤面板，如图2.27所示。

步骤 02 在“媒体池”面板中右击，在弹出的快捷菜单中选择“导入字幕”命令，如图2.28所示。

图2.27 打开一个项目文件

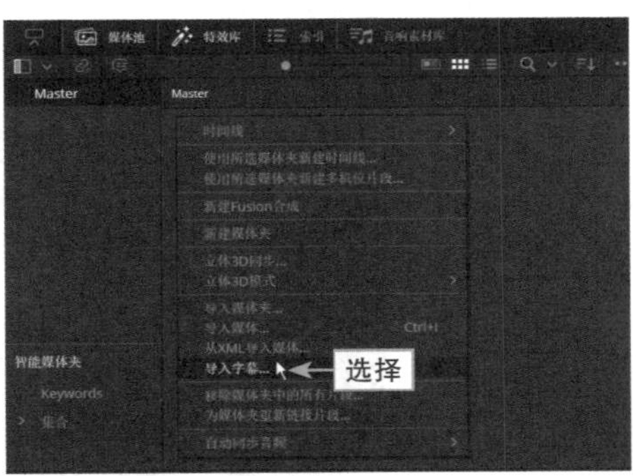

图2.28 选择“导入字幕”命令

步骤 03 弹出“选择要导入的文件”对话框，在文件夹中选择需要导入的字幕素材，如图 2.29 所示。

步骤 04 单击“打开”按钮，即可将字幕素材导入“媒体池”面板中，如图 2.30 所示。

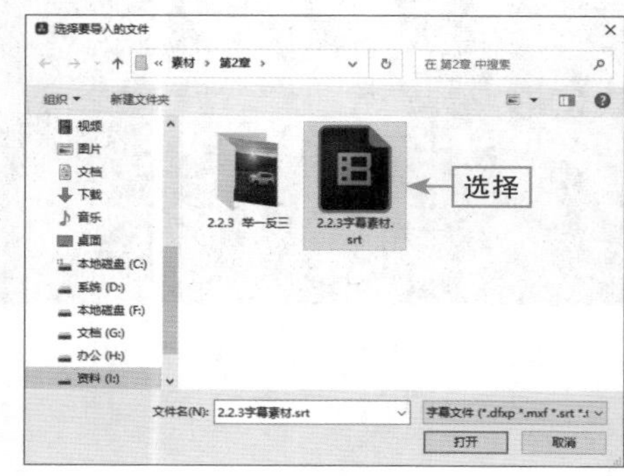

图2.29　选择需要导入的字幕素材

图2.30　素材导入“媒体池”面板

步骤 05 在“时间线”面板左侧的轨道中的空白位置处单击鼠标右键，在弹出的快捷菜单中选择“添加字幕轨道”命令，如图 2.31 所示。

步骤 06 执行操作后，即可添加一条字幕轨道，如图 2.32 所示。

图2.31　选择“添加字幕轨道”命令

图2.32　添加一条字幕轨道

步骤 07 选择“媒体池”面板中的字幕素材，按住鼠标左键将其拖曳至“时间线”面板中的字幕轨道中，如图 2.33 所示，即可完成导入字幕素材的操作。

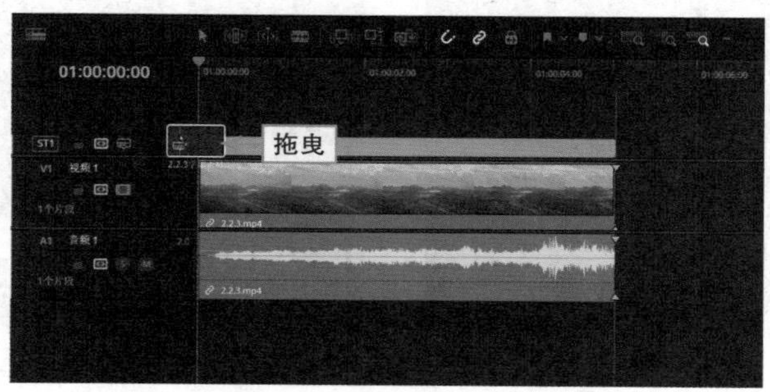

图2.33　素材拖曳至“时间线”面板中的字幕轨道中

举一反三：导入一张图片

【效果展示】在DaVinci Resolve 18.5中，通过拖曳的方式，可以将图片素材导入“媒体池”面板中，并将媒体素材添加到时间线中，效果如图2.34所示。

扫码看教程

图2.34 图片效果展示

下面介绍具体的操作方法。

步骤 01 新建一个项目文件，在计算机文件夹中选择一张图片素材，将其拖曳至“媒体池”面板中，即可在“媒体池”面板中导入一张图片，如图2.35所示。

图2.35 导入一张图片

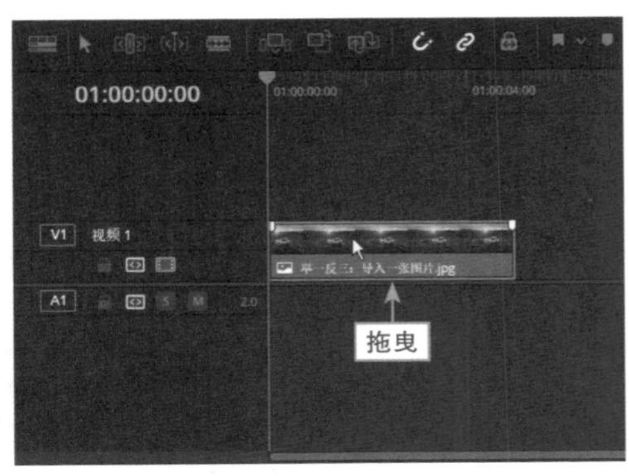

图2.36 素材拖曳至“时间线”面板的视频轨道中

步骤 02 选择“媒体池”面板中的图片素材，将其拖曳至“时间线”面板的视频轨道中，如图2.36所示，即可完成导入图片的操作。

课后习题：导入一段音频

本习题练习在DaVinci Resolve 18.5中将音频素材导入“媒体池”面板中，并将媒体素材添加到时间线中的操作方法，效果如图2.37所示。

扫码看效果

扫码看教程

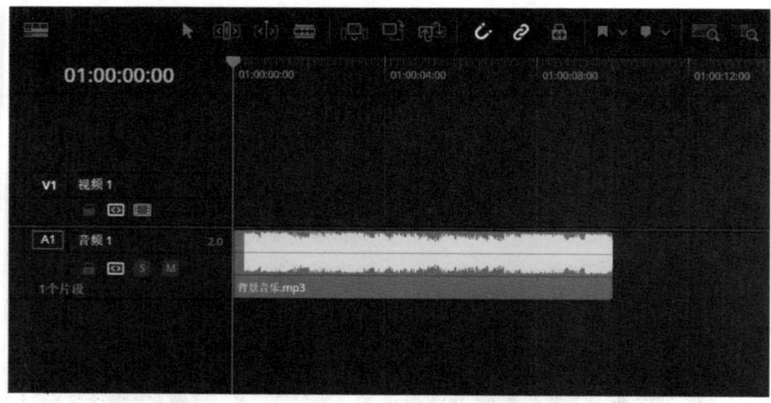

图2.37 导入一段音频效果

2.3 替换和链接素材文件

使用DaVinci Resolve 18.5对视频素材进行编辑时，用户可以根据需要对素材进行替换和链接等。本节主要介绍替换与链接视频素材的操作方法。

2.3.1 练习实例：替换媒体素材

【效果展示】在DaVinci Resolve 18.5的“剪辑”步骤面板中编辑视频时，用户可以根据需要对素材文件进行替换操作，使制作的视频更加符合用户的需求。替换媒体素材前后对比效果如图2.38所示。

扫码看效果

扫码看教程

图2.38 替换媒体素材前后对比效果

下面介绍替换媒体素材的具体操作方法。

步骤 01 打开一个项目文件，进入“剪辑”步骤面板，如图2.39所示。

步骤 02 在“媒体池”面板中，选择需要被替换的素材文件，如图2.40所示。

步骤 03 右击，在弹出的快捷菜单中选择“替换所选片段”命令，如图2.41所示。

步骤 04 弹出“替换所选片段”对话框，在其中选择需要的视频素材，如图2.42所示。

步骤 05 双击或单击“打开”按钮，即可替换“时间线”面板中的视频文件，替换素材后的效果如图2.43所示。

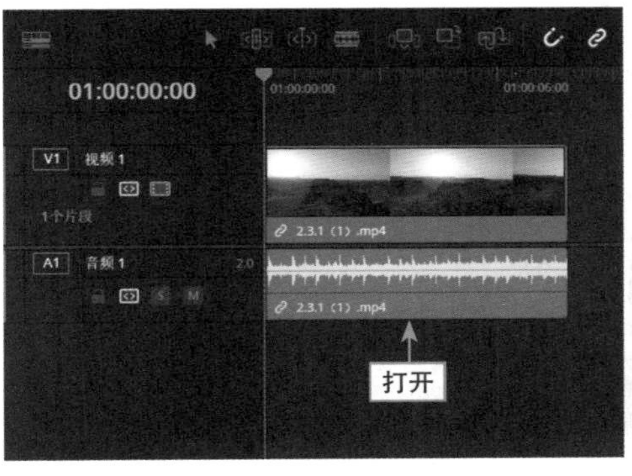

图2.39　打开一个项目文件

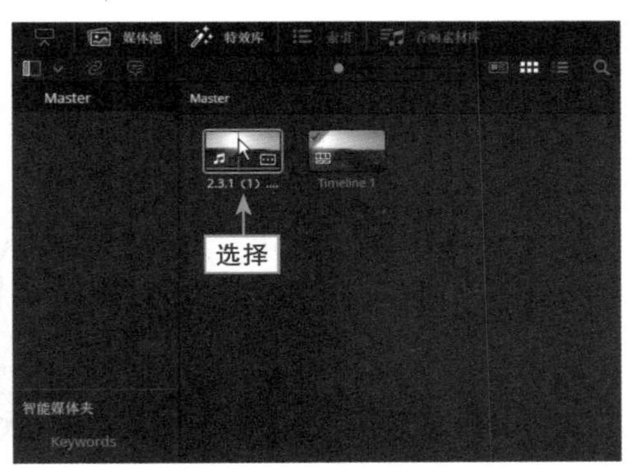

图2.40　选择需要被替换的素材文件

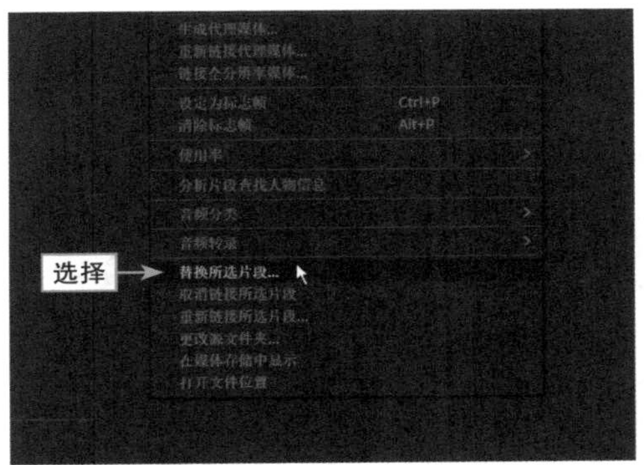

图2.41　选择“替换所选片段”命令

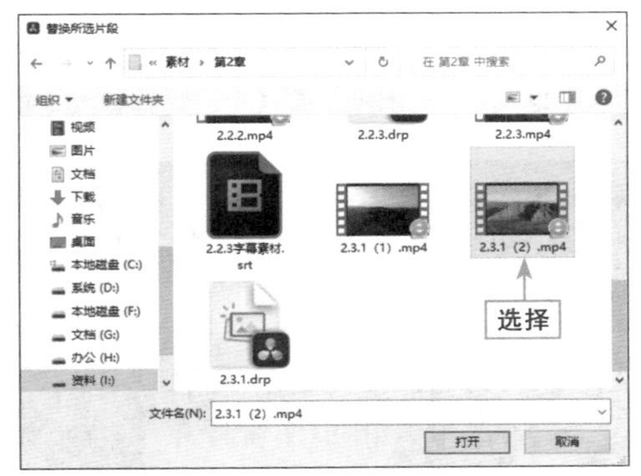

图2.42　选择需要的视频素材

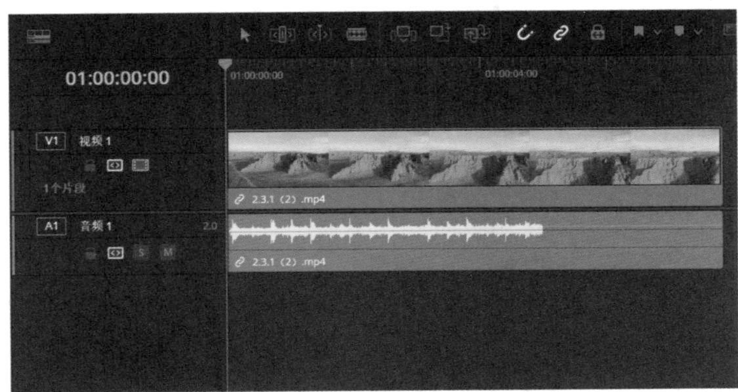

图2.43　替换“时间线”面板中的视频文件

2.3.2　练习实例：取消链接素材

【效果展示】在DaVinci Resolve 18.5的“剪辑”步骤面板中，用户还可以离线处理选择的视频素材。视频素材画面效果如图2.44所示。

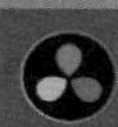

扫码看教程

图2.44　视频素材画面效果

下面介绍取消链接素材的具体操作方法。

步骤 01 打开一个项目文件，进入“剪辑”步骤面板，如图 2.45 所示。

步骤 02 在“媒体池”面板中，选择需要离线处理的素材文件，右击，如图 2.46 所示。

图2.45　打开一个项目文件

图2.46　选择需要离线处理的素材文件

步骤 03 在弹出的快捷菜单中选择“取消链接所选片段”命令，如图 2.47 所示。

步骤 04 执行操作后，即可离线处理视频轨中的素材，如图 2.48 所示。在预览窗口中，会显示“离线媒体”警示文字。

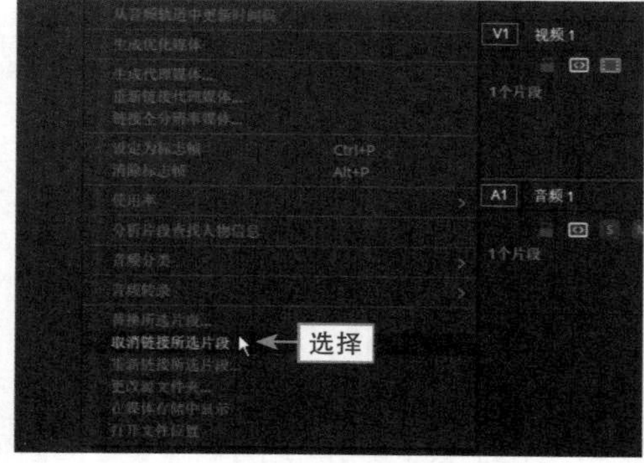

图2.47　选择“取消链接所选片段”命令

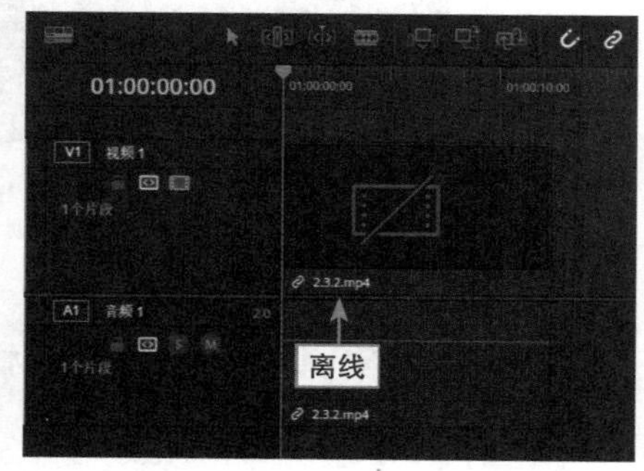

图2.48　离线处理视频轨中的素材

课后习题：重新链接素材

本习题需要练习在达芬奇“剪辑”步骤面板中，用户将视频素材离线处理后，如何重新链接离线的视频素材。视频画面效果如图2.49所示。

扫码看效果

扫码看教程

图2.49 视频效果展示

模拟考试

主题：将素材锁定在“时间线”轨道面板中。

要求：

（1）准备一段调过色的视频素材。

（2）时长控制在15秒以内。

考查知识点：剪辑面板、位置锁定。

视频剪辑　第 3 章

本章要点

在 DaVinci Resolve 18.5 中，用户可以对素材进行相应的编辑，使制作的影片更为生动、美观。本章主要介绍素材的基本操作、编辑与调整素材文件、剪辑视频素材、更改素材时长与速度等内容。通过本章的学习，用户可以熟练编辑和调整各种媒体素材。

3.1 掌握素材的操作技巧

对于达芬奇软件中，用户需要了解并掌握素材的基本操作，包括复制粘贴素材、插入新素材以及自动附加新素材等内容。

3.1.1 练习实例：复制粘贴素材

【效果展示】在达芬奇中编辑视频效果时，如果一个素材需要使用多次，可以使用“复制”和“粘贴”命令来实现。视频画面效果如图3.1所示。

扫码看教程

图3.1 视频画面效果

下面介绍复制、粘贴素材的具体操作方法。

步骤 01 打开一个项目文件，进入“剪辑”步骤面板，在“时间线”面板中选中视频素材，如图3.2所示。

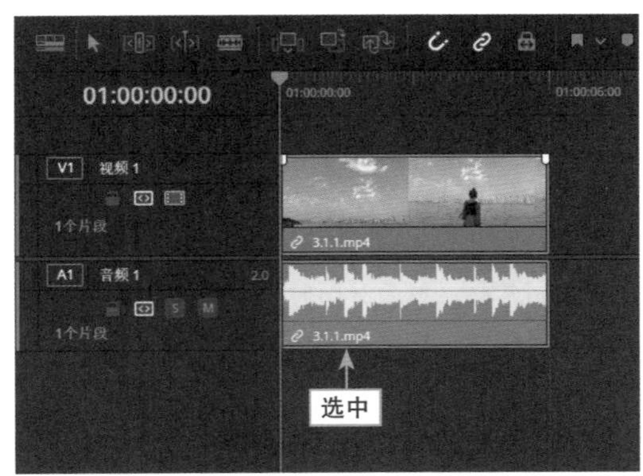

图3.2 选中视频素材

步骤 02 在菜单栏中选择“编辑”|“复制”命令，如图3.3所示。

步骤 03 在“时间线”面板中拖曳“时间指示器”至相应位置，如图3.4所示。

步骤 04 在菜单栏中选择“编辑”|“粘贴”命令，如图3.5所示。

步骤 05 执行操作后，在“时间线”面板中的时间指示器位置即可粘贴复制的视频素材，此时时间指示器会自动移至粘贴素材的片尾，如图3.6所示。

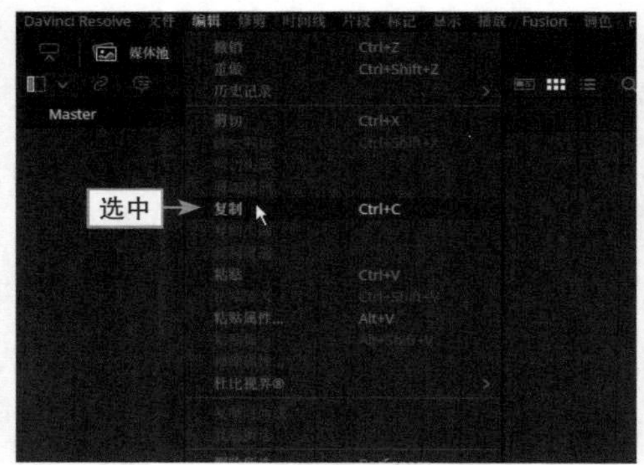

图3.3　选择“复制”命令

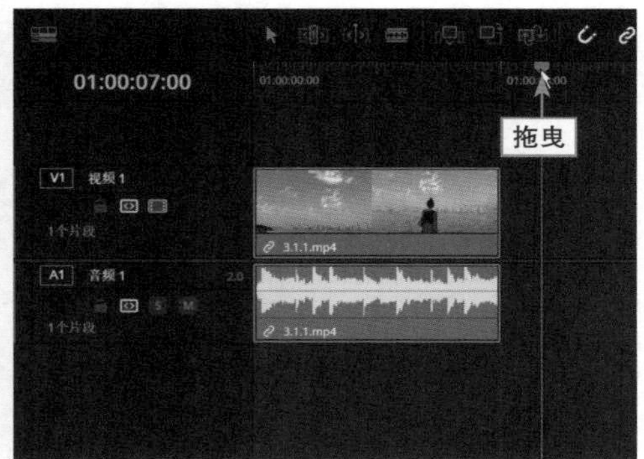

图3.4　拖曳“时间指示器”

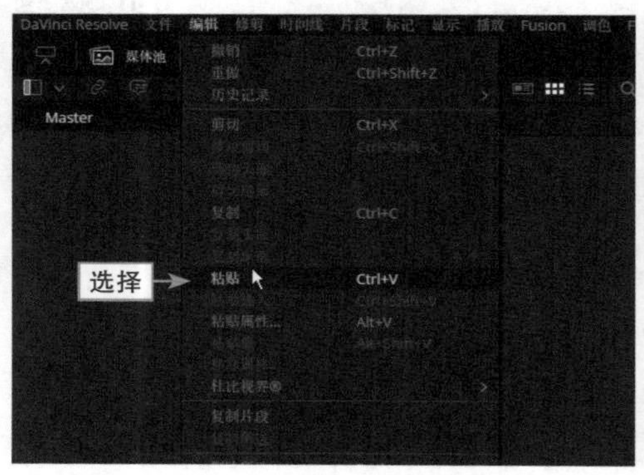

图3.5　选择“粘贴”命令

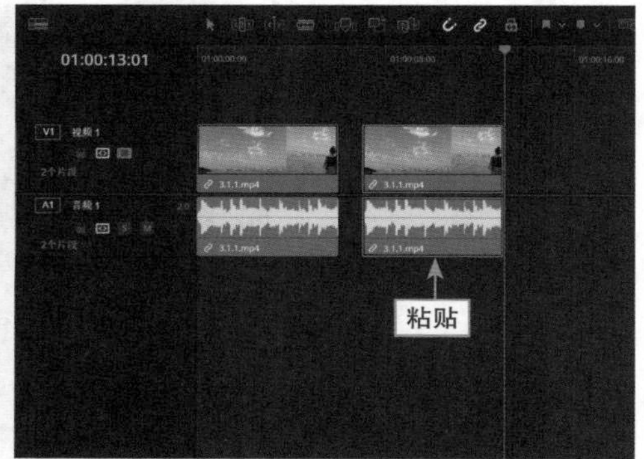

图3.6　粘贴复制的视频素材

▶ 温馨提示

用户还可以通过以下两种方式复制素材文件。

- 快捷键：选择“时间线”面板中的素材，按 Ctrl + C 组合键复制素材，移动时间指示器至合适位置，按 Ctrl + V 组合键即可粘贴复制的素材。
- 快捷菜单：选择“时间线”面板中的素材，右击，在弹出的快捷菜单中选择“复制”命令，即可复制素材，然后移动时间指示器至合适位置，在空白位置处右击，在弹出的快捷菜单中选择“粘贴”命令，即可粘贴复制的素材。

3.1.2　练习实例：插入新素材

【效果展示】在达芬奇中，支持用户在原素材中间插入新素材，方便用户编辑素材文件，视频画面效果如图3.7所示。

下面介绍插入新素材的具体操作方法。

步骤 01 打开一个项目文件，进入“剪辑”步骤面板，拖曳“时间指示器”至 01:00:02:00 位置处，如图 3.8 所示。

步骤 02 在“媒体池”面板中选择相应的视频素材，如图 3.9 所示。

扫码看效果

扫码看教程

图3.7　视频画面效果

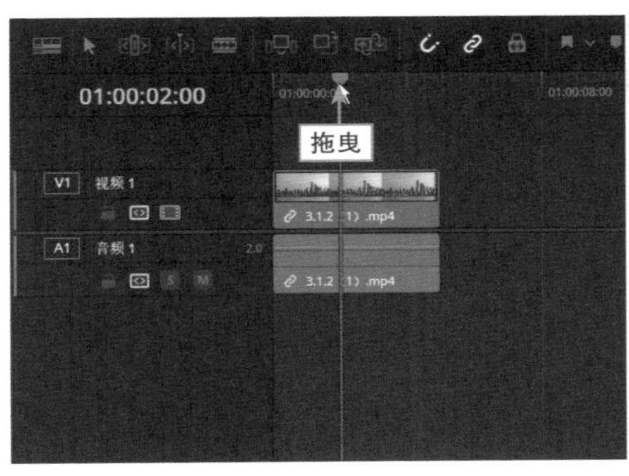

图3.8　拖曳“时间指示器”

图3.9　选择视频素材

步骤 03 在“时间线”面板上方的工具栏中单击“插入片段”按钮，如图 3.10 所示。

步骤 04 执行操作后，即可将“媒体池”面板中的视频素材插入“时间线”面板中时间指示器的位置处，如图 3.11 所示。

图3.10　单击“插入片段”按钮

图3.11　插入视频素材

步骤 05 添加背景音乐并调整音乐时长，将“时间指示器”移动至视频轨道的开始位置处，如图 3.12 所示，在预览窗口中，单击“播放”按钮，可以查看视频效果。

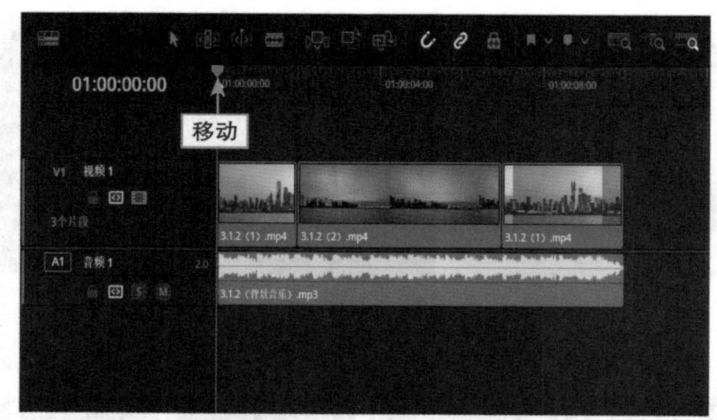

图 3.12　移动时间指示器

3.1.3　练习实例：自动吸附新素材

【效果展示】在达芬奇中，通常在"时间线"面板中添加素材文件都是通过拖曳的方式，当然也可以在"时间线"面板中选择"附加到时间线末端"命令，直接自动吸附新素材。视频画面效果如图 3.13 所示。

扫码看效果

扫码看教程

图 3.13　视频画面效果

下面介绍自动吸附新素材的具体操作方法。

步骤 01　打开一个项目文件，进入"剪辑"步骤面板，如图 3.14 所示。

步骤 02　在"媒体池"面板中选择相应的视频素材，如图 3.15 所示。

图 3.14　打开一个项目文件

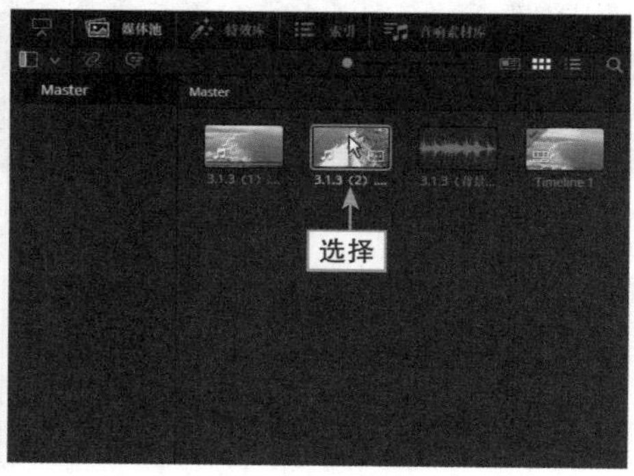

图 3.15　选择视频素材

步骤 03 在菜单栏中选择“编辑”|“附加到时间线末端”命令，如图 3.16 所示。

步骤 04 执行操作后，即可将所选素材自动添加到时间线末端位置，添加背景音乐并调整音乐时长，如图 3.17 所示，即可将所选的视频素材自动添加到时间线末端位置。

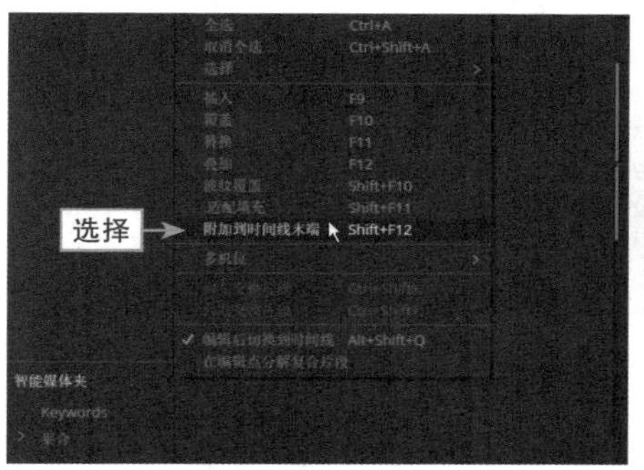

图 3.16 选择“附加到时间线末端”命令

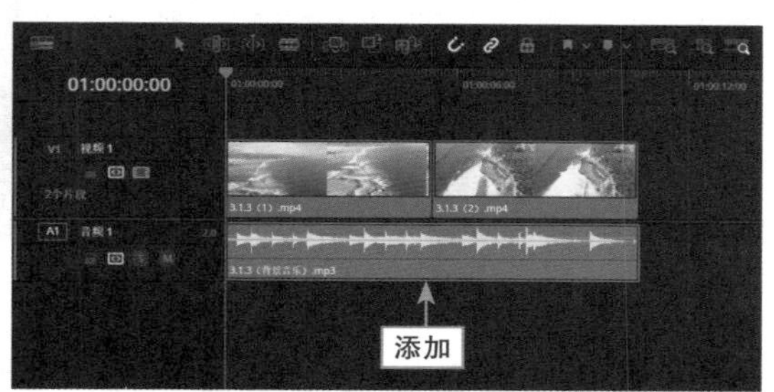

图 3.17 添加背景音乐并调整音乐时长

3.2 调整达芬奇的素材文件

在达芬奇中，可以对视频素材进行相应的编辑与调整，包括切换标记位置、覆盖素材片段以及适配填充素材等常用的编辑方法。下面介绍调整达芬奇素材文件的方法。

3.2.1 练习实例：切换标记位置

【效果展示】在达芬奇的“剪辑”步骤面板中，标记主要用来记录视频中的某个画面，使用户更加方便地对视频进行编辑。视频画面效果如图 3.18 所示。

扫码看效果

扫码看教程

图 3.18 视频画面效果

下面介绍切换标记位置的具体操作方法。

步骤 01 打开一个项目文件，进入“剪辑”步骤面板，如图 3.19 所示。

步骤 02 将“时间指示器”移动至 01:00:01:09 位置处，如图 3.20 所示。

步骤 03 在“时间线”面板的工具栏中单击“标记”下拉按钮，在弹出的列表框中选择“绿色”选项，如图 3.21 所示，可以用颜色标记想要编辑的地方。

步骤 04 执行操作后，即可在 01:00:01:09 位置处添加一个绿色标记，如图 3.22 所示。

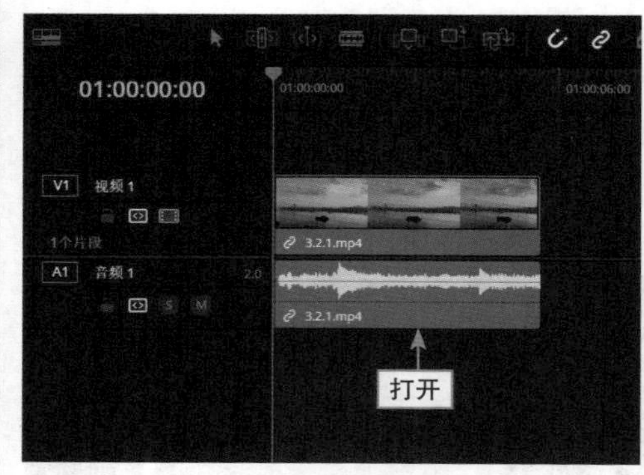

图3.19　打开一个项目文件

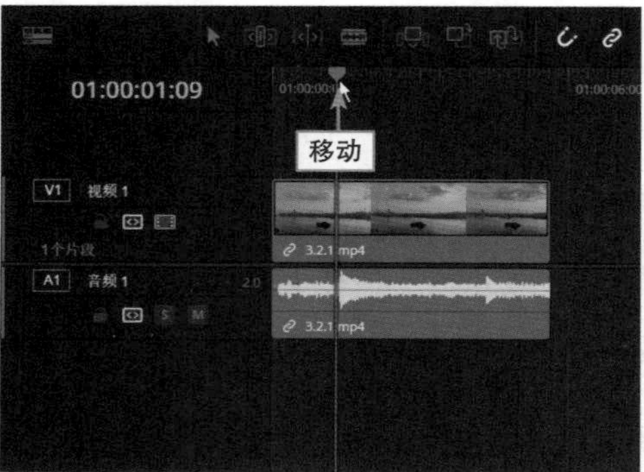

图3.20　移动“时间指示器”至01:00:01:09

图3.21　选择“绿色”选项

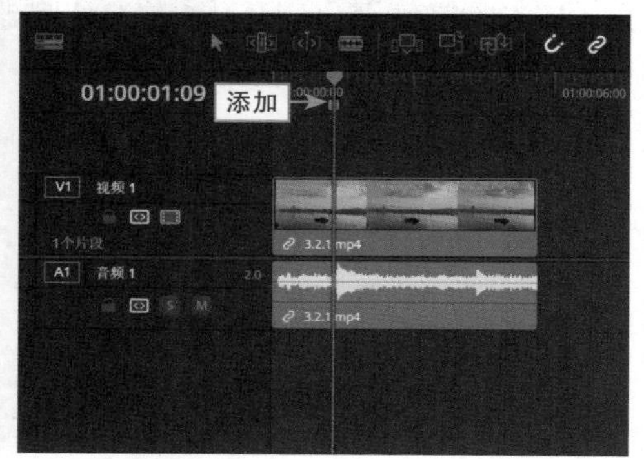

图3.22　添加一个绿色标记

步骤 05 将“时间指示器”移动至 01:00:04:00 位置处，如图 3.23 所示。

步骤 06 用同样的方法，在 01:00:04:00 位置处再次添加一个绿色标记，如图 3.24 所示。

图3.23　移动时间指示器至01:00:04:00

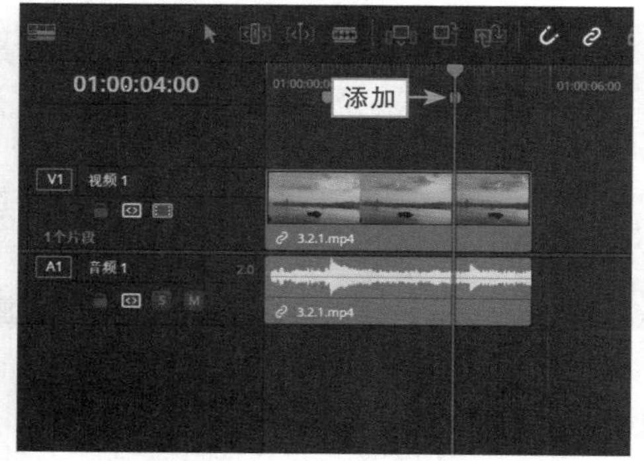

图3.24　再次添加一个绿色标记

步骤 07 将“时间指示器”移动至开始位置处，在时间标尺的任意位置右击，在弹出的快捷菜单中选择“跳到下一个标记”命令，如图 3.25 所示。

步骤 08 执行操作后，即可切换至第一个素材标记处，如图 3.26 所示，在预览窗口中可以查看第一个标记处的素材画面。

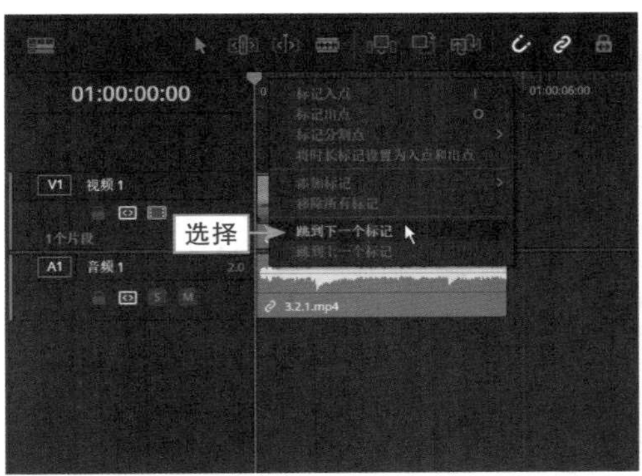

图3.25 选择“跳到下一个标记”命令

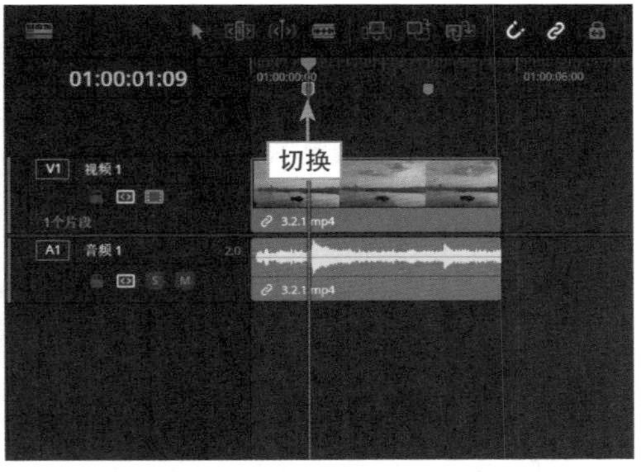

图3.26 切换至第一个素材标记处

步骤 09 用同样的方法，切换至第二个标记，如图 3.27 所示，并在预览窗口中查看第二个标记处的素材画面，这样方便快速找到自己想要标记的位置。

图3.27 切换至第二个标记

3.2.2 练习实例：覆盖素材片段

【效果展示】当原视频素材中有部分视频片段不需要时，可以使用达芬奇软件中的“覆盖片段”功能，用一段新的视频素材覆盖原素材中不需要的部分，不需要剪辑删除，也不需要替换，就能轻松处理。视频画面效果如图3.28所示。

图3.28 视频画面效果

扫码看效果

扫码看教程

下面介绍覆盖素材片段的具体操作方法。

步骤 01 打开一个项目文件，进入“剪辑”步骤面板，如图 3.29 所示。

步骤 02 将“时间指示器”移动至 01:00:02:00 位置处，如图 3.30 所示。

图3.29　打开一个项目文件

图3.30　移动“时间指示器”至相应位置

步骤 03 在“媒体池”面板中，选择一个视频素材（此处用户也可以用图片素材，根据用户的制作需求进行剪辑），如图 3.31 所示。

步骤 04 执行操作后，在“时间线”面板的工具栏中单击“覆盖片段”按钮，如图 3.32 所示。

图3.31　选择一个视频素材文件

图3.32　单击“覆盖片段”按钮

步骤 05 即可在视频轨中插入所选的视频素材，如图 3.33 所示。

步骤 06 执行操作后，添加背景音乐并调整音乐时长，如图 3.34 所示，即可完成对视频轨中原素材部分视频片段的覆盖效果。

图3.33　插入所选的视频素材

图3.34　添加背景音乐并调整音乐时长

3.2.3 练习实例：适配填充素材

【效果展示】在“时间线”面板中，当用户将几段视频中的某一段视频素材删除后，需要将一段新的视频素材置入被删的空白位置处时，可能会出现素材时长不匹配的问题。

此时，用户可以使用适配填充功能，拉长或压缩视频时长，填充至空白位置处，视频画面效果如图3.35所示。

扫码看效果

扫码看教程

图3.35 视频画面效果

下面介绍适配填充素材的操作方法。

步骤 01 打开一个项目文件，进入“剪辑”步骤面板，如图3.36所示。

步骤 02 将“时间指示器”移至第1段视频的结束位置处，如图3.37所示。

步骤 03 在“媒体池”面板中，选择需要适配填充的视频素材，如图3.38所示。

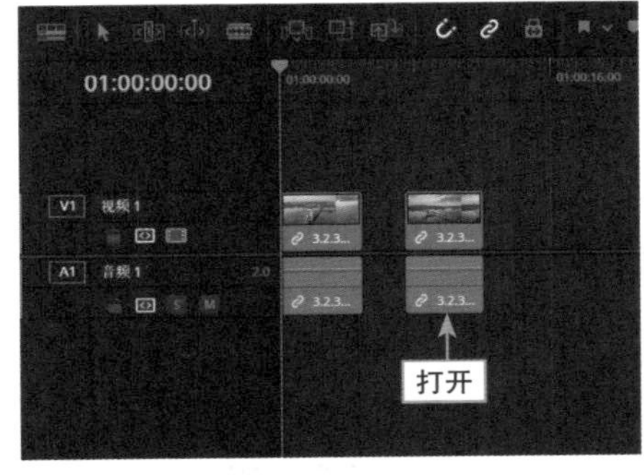

图3.36 打开一个项目文件

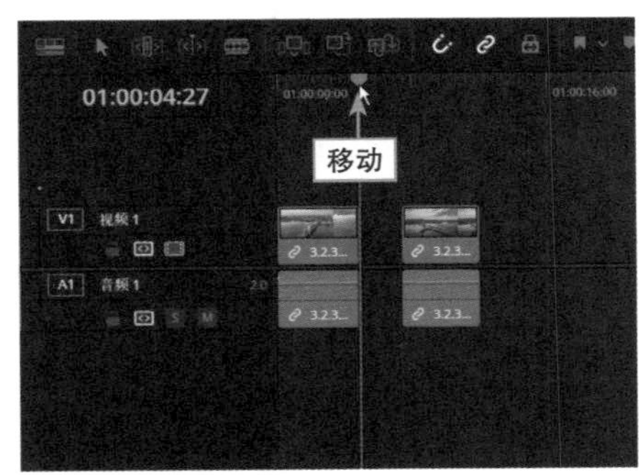

图3.37 移至第1段视频的结束位置处

图3.38 选择需要适配填充的视频素材

步骤 04 在菜单栏中选择“编辑”|“适配填充”命令，如图 3.39 所示。

步骤 05 执行操作后，即可在视频轨中的空白位置处适配填充所选视频，添加合适的背景音乐，并调整音乐时长，如图 3.40 所示。在预览窗口中，可以查看填充后的视频画面效果。

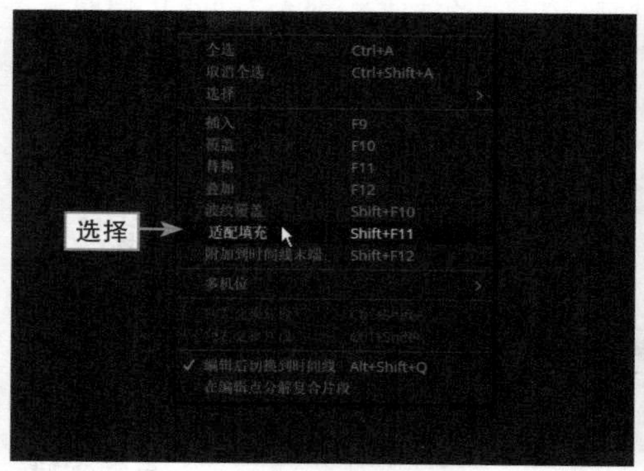

图3.39 选择“适配填充”命令

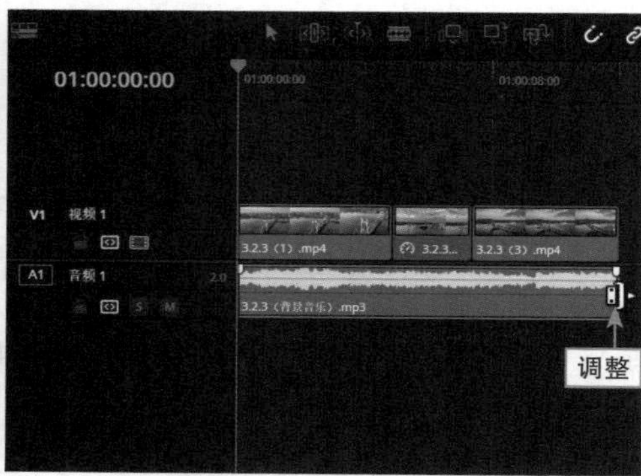

图3.40 调整音乐时长

3.3 在达芬奇中剪辑视频素材

为了帮助读者尽快掌握达芬奇软件中的修剪模式，下面主要介绍达芬奇“剪辑”步骤面板中的选择模式、修剪编辑模式以及动态滑移剪辑等修剪视频素材的方法，希望读者可以举一反三，灵活运用。

3.3.1 练习实例：通过选择模式剪辑视频素材

【效果展示】在“时间线”面板的工具栏中，应用“选择模式”工具可以修剪素材文件的时长，视频画面效果如图3.41所示。

扫码看效果

扫码看教程

图3.41 视频画面效果

下面介绍通过选择模式剪辑视频素材的操作方法。

步骤 01 打开一个项目文件，进入“剪辑”步骤面板，如图 3.42 所示。

步骤 02 在“时间线”面板中单击“选择模式”按钮，移动鼠标指针至素材的结束位置处，如图 3.43 所示。

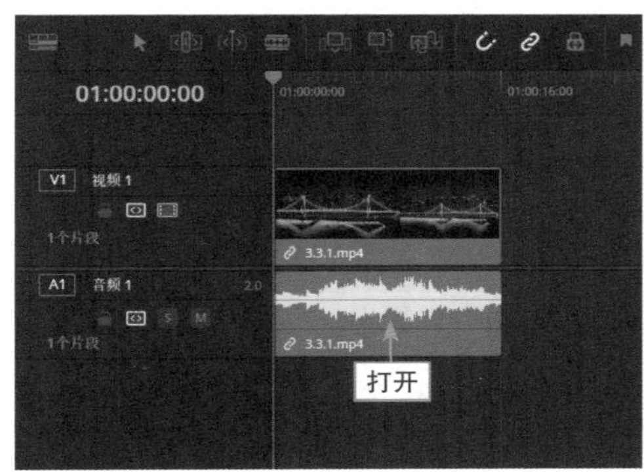

图3.42 打开一个项目文件

图3.43 移动鼠标指针至素材的结束位置处

步骤 03 当鼠标指针呈修剪形状时，按住鼠标左键并向左拖曳，如图 3.44 所示，至合适位置处释放鼠标左键，即可完成修剪视频时长的操作。

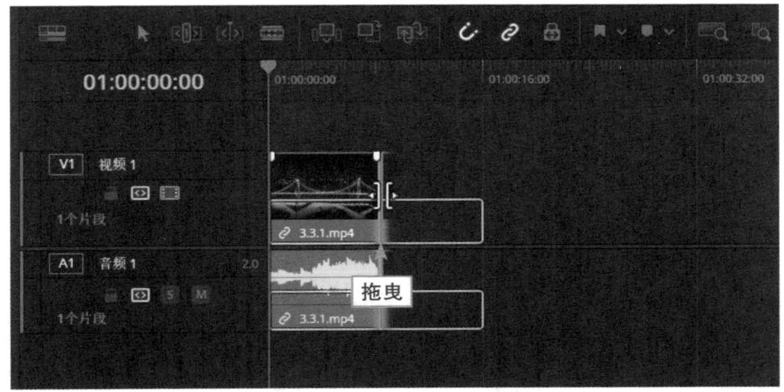

图3.44 向左拖曳

3.3.2 练习实例：通过修剪编辑模式剪辑素材

【效果展示】在达芬奇中，修剪编辑模式在剪辑视频时非常实用。用户可以在固定的时长中，通过拖曳视频素材，更改视频素材的起点和结束点，选取其中的一段视频片段。例如，固定时长为3秒，完整视频时长为10秒，用户可以截取其中任意3秒视频片段作为保留素材，效果展示如图3.45所示。

图3.45　画面效果

扫码看效果

扫码看教程

下面介绍通过修剪编辑模式剪辑素材的操作方法。

步骤 01 打开一个项目文件，进入“剪辑”步骤面板，如图 3.46 所示。

步骤 02 选择第 2 段视频素材，在“时间线”面板的工具栏中单击“修剪编辑模式”按钮，如图 3.47 所示。

图3.46　打开一个项目文件

图3.47　单击“修剪编辑模式”按钮

步骤 03 将鼠标指针移至第 2 段视频素材的图像显示区，此时鼠标指针呈修剪状态，如图 3.48 所示。

步骤 04 单击鼠标左键，如图 3.49 所示，在轨道上会出现一个白色方框，表示视频素材的原时长。

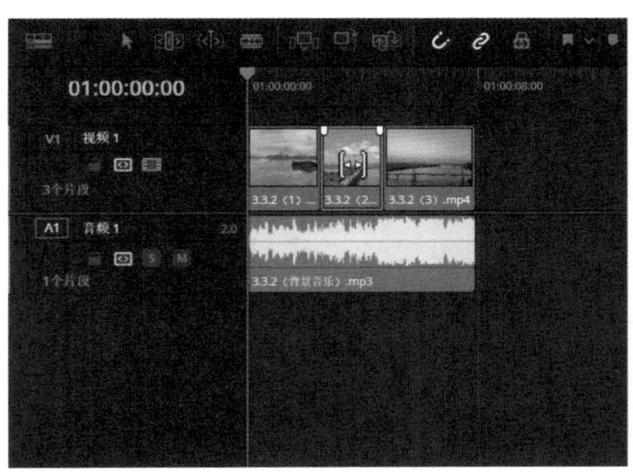

图3.48　鼠标指针呈修剪状态

图3.49　单击鼠标左键

步骤 05 根据需要向左或向右拖曳视频素材，这里向右拖曳，如图 3.50 所示，在红色方框内会显示视频内容图像。

步骤 06 同时，预览窗口中也会根据修剪片段显示视频起点和终点的图像，效果如图 3.51 所示，待释放鼠标左键后，即可截取满意的视频素材。

图3.50　向右拖曳

图3.51　显示视频起点和终点图像效果

3.3.3　练习实例：通过动态修剪模式滑移素材

【效果展示】在达芬奇中，动态修剪模式有两种操作方法，分别是滑移和滑动，用户可以通过按S快捷键进行切换。滑移功能的作用与修剪编辑模式中所讲的一样，这里不再详述，下面主要介绍操作方法。

在学习如何使用达芬奇中的动态修剪模式前，首先需要了解预览窗口中的倒放、停止、正放快捷键，分别是J、K、L键。在操作时，如果快捷键失效，那么建议打开英文大写功能再按，效果展示如图3.52所示。

图3.52　画面效果

扫码看效果

扫码看教程

下面介绍通过动态修剪模式滑移素材的具体操作方法。

步骤 01 打开一个项目文件，进入“剪辑”步骤面板，如图 3.53 所示。

步骤 02 在“时间线”面板的工具栏中单击“动态修剪模式(滑动)”按钮，如图 3.54 所示，此时时间指示器显示为黄色。

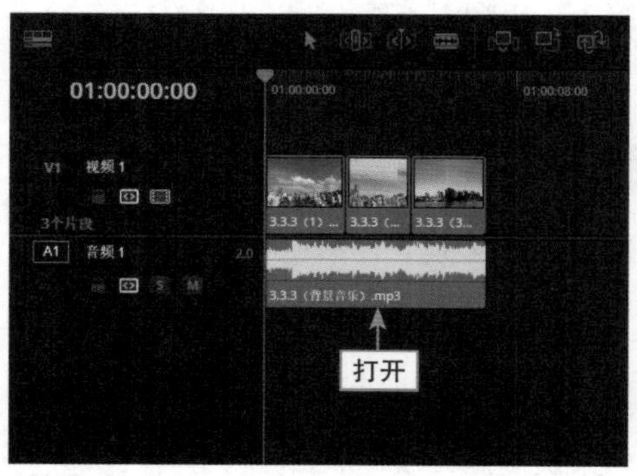

图3.53　打开一个项目文件

图3.54　单击“动态修剪模式(滑动)”按钮

步骤 03 在按钮上右击，在弹出的快捷菜单中选择“滑移”命令，如图 3.55 所示。

步骤 04 在视频轨道中选中第 2 段视频素材，如图 3.56 所示。

步骤 05 此时可以按倒放快捷键 J 或按正放快捷键 L，在红色固定区间内左右移动视频片段，按停止快捷键 K 可以暂停，如图 3.57 所示。

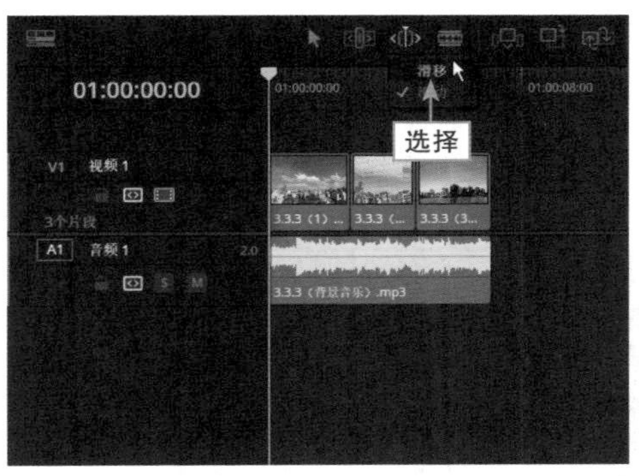

图3.55　选择“滑移”命令

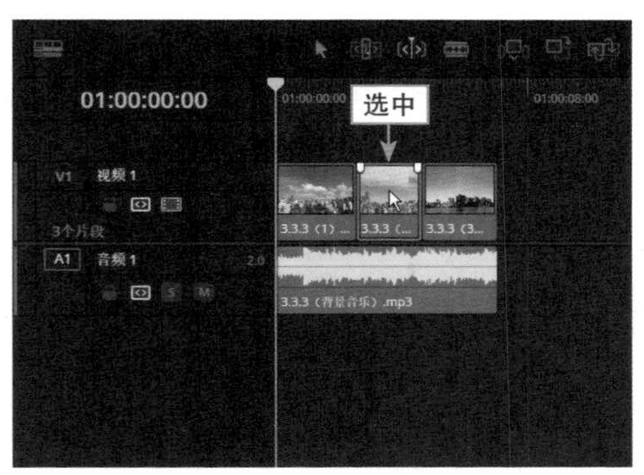

图3.56　选中第2段视频素材

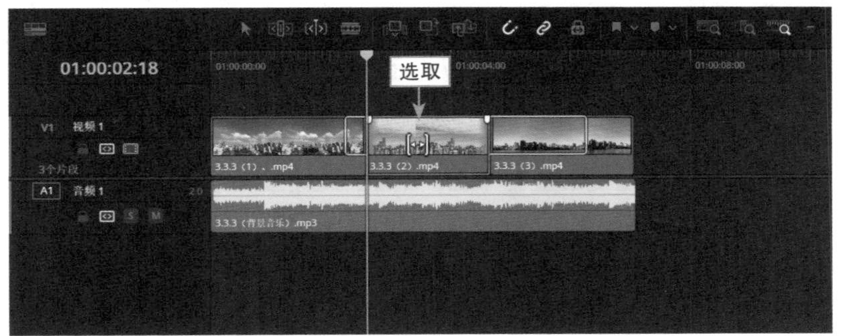

图3.57　选取视频片段

▶ 温馨提示

用户需要单击“修剪编辑模式”按钮，才能在红色固定区间内左右移动视频片段，如果没有选中，那么就不能在红色固定区间内左右移动视频片段，而只能在外面左右移动。

举一反三：通过刀片编辑模式分割素材

【效果展示】在“时间线”面板中，使用工具栏中的刀片工具，即可将素材分割成多个素材片段。视频画面效果如图3.58所示。

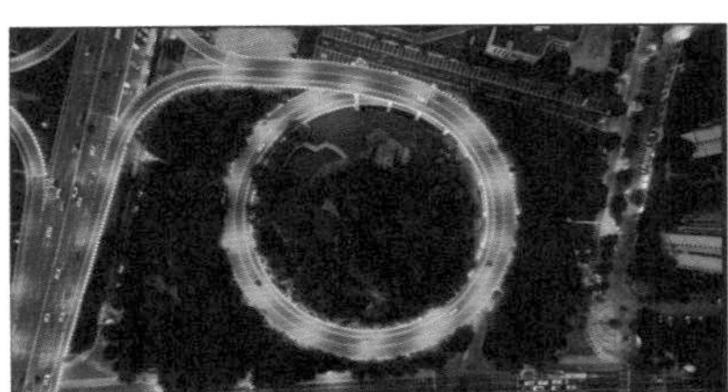
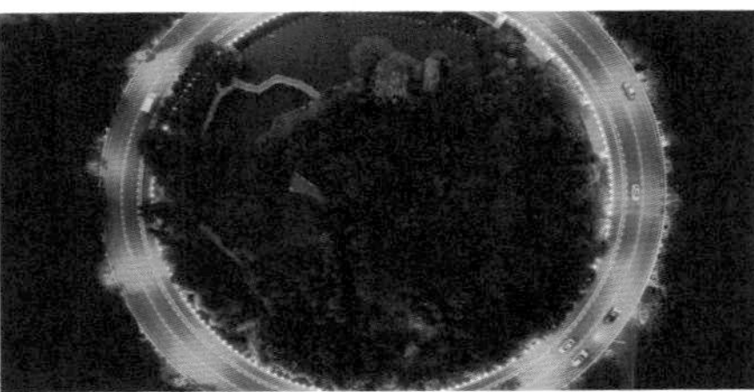

扫码看效果

扫码看教程

图3.58　视频画面效果

下面介绍通过刀片编辑模式分割素材的具体操作方法。

步骤 01 打开一个项目文件，进入“剪辑”步骤面板，如图 3.59 所示。

步骤 02 在“时间线”面板中，单击“刀片编辑模式”按钮，如图 3.60 所示，此时鼠标指针变成了刀片工具图标。

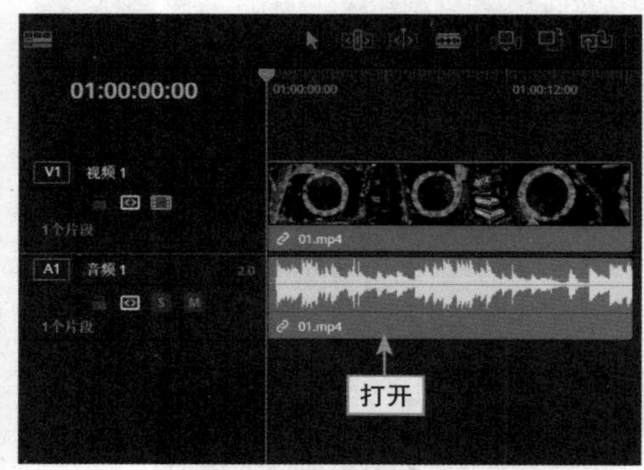

图 3.59 打开一个项目文件

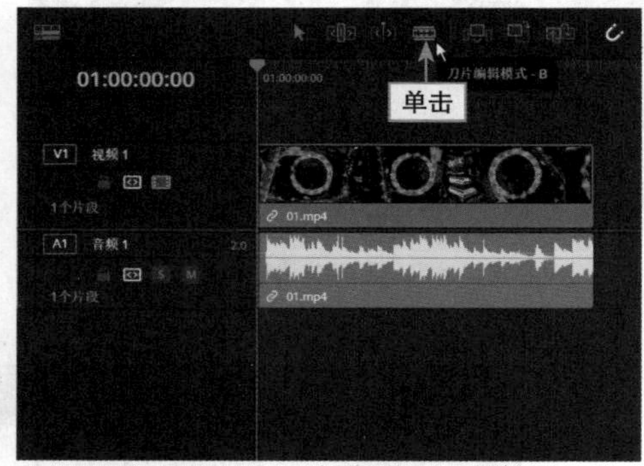

图 3.60 单击“刀片编辑模式”按钮

步骤 03 在视频素材上的合适位置处单击，即可将视频素材分割成两段视频，如图 3.61 所示。

步骤 04 再次在其他合适的位置处单击，即可将视频素材分割成多个视频片段，如图 3.62 所示。

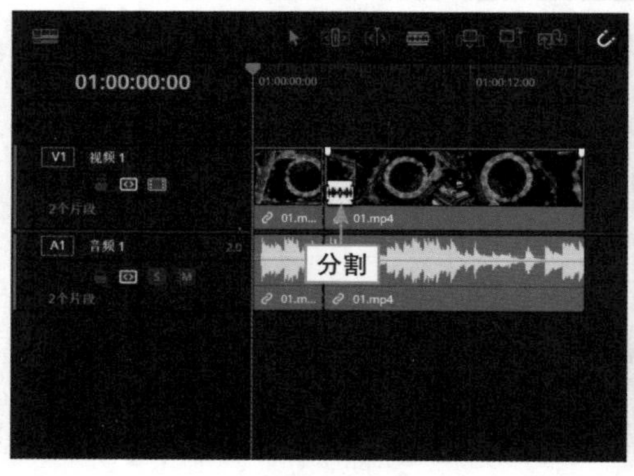

图 3.61 分割成两段视频

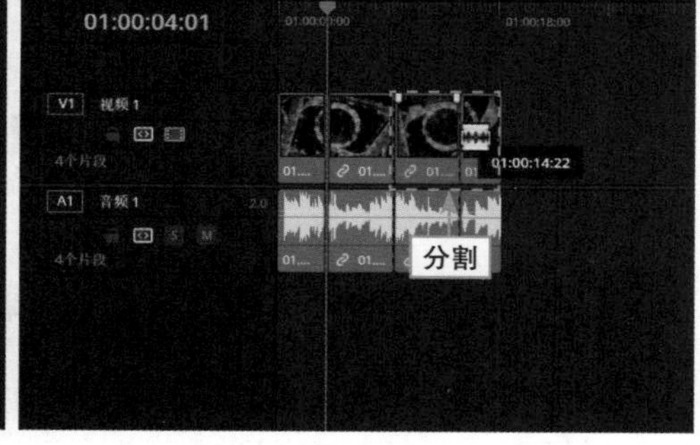

图 3.62 分割成多个视频片段

步骤 05 删除第 2 段和第 3 段片段，将“时间指示器”移至视频轨道的开始位置处，如图 3.63 所示，在预览窗口中单击“播放”按钮，即可查看分割视频效果。

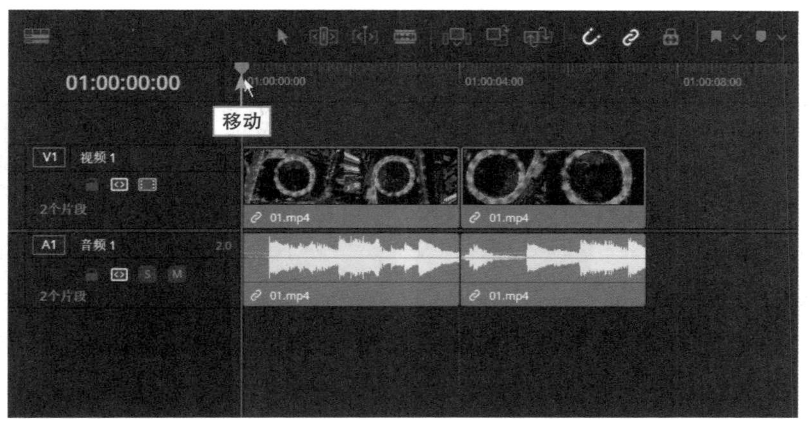

图 3.63　时间线移至视频轨道的开始位置处

3.4　更改素材时长与播放速度

在达芬奇中，编辑视频素材时，用户可以通过更改片段时长的区间来调整，使视频素材可以更好地适用于所编辑的项目。

3.4.1　练习实例：更改素材时长

【效果展示】在达芬奇中，将素材添加到"时间线"面板中后，用户可以对素材的区间时长和播放速度进行相应的调整。视频画面效果如图 3.64 所示。

扫码看效果

扫码看教程

图 3.64　视频画面效果

下面介绍具体的操作方法。

步骤 01　打开一个项目文件，进入"剪辑"步骤面板，如图 3.65 所示。

步骤 02　在"时间线"面板中选中素材文件，右击，在弹出的快捷菜单中选择"更改片段时长"命令，如图 3.66 所示。

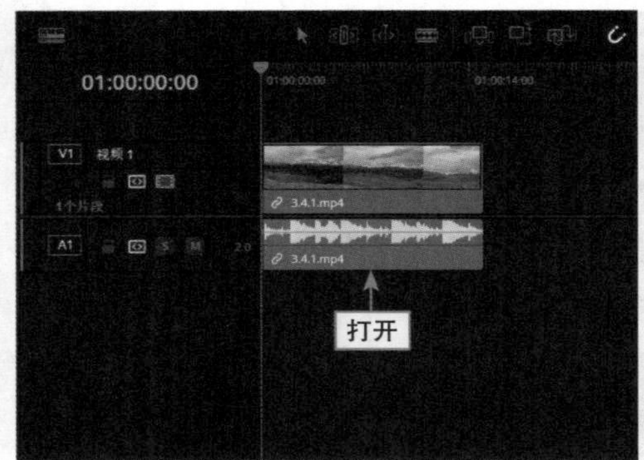

图3.65　打开一个项目文件

图3.66　选择“更改片段时长”命令

步骤 03 弹出“更改片段时长”对话框，如图 3.67 所示，在“时长”文本框中显示了素材原来的时长。

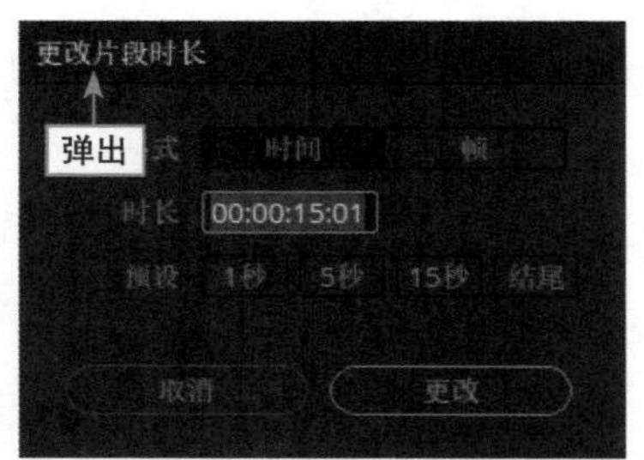

图3.67　“更改片段时长”对话框

步骤 04 在“时长”文本框中修改时长为 00:00:05:00，如图 3.68 所示。

步骤 05 单击“更改”按钮，即可在“时间线”面板中查看修改时长后的素材效果，如图 3.69 所示。

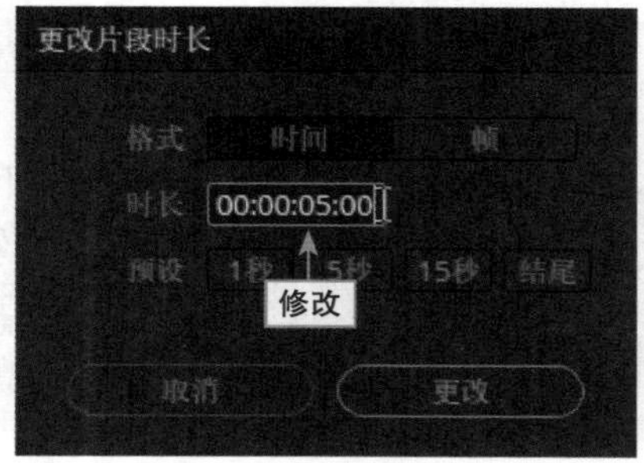

图3.68　修改时长

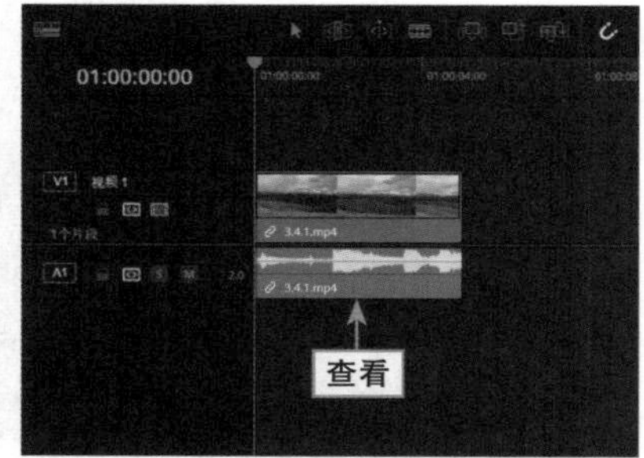

图3.69　查看修改时长后的素材效果

3.4.2　练习实例：更改播放速度

【效果展示】在达芬奇中，将素材添加到“时间线”面板中后，如果用户觉得视频的播放速度太慢，可以选择“更改片段速度”命令，进行变速处理。视频画面效果如图3.70所示。

扫码看效果

扫码看教程

图3.70　视频画面效果

下面介绍具体的操作方法。

步骤 01 打开一个项目文件，进入“剪辑”步骤面板，如图3.71所示。

步骤 02 在“时间线”面板中选中素材文件，右击，在弹出的快捷菜单中选择“更改片段速度”命令，如图3.72所示。

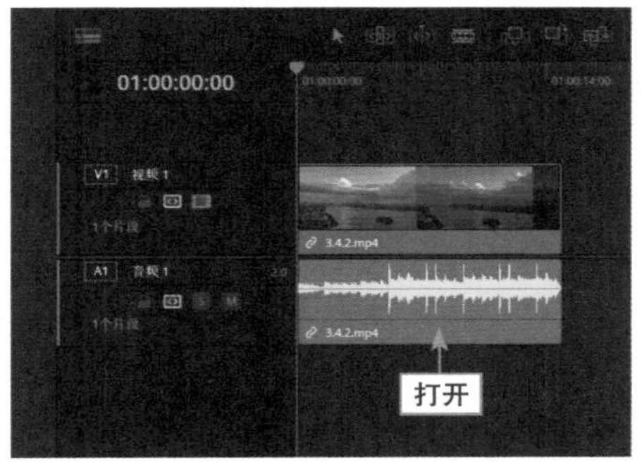

图3.71　打开一个项目文件

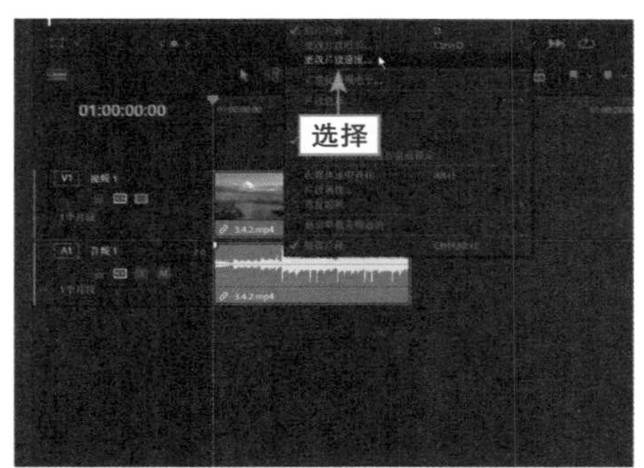

图3.72　选择“更改片段速度”命令

步骤 03 弹出“更改片段速度”对话框，在“速度”文本框中修改数值为200.00%，如图3.73所示。

步骤 04 单击“更改”按钮，即可将素材的播放速度调快，此时“时间线”面板中的素材时长也相应缩短，如图3.74所示。

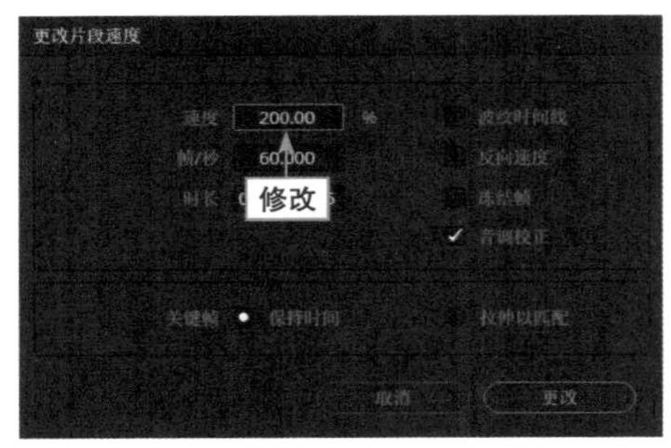

图3.73　修改相应参数

图3.74　“时间线”面板显示

课后习题：变速处理

本习题练习在达芬奇中让视频播放速度变快，达到用户想要效果的方法。变速处理效果如图3.75所示。

扫码看效果

扫码看教程

图3.75　变速处理效果

模拟考试

主题：曲线变速。

要求：

（1）自行准备一段视频素材。

（2）对素材进行简单的变速处理。

考查知识点："剪辑"面板、变速控制、添加控制点、曲线变速。

一级调色 第 4 章

本章要点

一级调色就是调整画面的整体色调、对比度、饱和度以及色温，以达到提高图像质量和色彩平衡的目的。本章将详细介绍应用达芬奇软件对视频画面进行一级调色的操作方法。

4.1 一级调色简介

在对素材图像进行调色操作前，需要对素材图像进行一个简单的检测，比如检查图像是否过度曝光、灯光是否太暗、是否偏色、饱和度浓度如何、是否存在色差、色调是否统一等。针对上述问题对素材图像进行曝光度、对比度、色温等校色调整，便是一级调色。

4.2 了解示波器与灰阶调节

示波器是一种可以将视频信号转换为可见图像的电子测量仪器，它能帮助人们研究各种电现象的变化过程，观察各种不同信号幅度随时间变化的波形曲线。灰阶是指显示器黑与白、明与暗之间亮度的层次对比。下面介绍达芬奇软件中的几种示波器查看模式。

4.2.1 练习实例：了解波形图

【效果展示】波形图示波器主要用于检测视频信号的幅度和单位时间内所有脉冲扫描图形，让用户看到当前画面亮度信号的分布情况，以分析画面的明暗和曝光情况。

波形图示波器的横坐标表示当前帧的水平位置，纵坐标在NTSC制式下表示图像每一列的色彩密度，单位是IRE；在PAL制式下则表示视频信号的电压值。在NTSC制式下，以消隐电平0.3V为0IRE，将0.3 ~ 1V进行10等分，每一等分定义为10IRE，视频效果如图4.1所示。

扫码看教程

图4.1 视频画面效果

下面介绍具体的操作方法。

步骤 01 打开一个项目文件，进入“剪辑”步骤面板，如图 4.2 所示。

步骤 02 在步骤面板中，单击“调色”按钮，如图 4.3 所示，即可切换至“调色”步骤面板。

步骤 03 在工具栏中单击“示波器”按钮，如图 4.4 所示。

步骤 04 执行操作后，即可切换至“示波器”显示面板，如图 4.5 所示。

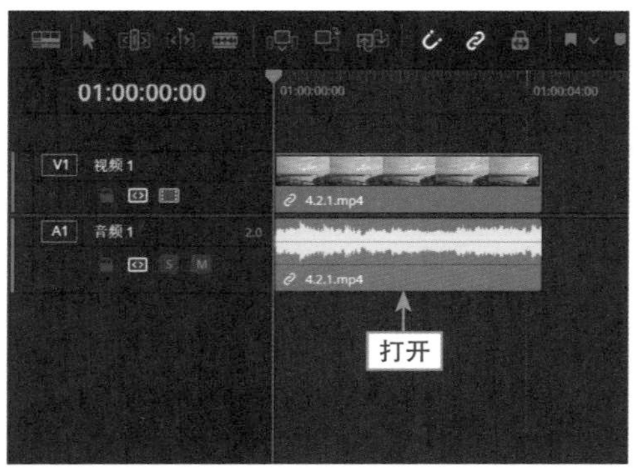

图4.2 打开一个项目文件

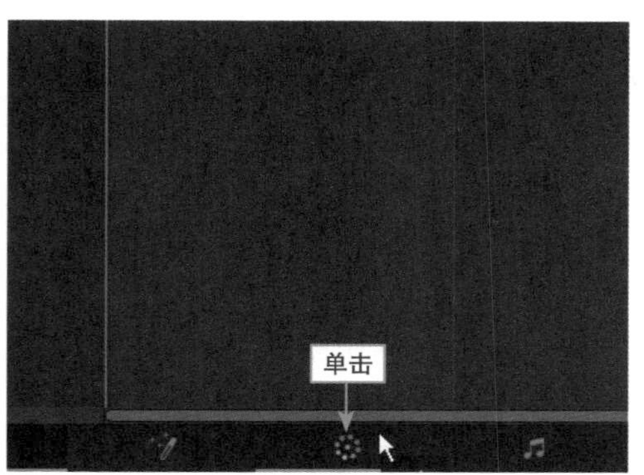

图4.3 单击“调色”按钮

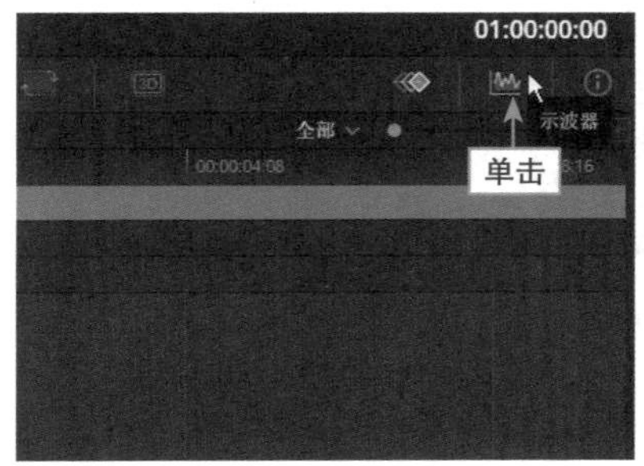

图4.4 单击“示波器”按钮

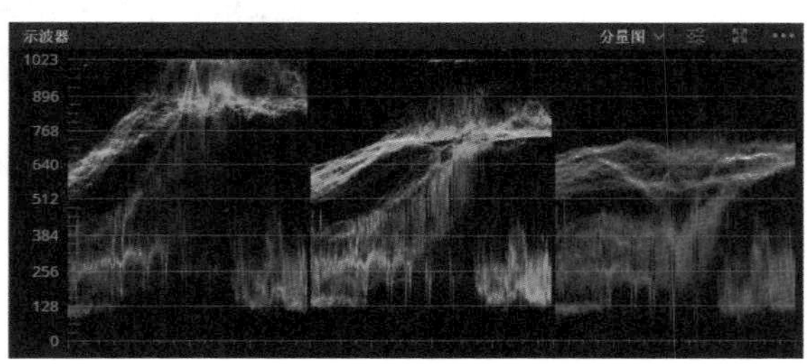

图4.5 “示波器”显示面板

> ▶ 温馨提示
>
> 用户可以用同样的方法，切换不同类别的示波器，以便查看分析画面色彩的分布状况。

步骤 05 在示波器窗口的右上角单击下拉按钮，在弹出的列表框中选择“波形图”选项，如图 4.6 所示。

步骤 06 执行操作后，即可在下方面板中查看和检测视频画面的颜色分布情况，如图 4.7 所示。

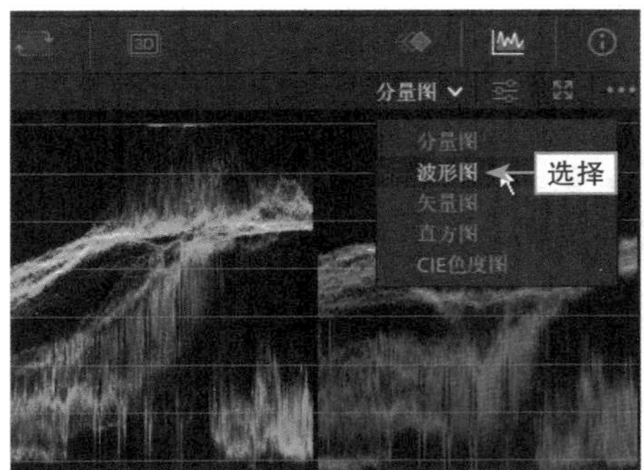

图4.6 选择“波形图”选项

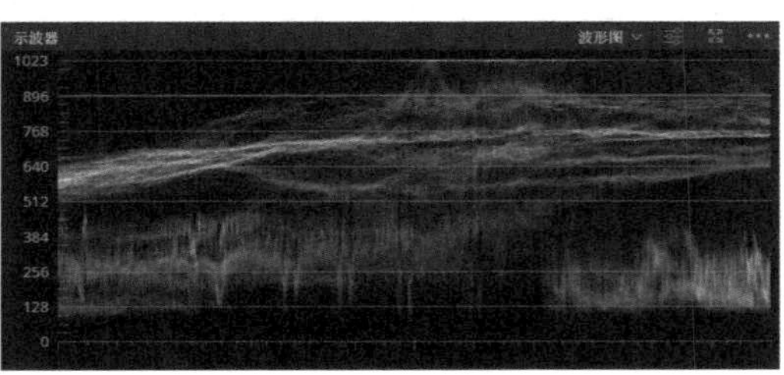

图4.7 查看和检测视频画面的颜色分布情况

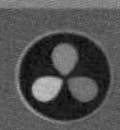

4.2.2 了解分量图

分量图示波器其实就是将波形图示波器分为红、绿、蓝(RGB)三色通道，将画面中的色彩信息直观地展示出来。通过分量图示波器，用户可以分析观察图像画面的色彩是否平衡。

如图4.8所示，下方的红色阴影位置波形明显要比绿色、蓝色阴影位置高，而红色上方的高光位置明显比绿色、蓝色的波形偏低，且整体波形不一，即表示图像高光位置出现色彩偏移，整体色调偏红色、绿色。

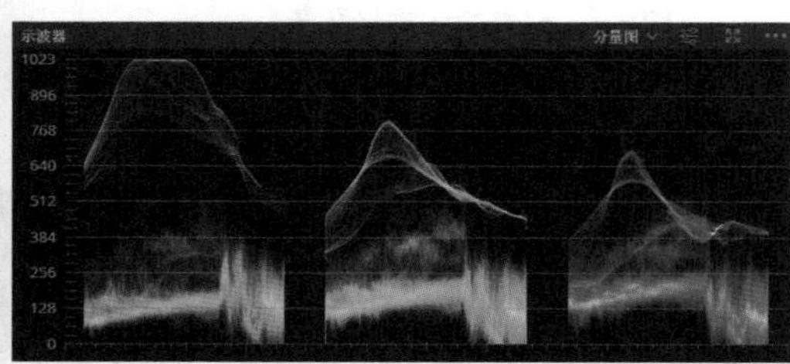

图4.8　分量图示波器颜色分布情况

4.2.3 了解矢量图

矢量图是一种检测色相和饱和度的工具，它以坐标的方式显示视频的色度信息。矢量图中矢量的大小，也就是某一点到坐标原点的距离，代表颜色饱和度。

圆心位置代表色彩饱和度为0，因此黑白图像的色彩矢量都在圆心处；离圆心越远，饱和度越高，如图4.9所示。

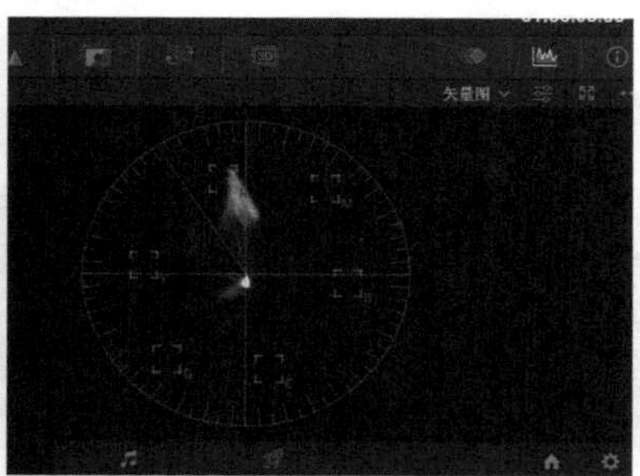

图4.9　矢量图示波器色彩矢量分布情况

> ▶ 温馨提示
>
> 矢量图上有一些虚方格，广播标准彩条颜色都落在相应虚方格的中心。如果饱和度向外超出相应虚方格的中心，就表示饱和度超标（广播安全播出标准），必须进行调整。对于一段视频来讲，只要色彩饱和度不超过由这些虚方格围成的区域，就可认为色彩符合播出标准。

4.2.4 了解直方图

在直方图示波器中可以查看图像的亮度与结构，用户可以利用直方图分析图像画面中的亮度是否超标。

在达芬奇软件中，直方图按横、纵轴进行分布。横坐标轴表示图像画面的亮度值，左边为亮度最小值，波形的像素越高则图像画面的颜色越接近黑色；右边为亮度最大值，画面色彩更趋近于白色。纵坐标轴表示图像画面亮度值位置的像素占比。

当图像画面中的黑色像素过多或亮度较低时，波形会集中分布在示波器的左边，如图4.10所示。

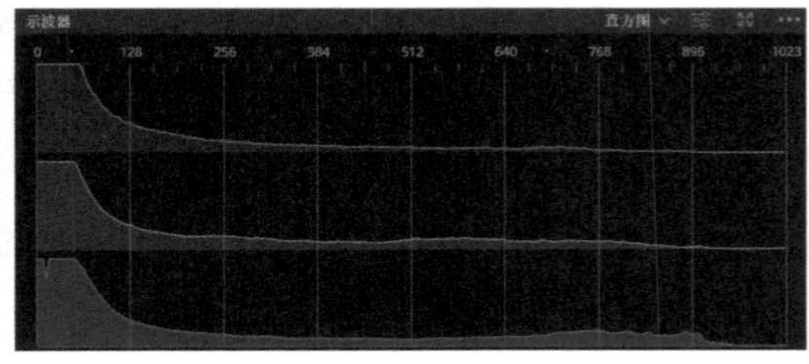

图4.10 画面亮度过低

当图像画面中的白色像素过多或亮度较高时，波形会集中分布在示波器的右边，如图4.11所示。

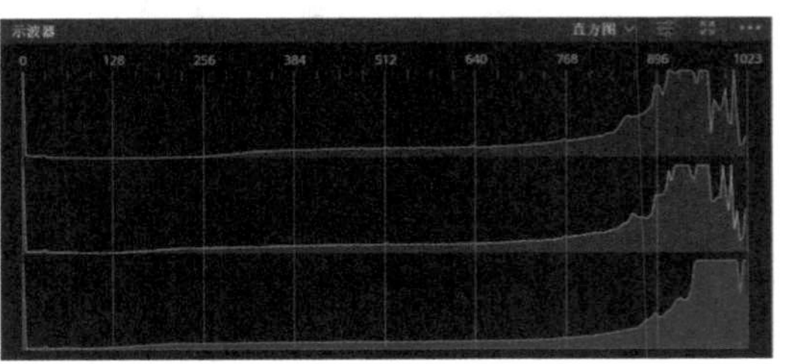

图4.11 画面亮度超标

4.3 对画面进行色彩校正

在视频制作过程中，由于电视系统能显示的亮度范围要小于计算机显示器的显示范围，一些在计算机屏幕上鲜亮的画面也许在电视机上会出现细节缺失等影响画质的问题，因此，专业的制作人员必须知道应根据播出要求来控制画面的色彩。本节主要介绍运用达芬奇软件对画面进行色彩校正的操作方法。

4.3.1 练习实例：调整视频曝光度

【效果展示】当素材亮度过暗或者太亮时，用户可以在达芬奇中，通过调节“亮度”参数来调整素材的曝光度。调色前后对比效果如图4.12所示。

扫码看效果

扫码看教程

图4.12 调色前后对比效果

下面介绍调整视频曝光度的具体操作方法。

步骤 01 打开一个项目文件，进入“剪辑”步骤面板，如图4.13所示。可以看到视频画面缺少曝光度，整体画面亮度偏暗。

步骤 02 切换至“调色”步骤面板，单击“LUT库”按钮，如图4.14所示，展开LUTs滤镜面板，该面板中的滤镜样式可以帮助用户校正画面色彩。

图4.13 打开一个项目文件

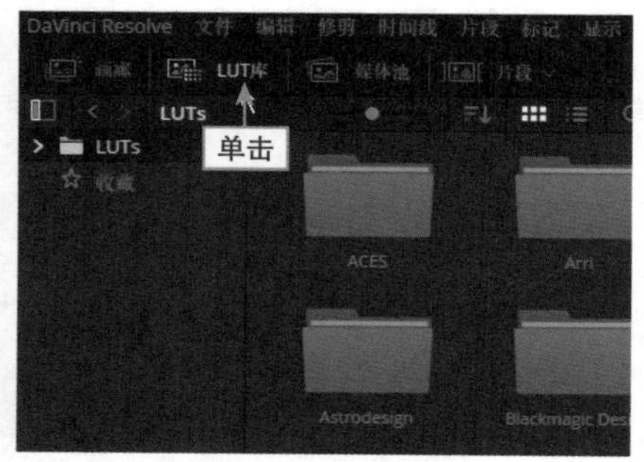

图4.14 单击“LUT库”按钮

步骤 03 在下方的选项面板中，❶选择Blackmagic Design选项，展开相应选项卡；❷在其中选择滤镜样式，如图4.15所示。

步骤 04 按住鼠标左键将滤镜样式拖曳至预览窗口的图像画面上，如图4.16所示，释放鼠标左键，即可将选择的LUT滤镜样式添加至视频素材上。

步骤 05 执行操作后，即可在预览窗口中查看色彩校正后的效果，如图4.17所示，可以看到画面亮度不够明显。

步骤 06 在“时间线”面板下方的工具栏中单击“色轮”按钮，如图4.18所示，展开“一级-校色轮”面板。

步骤 07 调整“亮部”色轮的参数为0.88、0.99、1.00、1.02，如图4.19所示，即可降低亮部，使画面更清晰、有质感。

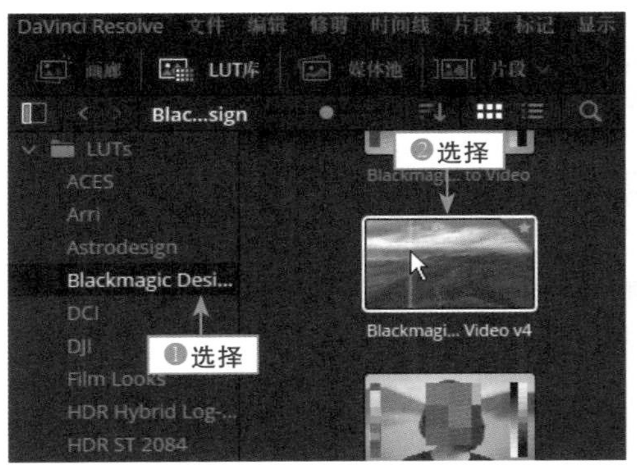

图4.15　选择滤镜样式

图4.16　添加滤镜样式

图4.17　查看色彩校正后的效果

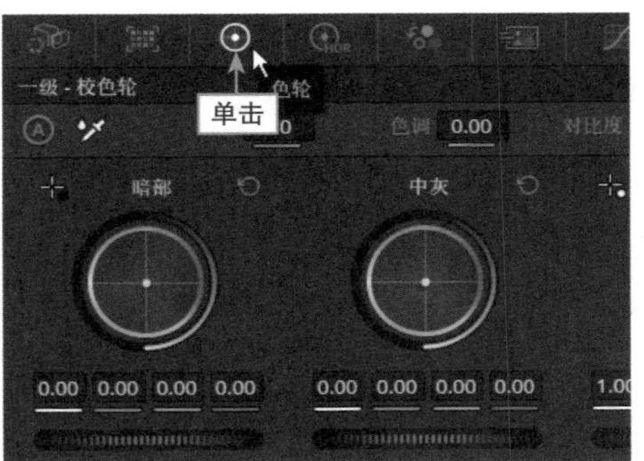

图4.18　单击“色轮”按钮

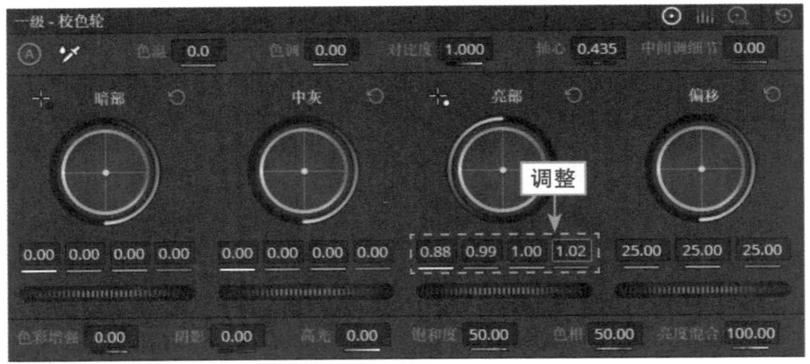

图4.19　调整“亮部”参数

4.3.2　练习实例：调整视频色彩平衡

【效果展示】当图像出现色彩不平衡的情况时，有可能是因为摄影机的白平衡参数设置错误，或者因为天气、灯光等因素造成色偏。在达芬奇中，用户可以根据需要应用自动平衡功能，调整图像色彩平衡。调色前后对比效果如图4.20所示。

扫码看效果

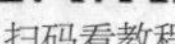

扫码看教程

图4.20　调色前后对比效果

下面介绍具体的操作方法。

步骤 01 打开一个项目文件，进入“剪辑”步骤面板，如图4.21所示，可以看出画面偏暗。

步骤 02 切换至“调色”步骤面板，展开“色轮”面板，单击“自动平衡”按钮Ⓐ，如图4.22所示，即可自动调整图像色彩平衡，使画面更有光泽。

图4.21　打开一个项目文件

图4.22　单击“自动平衡”按钮

4.3.3　练习实例：镜头匹配调色效果

【效果展示】达芬奇拥有镜头自动匹配功能，可以对两个片段进行色调分析，自动匹配效果较好的视频片段。镜头匹配是调色师必学的基础课，也是调色师经常会遇到的难题。对一个视频镜头调色可能还算容易，但要对整个视频色调进行统一调色就较难了，需要用到镜头匹配功能进行辅助调色。调色前后对比效果如图4.23所示。

扫码看效果

扫码看教程

图4.23　调色前后对比效果

下面介绍镜头匹配调色的具体操作方法。

步骤 01 打开一个项目文件，进入“剪辑”步骤面板，如图 4.24 所示。其中，第 1 个视频素材画面色彩已经调整完成，可以将其作为要匹配的目标片段。

步骤 02 切换至“调色”步骤面板，在“片段”面板中，选择需要进行镜头匹配的第 2 个视频片段，如图 4.25 所示。

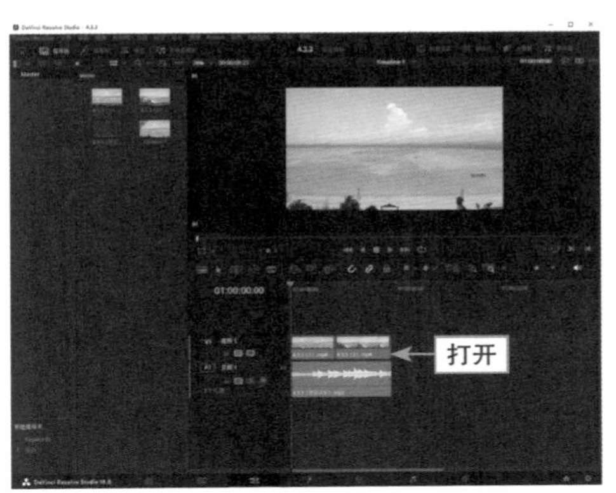

图4.24　打开一个项目文件

图4.25　选择视频片段

步骤 03 在第 1 个视频片段上，单击鼠标右键，在弹出的快捷菜单中选择“与此片段进行镜头匹配”命令，如图 4.26 所示，即可将第 2 段素材调整为与第 1 段素材色彩相同，节约了调色时间。

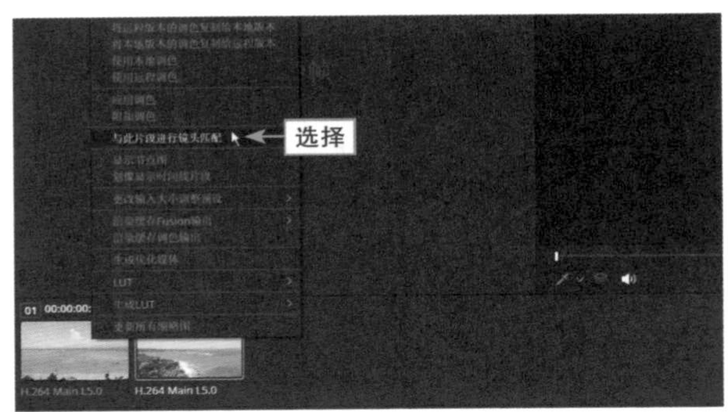

图4.26　选择“与此片段进行镜头匹配”命令

举一反三：色彩基调

所谓色彩基调，是指画面色彩的基本色调。在一部完整的影片中，色彩基调可以向观众传达不同的情感氛围，为配合剧情主题和故事发展，呈现角色的喜怒哀乐。因此，用户在对视频画面进行调色操作前，需要建立影片的色彩基调。

通常，可以从影片的色相、明度、冷暖、纯度4个方面来定义影片的色调。下面介绍影视片段中常用的几种色彩基调。

- 单色调：是指整个画面由单一颜色或非常相似的颜色组成，没有明显的色彩变化和对比。在单色调画面中，颜色偏灰、偏暗，比如阴天、雨天、雾天所呈现的色彩画面，如图4.27所示，适合烘托视频中的回忆画面。

图4.27　单色调画面

- 浅色调：浅色调画面中，色彩比较和谐、平淡，整个色调会给人一种安静的感觉，适合沉静、淡雅的画面，如图4.28所示。

图4.28　浅色调画面

- 暖色调：暖色调画面中，以红、橙、黄三色为主，这3种颜色容易让人联想到火和太阳，适用于表达热情、快乐、温暖等画面，如图4.29所示。

图4.29　暖色调画面

- 冷色调：冷色调画面中，色彩以蓝色为主，例如蓝绿色、蓝紫色、蓝黑色等，该系列的颜色容易让人联想到大海，可以给人深沉、清凉的感觉，适用于表达恬静、严肃、冷静、稳重等画面内容，如图4.30所示。

图4.30 冷色调画面

> ▶ 温馨提示
>
> 色调指的是一个场景、一个物件或者一幅画面所呈现的色彩倾向，比如阳光从树林的空隙中折射出来的颜色是金黄色的、海水远远望去是蓝色的、夜里的天空是黑色的、冬天的雪是白色的，这样呈现的色彩现象即为色调。

4.4 使用色轮的调色技巧

在达芬奇“调色”步骤面板的“色轮”面板中，有3个模式面板供用户调色，分别是一级-校色轮、一级-校色条以及一级-LOG色轮。下面介绍这3种调色技巧。

4.4.1 练习实例：使用一级-校色轮调色

【效果展示】在达芬奇“色轮”面板的“校色轮”样式面板中，一共有4个色轮，从左往右分别是暗部、中灰、亮部以及偏移，可以分别用来调整图像画面的阴影部分、中间灰色部分、高光部分以及色彩偏移部分。调色前后对比效果如图4.31所示。

图4.31 调色前后对比效果

扫码看效果

扫码看教程

下面介绍一级-校色轮的具体操作方法。

步骤 01 打开一个项目文件，进入“剪辑”步骤面板，如图 4.32 所示，现需要将画面中的暗部调亮，并使整体色调偏蓝。

步骤 02 切换至“调色”步骤面板，展开“色轮”|“一级 - 校色轮”面板，将鼠标指针移至“暗部”色轮下方的轮盘上，按住鼠标左键向右拖曳，直至色轮下方的参数均显示为 0.05，如图 4.33 所示，即可将暗部画面提亮。

图 4.32　打开一个项目文件

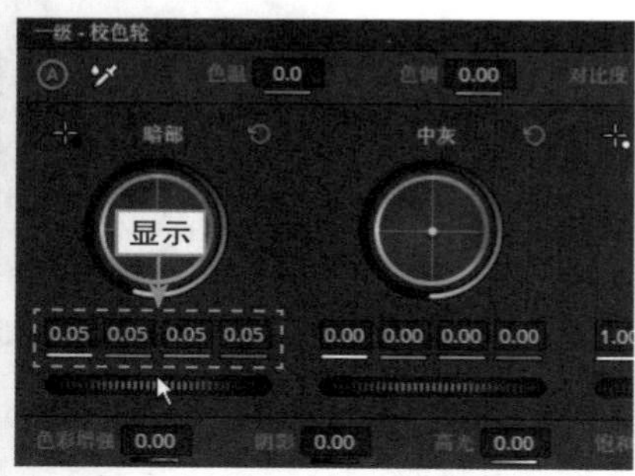

图 4.33　调整“暗部”色轮参数

步骤 03 设置“饱和度”参数为 75.00，单击“偏移”色轮中间的圆圈，按住鼠标左键向右边的蓝色区块拖曳，至合适位置后释放鼠标左键，调整偏移参数，如图 4.34 所示，即可使整体画面偏蓝，在预览窗口中可以查看最终效果。

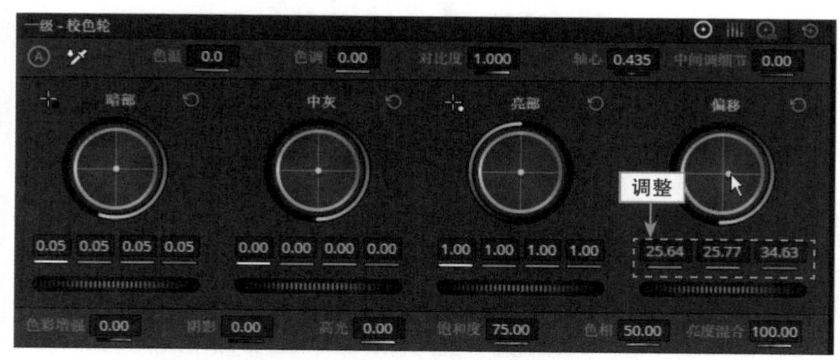

图 4.34　调整“偏移”色轮参数

4.4.2　练习实例：使用一级-校色条调色

【效果展示】在达芬奇“色轮”面板的“校色条”选项面板中，一共有4组色条，其作用与“校色轮”选项面板中的色轮作用是一样的，而且与色轮是联动关系；当用户调整色轮中的参数时，色条参数也会随之改变；反过来也是一样，当用户调整色条参数时，色轮下方的参数也会随之改变。调色前后对比展示如图4.35所示。

扫码看效果

扫码看教程

图4.35　调色前后对比展示

下面介绍一级-校色条的具体操作方法。

步骤 01 打开一个项目文件，进入“剪辑”步骤面板，如图4.36所示，现需要将画面中的暗部调亮，使画面偏暖色调。

步骤 02 切换至“调色”步骤面板，在“色轮”面板中，单击“校色条”按钮，如图4.37所示。

图4.36　打开一个项目文件

单击
校色条
亮部
偏移
示波器
0.435

图4.37　单击“校色条”按钮

步骤 03 将鼠标指针移至“暗部”色条中的通道上，按住鼠标左键拖曳，直至参数均显示为-0.01，如图4.38所示，即可降低暗部画面。

步骤 04 将鼠标指针移至“亮部”色条中的通道上，按住鼠标左键拖曳，直至参数显示为1.03、1.03、1.00、1.01，如图4.39所示，即可提升亮部中的白色与红色色调。

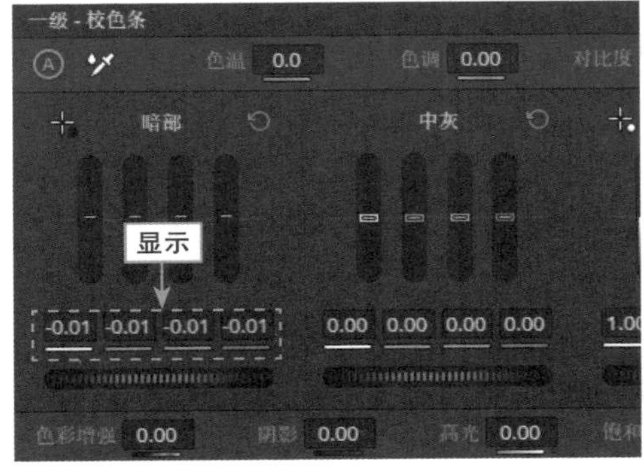

图4.38　调整“暗部”色条参数

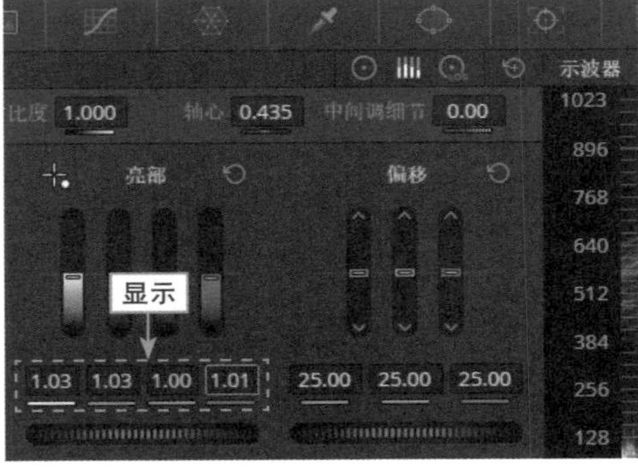

图4.39　调整“亮部”色条参数

步骤 05 设置“饱和度”参数为 73.00，如图 4.40 所示，即可提升饱和度，使整体画面呈暖色调。

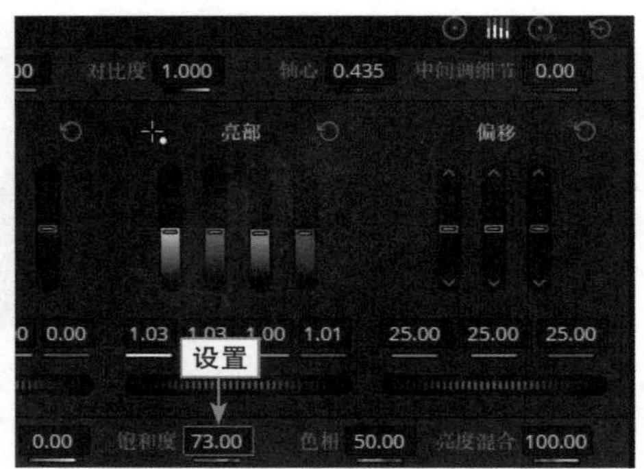

图4.40 设置“饱和度”参数

举一反三：使用一级-Log色轮调色

【效果展示】Log色轮可以保留图像画面中暗部和亮部的细节，为用户后期调色提供了很大的空间。在达芬奇“色轮”面板的Log色轮样式面板中，一共有4个色轮，分别是阴影、中间调、高光以及偏移，用户在应用Log色轮调色时，可以展开示波器面板查看图像波形状况，配合示波器对图像素材进行调色处理。调色前后对比效果如图4.41所示。

扫码看效果

扫码看教程

图4.41 调色前后对比效果

下面介绍使用一级-Log色轮调色的操作方法。

步骤 01 打开一个项目文件，进入“剪辑”步骤面板，如图 4.42 所示，现需要将画面中的暗部调亮，并使画面整体偏蓝色调。

步骤 02 切换至“调色”步骤面板，展开“分量图”示波器面板，在其中可以查看图像的波形状况，如图 4.43 所示，可以看到蓝色波形比较偏低。

步骤 03 在“色轮”面板中，单击“Log 色轮”按钮，如图 4.44 所示，即可展开“一级-Log 色轮”样式面板。

步骤 04 将鼠标指针移至“阴影”色轮下方的轮盘上，按住鼠标左键向左拖曳，直至色轮下方的参数均显示为 -0.06，如图 4.45 所示，即可降低阴影部分，使画面更清晰。

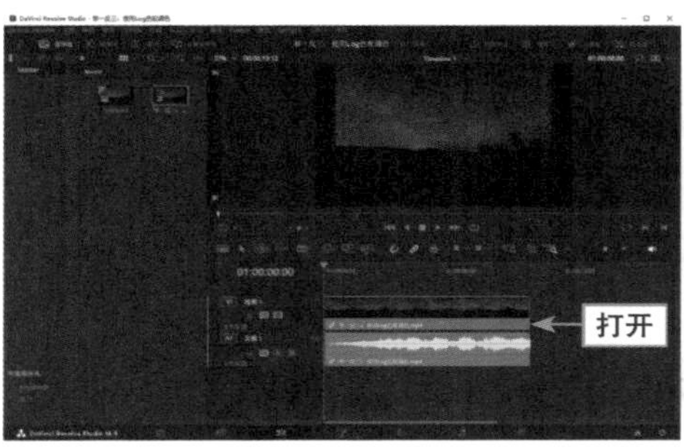

图4.42　打开一个项目文件

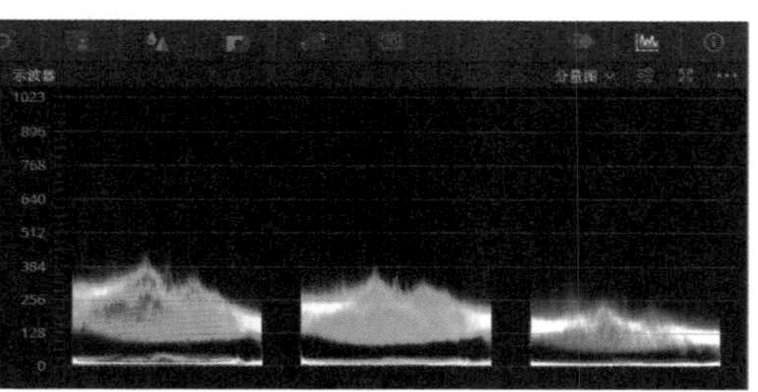

图4.43　查看图像的波形状况

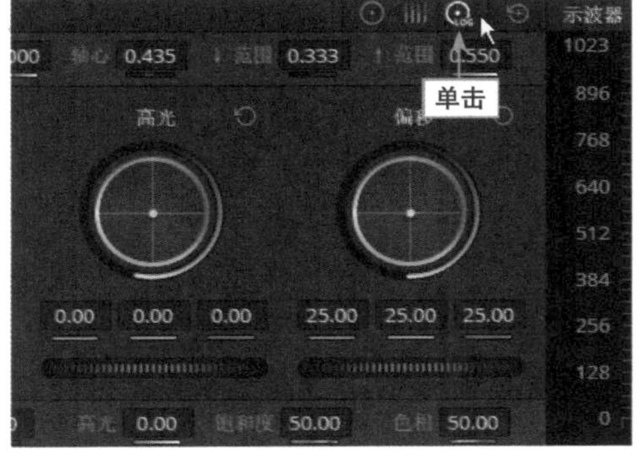

图4.44　单击“Log色轮”按钮

图4.45　调整“阴影”色轮参数

步骤 05 将鼠标指针移至“高光”色轮下方的轮盘上，按住鼠标左键向右拖曳，直至色轮下方的参数均显示为0.22，如图4.46所示，即可提高整体亮度，使画面中的光线呈紫色调。

步骤 06 拖曳“偏移”色轮中间的圆圈，直至参数显示为23.48、27.96、39.88，如图4.47所示，使画面整体偏移蓝色调。

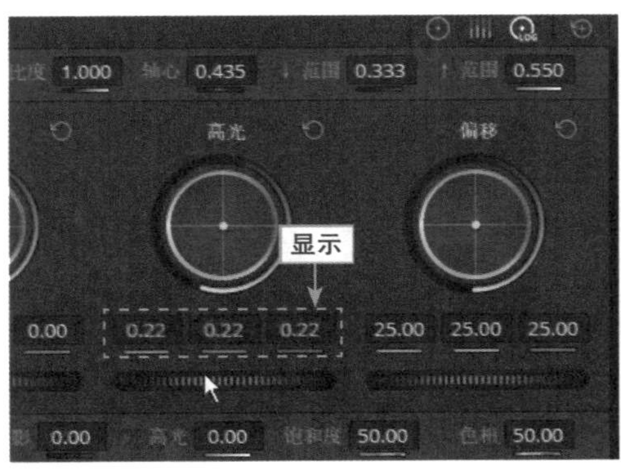

图4.46　调整“高光”色轮参数

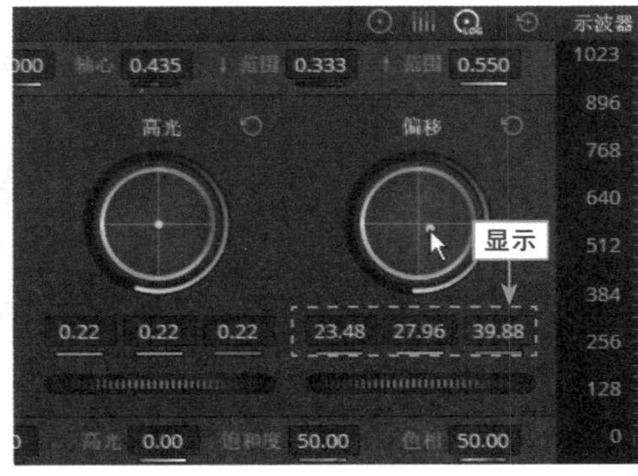

图4.47　调整“偏移”色轮参数

步骤 07 执行操作后，示波器中的蓝色波形明显提升，如图4.48所示，在预览窗口中可查看最终效果。

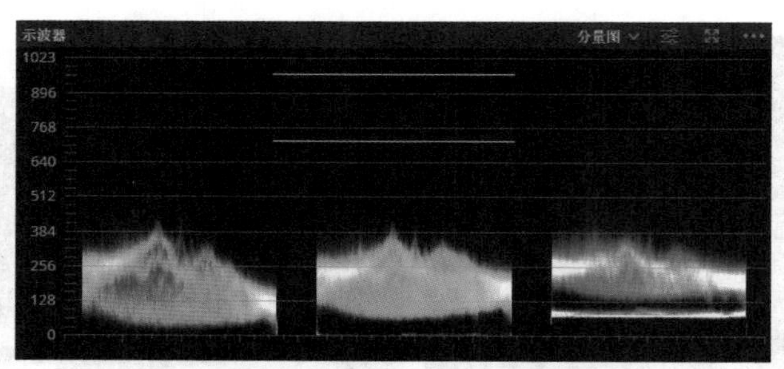

图4.48　查看调整后显示的波形状况

4.5　使用RGB混合器调色

在“调色”步骤面板中，RGB混合器非常实用，在RGB混合器面板中，有红色输出、绿色输出以及蓝色输出3组颜色通道，每组颜色通道都有3个滑块控制条，可以帮助用户针对图像画面中的某一个颜色进行准确调节时不影响画面中的其他颜色。

RGB混合器还具有为黑白的单色图像调整RGB比例参数的功能，并且在默认状态下，会自动开启“保留亮度”功能，使调节颜色通道时，亮度值不变，为用户后期调色提供了很大的创作空间。

4.5.1　练习实例：通过红色输出调色

【效果展示】在RGB混合器中，红色输出颜色通道的3个滑块控制条的默认比例为1∶0∶0，当增加红色滑块控制条时，面板中绿色和蓝色滑块控制条的参数不会发生变化，但用户可以在示波器中看到绿色和蓝色的波形等比例混合下降。调色前后对比效果如图4.49所示。

扫码看效果

扫码看教程

图4.49　调色前后对比效果

下面介绍红色输出的具体操作方法。

步骤 01　打开一个项目文件，进入“剪辑”步骤面板，如图4.50所示，现需要加重图像画面中的红色色调。

步骤 02　切换至“调色”步骤面板，在示波器中查看图像波形状况，如图4.51所示，可以看到红色、绿色以及蓝色波形基本一致。

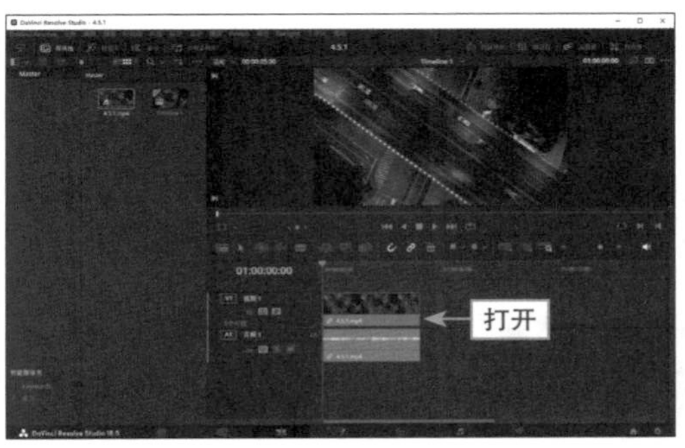

图4.50　打开一个项目文件

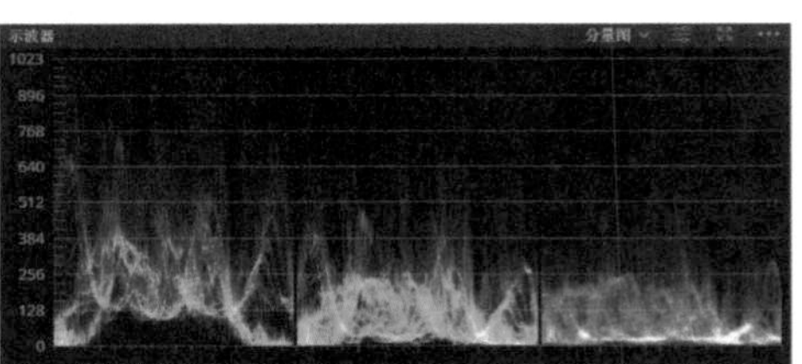

图4.51　查看图像的波形状况

步骤 03 在时间线下方面板中，单击“RGB 混合器”按钮，如图 4.52 所示，切换至“RGB 混合器”面板。

步骤 04 将鼠标指针移至“红色输出”颜色通道红色控制条的滑块上，按住鼠标左键向上拖曳直至参数显示为 1.49，如图 4.53 所示，即可提升整体画面中的红色。

图4.52　单击“RGB 混合器”按钮

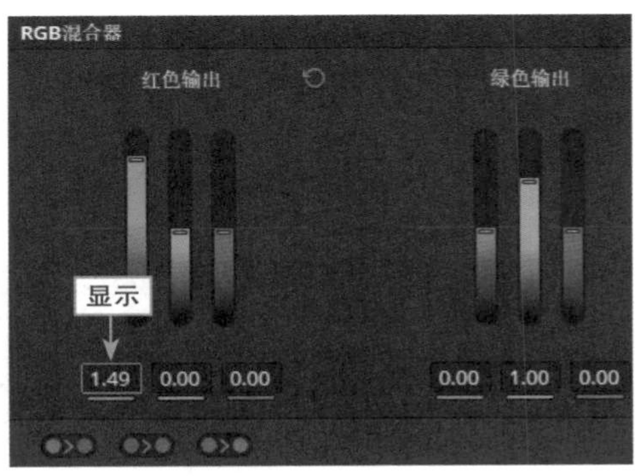

图4.53　显示相应参数

步骤 05 在示波器中，可以看到红色波形波峰上升后，绿色和蓝色波形波峰基本一致，如图 4.54 所示。

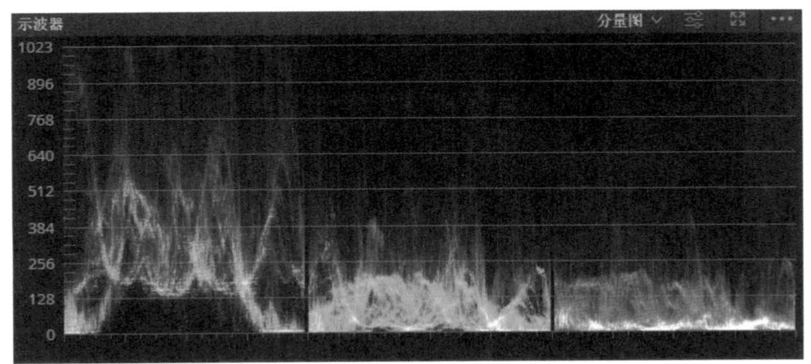

图4.54　查看图像的波形状况

4.5.2 练习实例：通过绿色输出调色

【效果展示】在RGB混合器中，绿色输出颜色通道的3个滑块控制条的默认比例为0∶1∶0，当图像画面中的绿色成分过多或需要在画面中增加绿色色彩时，便可以通过RGB混合器中的绿色输出通道来调节图像画面的色彩。调色前后对比效果如图4.55所示。

扫码看效果

扫码看教程

图4.55 调色前后对比效果

下面介绍绿色输出颜色通道的操作方法。

步骤 01 打开一个项目文件，进入“剪辑”步骤面板，如图4.56所示，可以看到图像画面中绿色的成分过少，需要增加绿色输出。

步骤 02 切换至“调色”步骤面板，在示波器面板中可以查看图像波形状况，如图4.57所示，可以看到绿色波形比较集中，且红色与绿色波形的波峰基本一致，蓝色波峰最低。

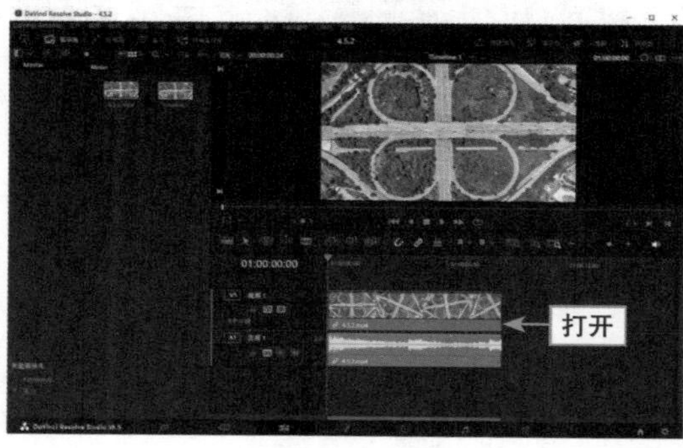

图4.56 打开一个项目文件

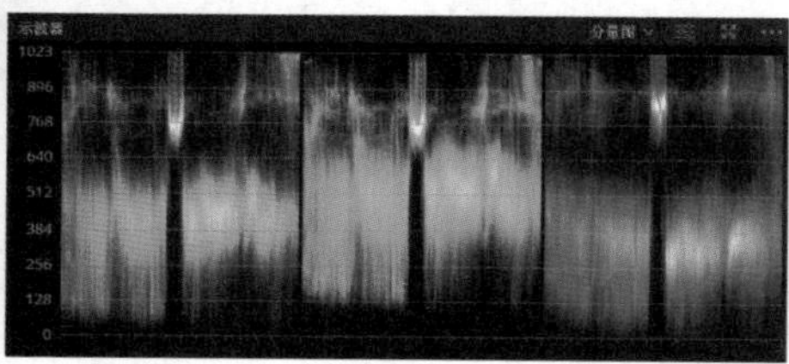

图4.57 查看图像的波形状况

步骤 03 切换至“RGB混合器”面板，将鼠标指针移至“绿色输出”颜色通道绿色控制条的滑块上，按住鼠标左键向上拖曳，直至参数显示为1.09，如图4.58所示，即可增加画面中的绿色部分。

步骤 04 在示波器中，可以看到在增加绿色值后，红色和蓝色波形明显降低，如图4.59所示，在预览窗口中可查看制作的视频效果。

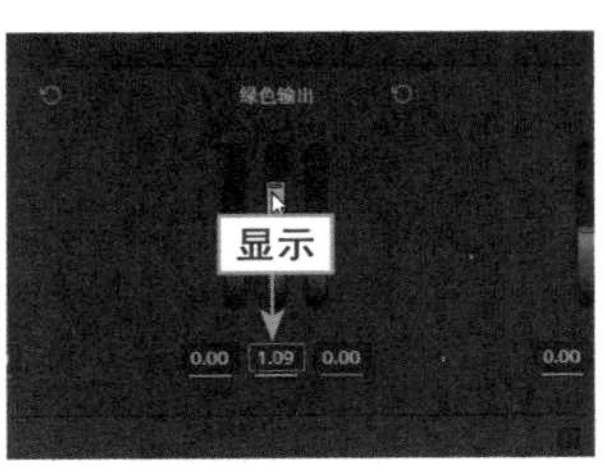

图4.58 显示相应参数

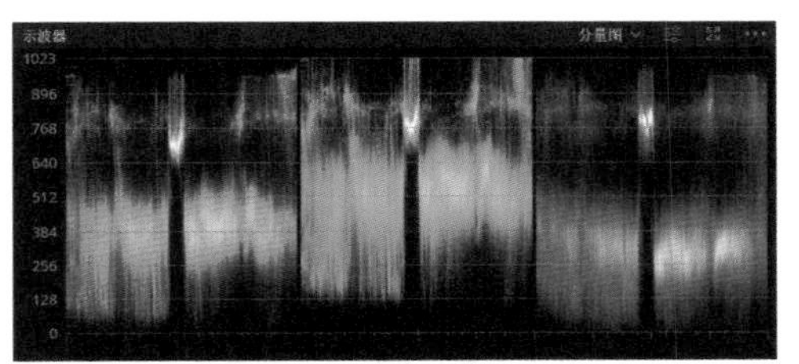

图4.59 查看图像的波形状况

举一反三：通过蓝色输出调色

【效果展示】在RGB混合器中，蓝色输出颜色通道的5个滑块控制条的默认比例为0∶0∶1。红、绿、蓝3色，不同的颜色搭配可以调配出多种自然色彩，例如红和绿搭配会变成黄色，若想降低黄色的浓度，可以适当提高蓝色色调混合整体色调。调色前后对比效果如图4.60所示。

扫码看效果

扫码看教程

图4.60 调色前后对比效果

下面介绍蓝色输出颜色通道的操作方法。

步骤 01 打开一个项目文件，进入“剪辑”步骤面板，如图4.61所示，可以看到图像画面有点偏黄，需要提高蓝色输出平衡图像画面色彩。

步骤 02 切换至“调色”步骤面板，在示波器中查看图像波形的状况，如图4.62所示，可以看到红色波形与绿色波形基本一致，而蓝色波形的阴影部分与前面两道波形基本一致，但是蓝色高光部分明显比红绿两道波形要低。

图4.61 打开一个项目文件

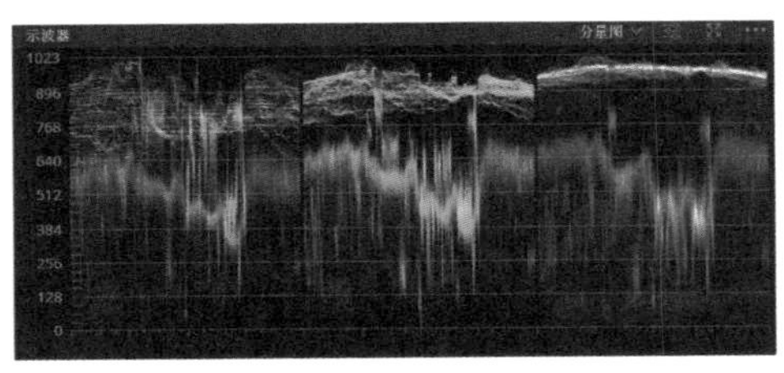

图4.62 查看图像的波形状况

步骤 03 切换至“RGB 混合器”面板，将鼠标指针移至“蓝色输出”颜色通道蓝色控制条的滑块上，按住鼠标左键向上拖曳，直至参数显示为 1.40，如图 4.63 所示，即可增加画面中的蓝色部分。

步骤 04 执行上述操作的同时，在示波器中可以查看蓝色波形的涨幅状况，如图 4.64 所示。

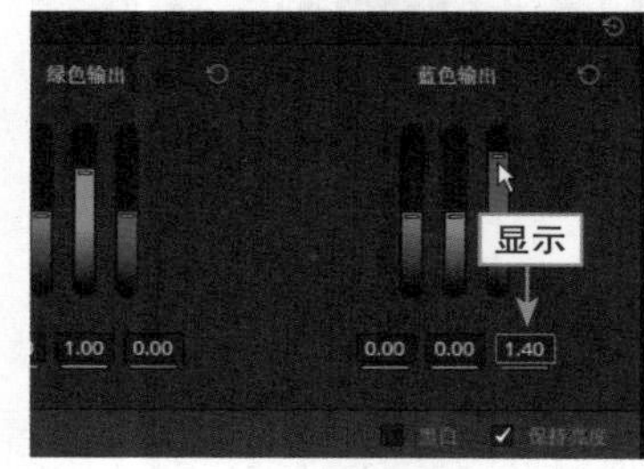

图4.63 显示相应参数

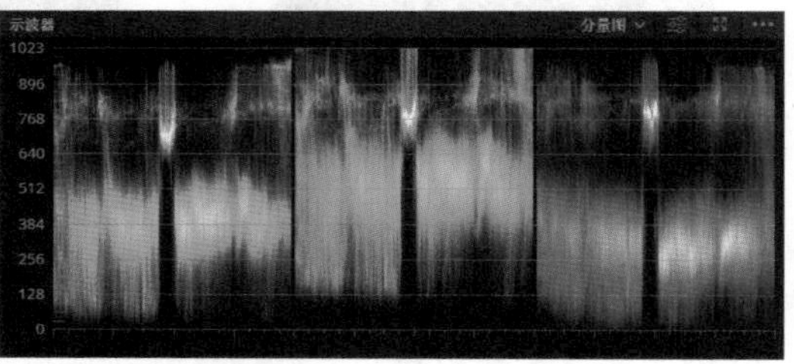

图4.64 查看图像的波形状况

4.6 使用运动特效降噪

噪点是图像中的凸起粒子，是比较粗糙的部分像素，感光度过高、曝光时间太长等情况下会使图像画面产生噪点。要想获得干净的图像画面，用户可以使用后期软件中的降噪工具进行处理。

在达芬奇中，用户可以通过“运动特效”功能进行降噪，该功能主要基于GPU（单芯片处理器）来进行分析运算。图4.65所示为“运动特效”面板。在“运动特效”面板中，降噪功能主要分为“时域降噪”和“空域降噪”两部分。本节介绍“运动特效”功能面板及其使用方法。

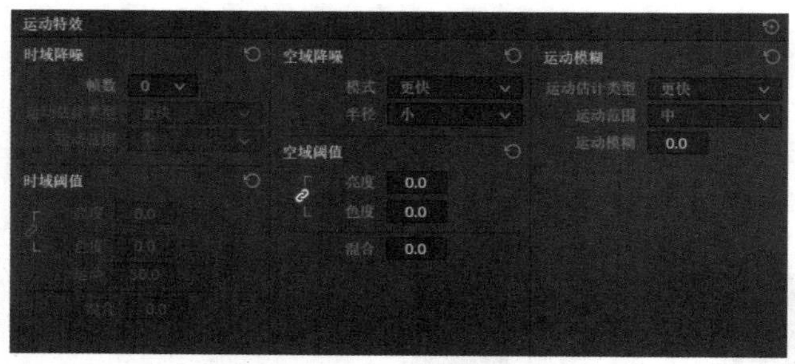

图4.65 “运动特效”面板

4.6.1 练习实例：时域降噪处理

【效果展示】时域降噪主要根据时间帧进行降噪分析，调整“时域阈值”选项区下方的相应参数，在分析当前帧的噪点时，还会分析前后帧的噪点，对噪点进行统一处理，消除帧与帧之间的噪点。调色前后对比效果如图4.66所示。

扫码看效果

扫码看教程

图4.66　调色前后对比展示

下面介绍应用时域降噪处理的操作方法。

步骤 01 打开一个项目文件，进入"剪辑"步骤面板，如图4.67所示，现需要降低画面噪点。

步骤 02 切换至"调色"步骤面板，单击"运动特效"按钮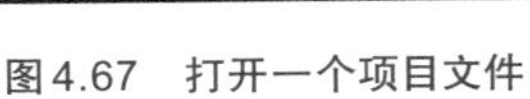，如图4.68所示，展开"运动特效"面板。

图4.67　打开一个项目文件

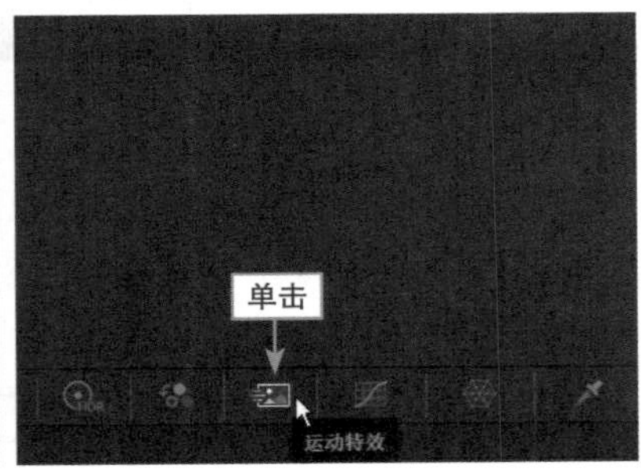

图4.68　单击"运动特效"按钮

步骤 03 在"时域降噪"选项区中，单击"帧数"下拉按钮，在弹出的下拉列表框中选择"5"选项，如图4.69所示。

步骤 04 在"时域阈值"选项区中，设置"亮度""色度"以及"运动"参数均为100.0，如图4.70所示。

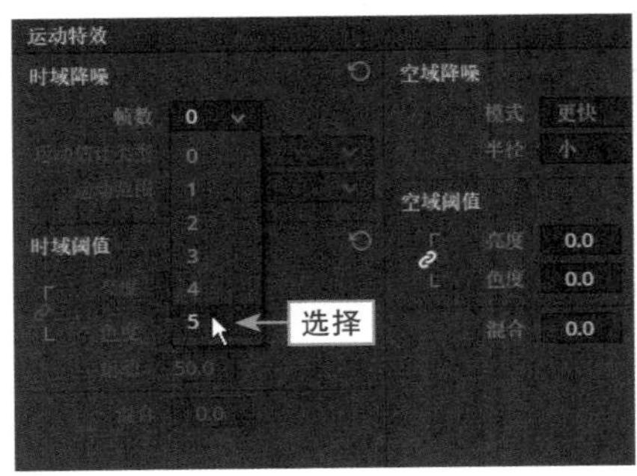

图4.69　选择"5"选项

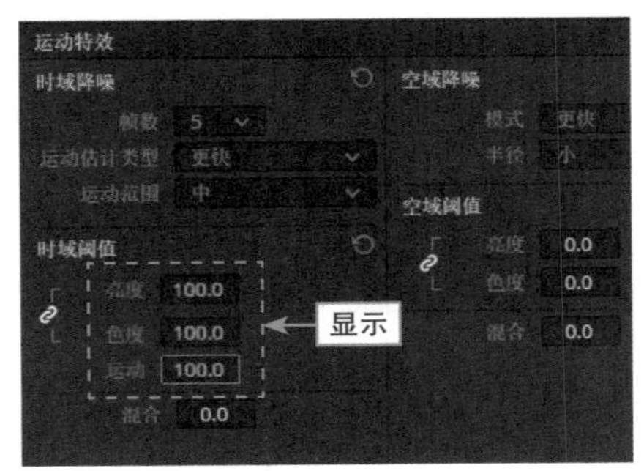

图4.70　设置相应参数

> ▶ 温馨提示
>
> 这里需要注意的是，“亮度”和“色度”为联动链接状态，当用户修改其中的一个参数值时，另一个参数也会修改为相同的值，只有单击按钮，断开链接才能单独设置“亮度”和“色度”的参数值。

4.6.2 练习实例：空域降噪处理

【效果展示】空域降噪主要是对画面空间进行降噪分析，不同于时域降噪会根据时间对一整段素材画面进行统一处理，空域降噪只对当前画面进行降噪，当下一帧画面播放时，再对下一帧进行降噪。调色前后对比效果如图4.71所示。

扫码看效果

扫码看教程

图4.71 调色前后对比效果

下面介绍应用空域降噪处理的操作方法。

步骤 01 打开一个项目文件，进入“剪辑”步骤面板，如图4.72所示，可以看到画面中有很多噪点。

步骤 02 切换至“调色”步骤面板，展开“运动特效”面板，在“空域降噪”选项区中，设置“模式”为更强，设置“半径”为大，如图4.73所示，即可增强降噪画面大小区域。这样的设置有助于进一步改善图像质量、减少噪声，使画面更加清晰和干净。

图4.72 打开一个项目文件

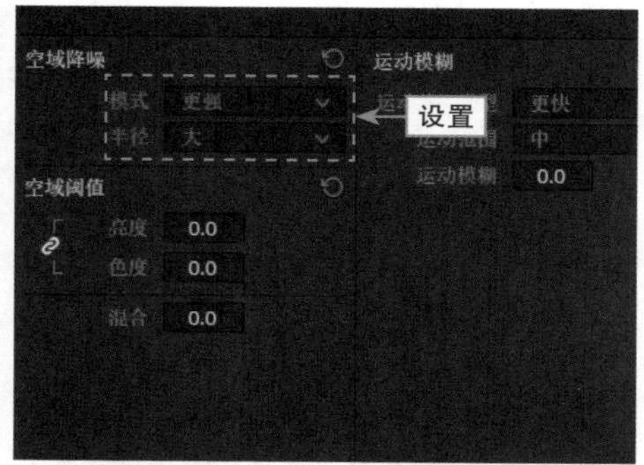

图4.73 设置“半径”为大

步骤 03 在“空域阈值”选项区下方的“亮度”和“色度”数值框中，输入参数均为100.0，如图4.74所示，即可消除画面中的噪点。

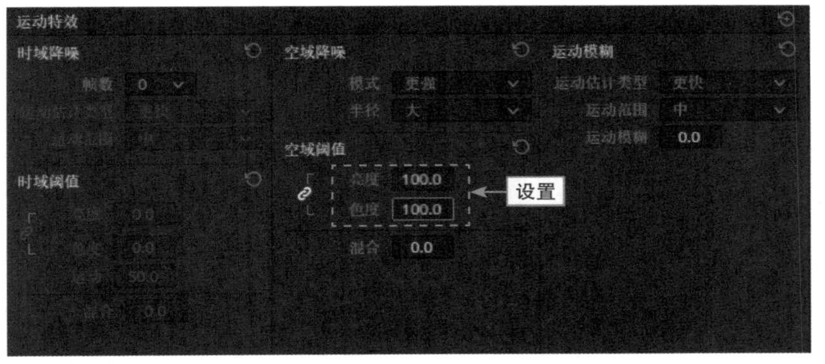

图4.74　设置相应参数

课后习题：对夜景视频进行降噪

本习题需要掌握在达芬奇中对夜景视频进行降噪处理的操作方法，调色前后对比效果如图4.75所示。

扫码看效果

扫码看教程

图4.75　调色前后对比效果

模拟考试

主题：调整视频画面色彩。

要求：

(1)准备一段视频素材。

(2)尽量选用风景类的素材。

考查知识点：调色面板、LUT库、Blackmagic Design。

第 5 章 二级调色

本章要点

二级调色是对画面限定的区域进行细节性的调色，也就是局部的调色，如对视频画面进行个性化、风格化的调色。本章主要介绍如何对素材图像进行二级调色，相对一级调色来说，二级调色更注重画面中的细节处理。

5.1 二级调色简介

二级调色是在一级调色的基础上，对素材图像的局部画面进行细节处理，比如突出物品颜色、调节肤色深浅、调整服装搭配、去除杂物、进行抠像等，并对素材图像的整体风格进行色彩处理，以保证整体色调统一。如果一级调色的校色调整没有处理好，那么将会影响到二级调色。因此，用户在进行调色时，一级调色可以处理的问题，不要留到二级调色时再处理。

5.2 曲线调色

达芬奇的“曲线”面板中共有7种调色曲线模式，如图5.1所示。其中，“曲线-自定义”模式可以在图像色调的基础上进行调节，而另外6种曲线调色模式则主要通过“曲线-色相 对 色相”“曲线-色相 对 饱和度”“曲线-色相 对 亮度”3种模式面板来进行调节。下面介绍应用曲线调色的操作方法。

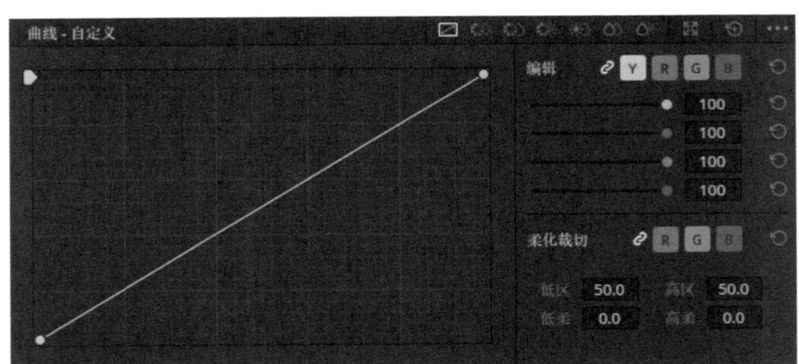

“曲线-自定义”模式面板

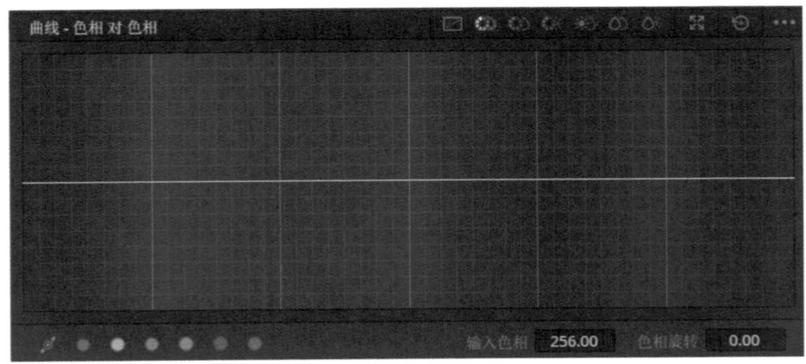

“曲线-色相 对 色相”模式面板

图5.1 7个模式面板

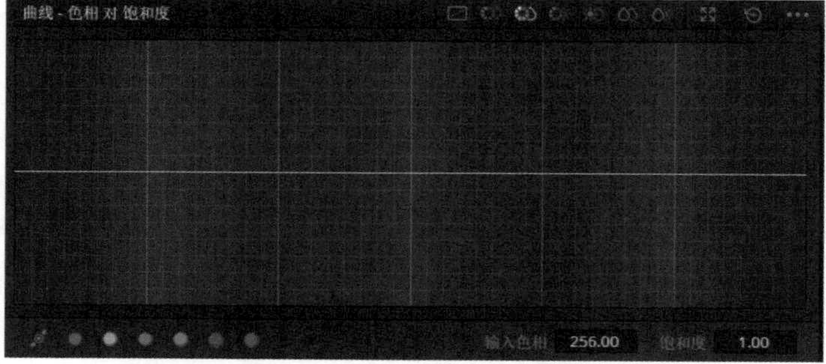

“曲线 - 色相 对 饱和度”模式面板

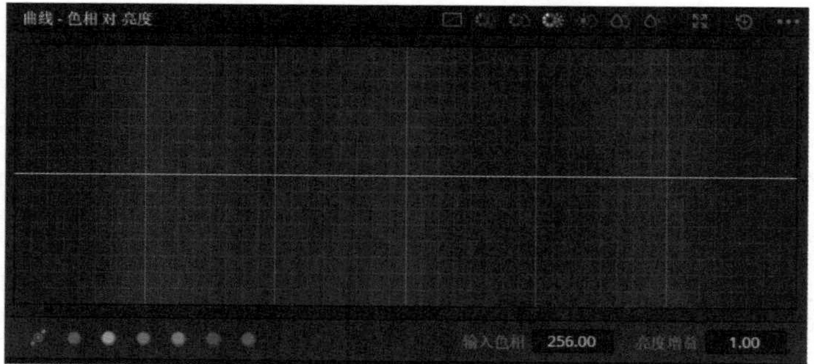

“曲线 - 色相 对 亮度”模式面板

“曲线 - 亮度 对 饱和度”模式面板

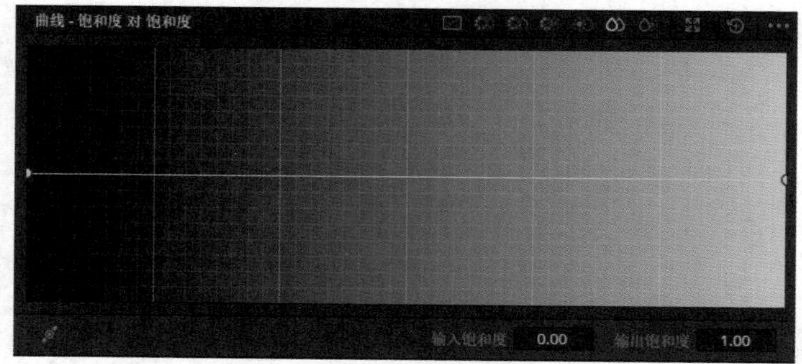

“曲线 - 饱和度 对 饱和度”模式面板

图 5.1（续）

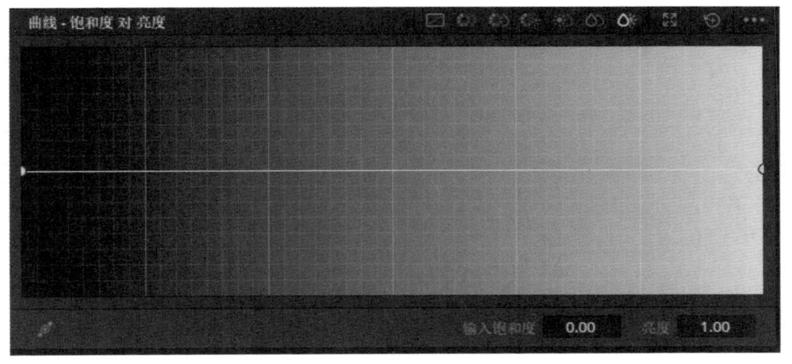

"曲线 - 饱和度 对 亮度"模式面板

图 5.1（续）

5.2.1 练习实例：使用色相对色相调色

【效果展示】在"曲线 - 色相 对 色相"面板中，曲线为横向水平线，从左到右的色彩范围为红、绿、蓝、红，这是色相环的基本结构，对应着不同颜色在色相环上的位置。曲线左右两端相连表示同一色相，即没有发生色相变化。用户可以通过调节控制点，将素材图像画面中的色相改变成另一种色相。调色前后对比效果如图 5.2 所示。

扫码看效果

扫码看教程

图 5.2 调色前后对比效果

下面介绍具体的操作方法。

步骤 01 打开一个项目文件，进入"剪辑"步骤面板，如图 5.3 所示，画面中的树木绿意盎然，现需要通过色相调节，将表示春天的绿色改为表示秋天的黄色。

步骤 02 切换至"调色"步骤面板，在"曲线"面板中，单击"色相 对 色相"按钮，如图 5.4 所示。

步骤 03 展开"曲线 - 色相 对 色相"面板，在面板下方单击绿色色块，如图 5.5 所示。

步骤 04 执行操作后，即可在编辑器中的曲线上添加 3 个控制点，选中第 2 个控制点，如图 5.6 所示。

步骤 05 按住鼠标左键向上拖曳选中的控制点，至合适位置后释放鼠标左键，如图 5.7 所示，即可改变图像画面中的色相。在预览窗口中，可以查看改变色相的效果。

图 5.3　打开一个项目文件

图 5.4　单击“色相 对 色相”按钮

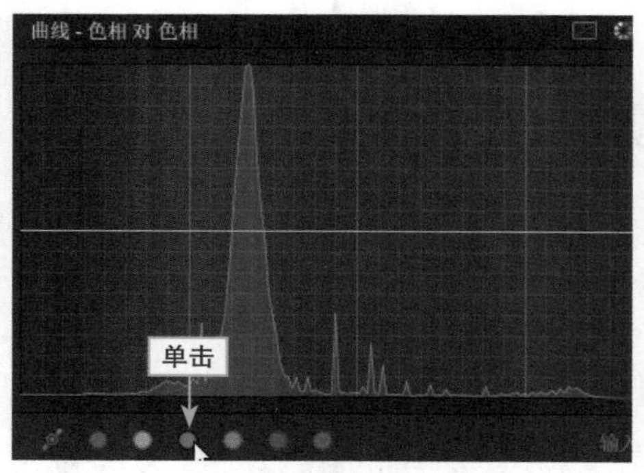

图 5.5　单击绿色色块

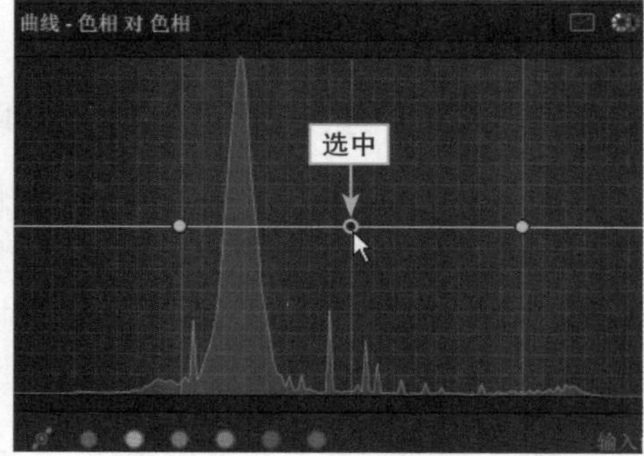

图 5.6　选中第 2 个控制点

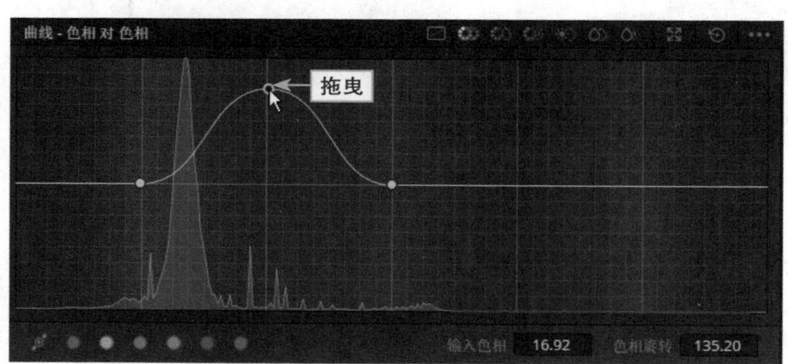

图 5.7　向上拖曳控制点

5.2.2　练习实例：使用色相对饱和度调色

【效果展示】“曲线 - 色相 对 饱和度”模式面板与“曲线 - 色相 对 色相”模式相差不大，但制作的效果不一样。“色相 对 饱和度”曲线模式可以校正图像画面中色相过度饱和或欠饱和的状况。调色前后对比效果如图 5.8 所示。

扫码看效果

扫码看教程

图5.8　调色前后对比效果

下面介绍具体的操作方法。

步骤 01 打开一个项目文件，进入“剪辑”步骤面板，如图5.9所示。现需要提高花朵的饱和度，而且不影响图像画面中的其他色调。

步骤 02 切换至“调色”步骤面板，在“曲线”面板中，单击“色相 对 饱和度”按钮，如图5.10所示。

图5.9　打开一个项目文件　　图5.10　单击“色相 对 饱和度”按钮

步骤 03 展开“曲线 - 色相 对 饱和度”面板，在面板下方单击红色色块，如图5.11所示。

步骤 04 执行操作后，即可在编辑器中的曲线上添加3个控制点，选中右边的第1个控制点，如图5.12所示。

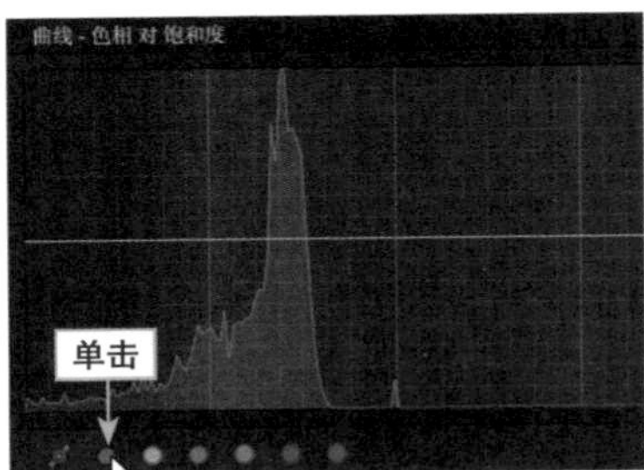

图5.11　单击红色色块

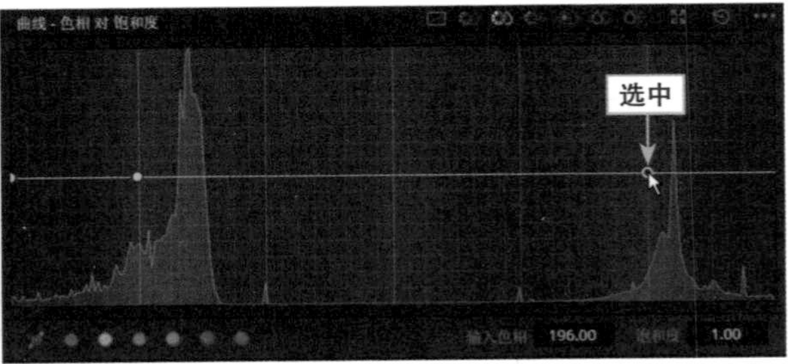

图5.12　选中右边第1个控制点

步骤 05 按住鼠标左键向上拖曳选中的控制点，如图 5.13 所示，至合适位置后释放鼠标左键，即可提升红色的饱和度，使画面更加鲜明。可在预览窗口中，查看校正色相饱和度后的效果。

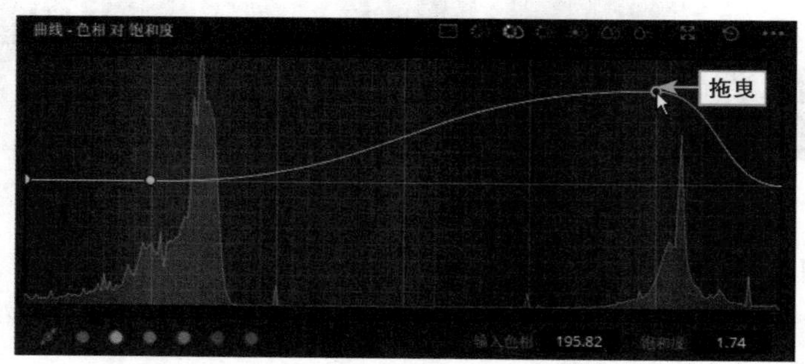

图 5.13　向上拖曳控制点

5.2.3　练习实例：使用亮度对饱和度调色

【效果展示】“亮度 对 饱和度”曲线模式主要是在图像原有色调的基础上进行调整，而不是在色相范围的基础上调整。在“曲线 - 亮度 对 饱和度”面板中，横轴的左边为黑色，表示图像画面的阴影部分；横轴的右边为白色，表示图像画面的高光位置。以水平曲线为界，上下拖曳曲线上的控制点，可以降低或提高指定位置的饱和度。使用“亮度 对 饱和度”曲线模式调色，可以根据需求在画面的阴影处或明亮处调整饱和度。调色前后对比效果如图 5.14 所示。

扫码看效果

扫码看教程

图 5.14　调色前后对比效果

下面介绍使用亮度对饱和度调色的具体操作方法。

步骤 01 打开一个项目文件，进入“剪辑”步骤面板，如图 5.15 所示，现需要将画面中高光部分的饱和度提高。

步骤 02 切换至“调色”步骤面板，展开“曲线 - 亮度 对 饱和度”模式面板，在水平曲线上单击鼠标左键添加一个控制点，如图 5.16 所示。

图5.15　打开一个项目文件

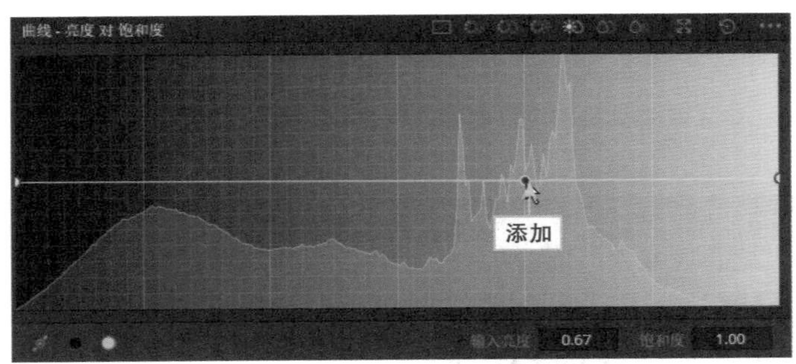

图5.16　添加一个控制点

步骤 03 选中添加的控制点并向上拖曳，如图 5.17 所示，直至下方面板中“输入亮度”参数显示为 0.67、“饱和度”参数显示为 1.52，即可提高画面色彩饱和度。在预览窗口中，可查看天空提高饱和度后的效果。

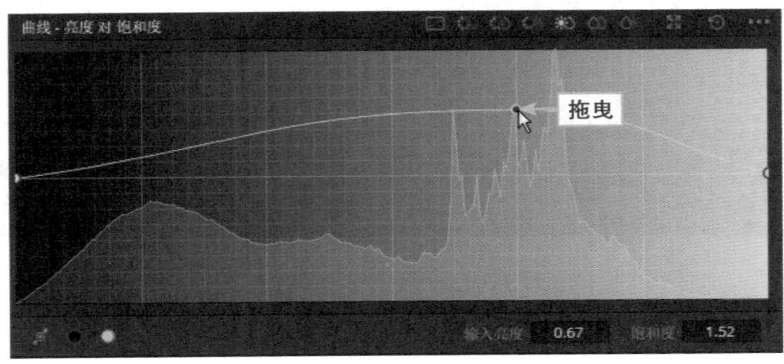

图5.17　向上拖曳控制点

举一反三：使用“饱和度对饱和度”调色

【效果展示】“饱和度 对 饱和度”曲线模式也是在图像原有色调的基础上进行调整，主要用于调节图像画面中过度饱和或者饱和度不够的区域。在“饱和度 对 饱和度”面板中，横轴的左边为图像画面中的低饱和区，横轴的右边为画面中的高饱和区。以水平曲线为界，上下拖曳曲线上的控制点，可以降低或提高指定区域的饱和度，调色前后对比效果如图5.18所示。

扫码看效果

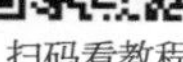

扫码看教程

图5.18　调色前后对比效果

下面介绍使用饱和度对饱和度调色的具体操作方法。

步骤 01 打开一个项目文件，进入“剪辑”步骤面板，如图5.19所示，可以看到画面中的风景色彩不够鲜明，这里需要提高画面的色彩饱和度。

图5.19　打开一个项目文件

步骤 02 切换至“调色”步骤面板，展开“曲线-饱和度 对 饱和度”模式面板，添加3个控制点，以第4个控制点为分界点，左边为低饱和区，右边为高饱和区，如图5.20所示。

步骤 03 选中第 3 个控制点并向上拖曳，如图 5.21 所示，直至下方面板中的“输入饱和度”参数显示为 0.17、“输出饱和度”参数显示为 1.63，即可提高整体画面的饱和度，使画面更加光彩夺目。

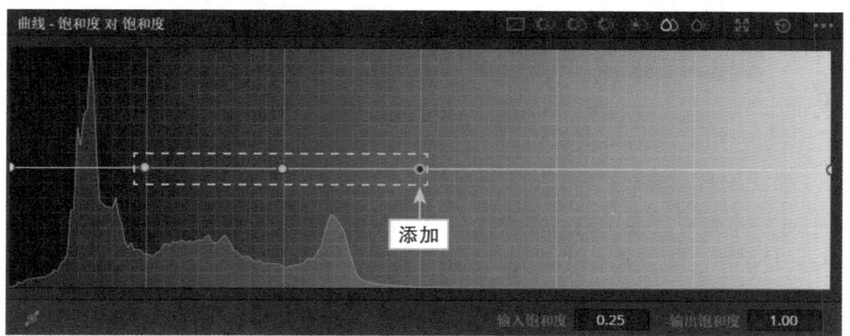

图 5.20　添加三个控制点

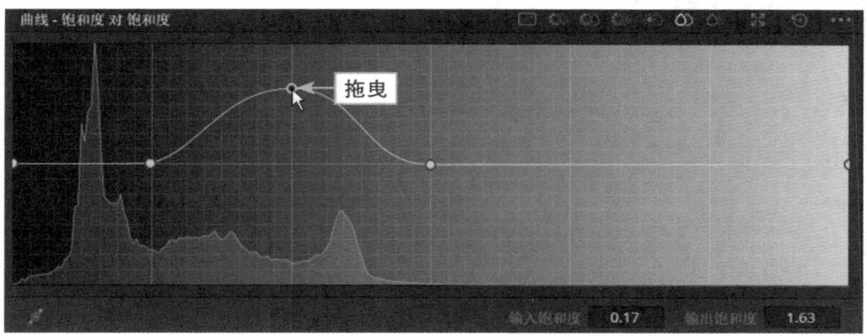

图 5.21　向上拖曳控制点

5.3　创建选区调色

对素材图形进行抠像调色，是二级调色必学的一个环节。达芬奇为用户提供了限定器功能面板，其中包含4种抠像操作模式，分别是HSL、RGB、亮度以及3D限定器，可以帮助用户为素材图像创建选区，把不同亮度、不同色调的部分画面分离出来，然后根据亮度、风格、色调等需求，针对分离出来的部分画面进行色彩调节。

5.3.1　练习实例：使用HSL限定器调色

【效果展示】 HSL限定器主要通过“拾取器”工具根据素材图像的色相、饱和度以及亮度来进行抠像。当用户使用“拾取器”工具在图像上进行色彩取样时，HSL限定器会自动对选取部分的色相、饱和度以及亮度进行综合分析。调色前后对比效果如图5.22所示。

扫码看效果

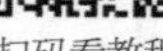

扫码看教程

图 5.22　调色前后对比效果

下面介绍使用HSL限定器调色的操作方法。

步骤 01 打开一个项目文件，进入“剪辑”步骤面板，如图 5.23 所示，现需要在不改变画面中其他部分的情况下，将蓝色背景改成绿色背景。

步骤 02 切换至“调色”步骤面板，单击“限定器”按钮，如图 5.24 所示，展开“限定器 -HSL”面板。

图 5.23　打开一个项目文件

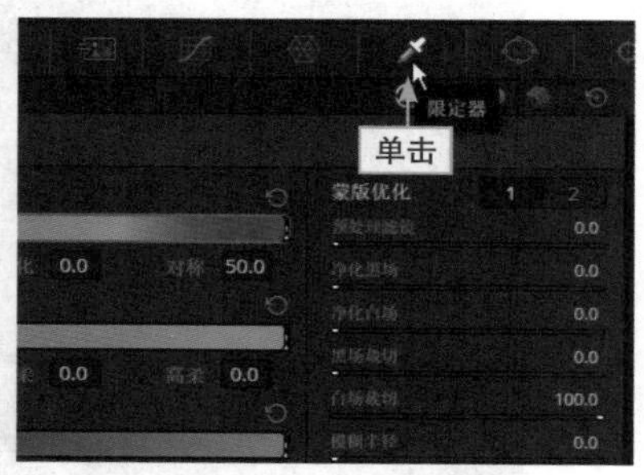

图 5.24　单击“限定器”按钮

步骤 03 单击“拾取器”按钮，如图 5.25 所示。鼠标指针随即转换为滴管工具。

步骤 04 移动鼠标指针至“检查器”面板，单击“突出显示”按钮，如图 5.26 所示。此时，被选取的抠像区域突出显示在画面中，未被选取的区域将会呈灰色显示。

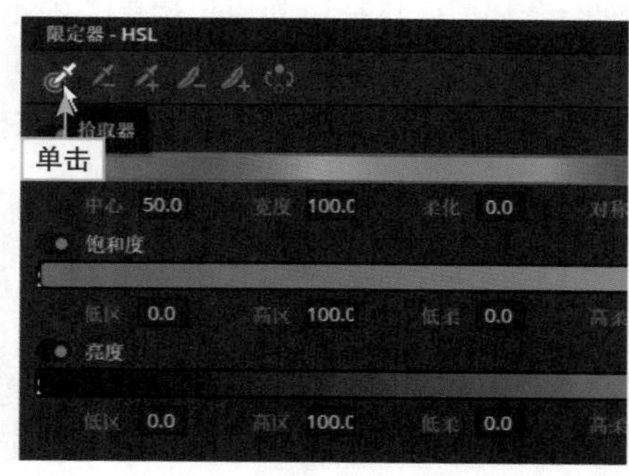

图 5.25　单击“拾取器”按钮

图 5.26　单击“突出显示”按钮

▶ 温馨提示

在“选择范围”选项区中共有6个工具按钮，其作用如下。

❶“拾取器”按钮：单击“拾取器”按钮，鼠标指针即可变为滴管工具，在预览窗口的图像素材上，单击鼠标左键或拖曳鼠标指针，可对相同颜色进行取样抠像。

❷“拾取器减”按钮：其操作方法与“拾取器”工具一样，可以在预览窗口中的抠像上，通过单击或拖曳鼠标指针减少抠像区域。

❸“拾取器加”按钮：其操作方法与“拾取器”工具一样，可以在预览窗口中的抠像上，通过单击或拖曳鼠标指针增加抠像区域。

❹“柔化减”按钮：单击该按钮，在预览窗口中的抠像上，可通过单击或拖曳鼠标指针减弱抠像区域的边缘。

❺“柔化加”按钮：单击该按钮，在预览窗口中的抠像上，可通过单击或拖曳鼠标指针优化抠像区域的边缘。

❻“反向”按钮：单击该按钮，可以在预览窗口中反选未被选中的抠像区域。

步骤 05 在预览窗口中按住鼠标左键，拖曳鼠标指针选取蓝色区域，如图5.27所示，未被选取的区域呈灰色显示。

步骤 06 展开“限定器”|“蒙版优化2”选项区，设置“降噪”参数为5.2，如图5.28所示，即可降低画面中的噪点。

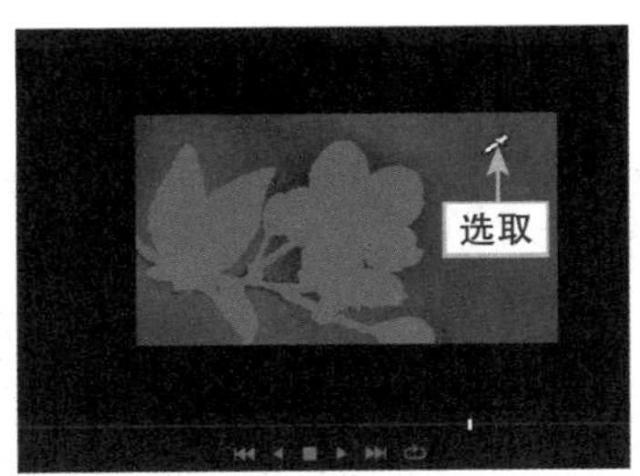

图5.27　选取蓝色区域

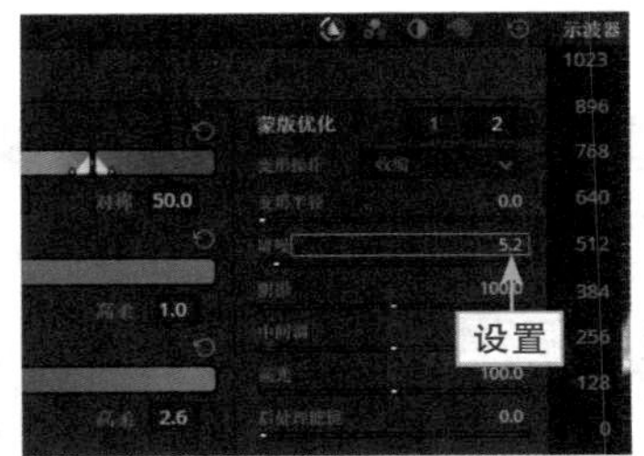

图5.28　设置“降噪”参数

步骤 07 完成抠像后，切换至“曲线-色相 对 色相”面板，单击蓝色色块，在曲线上添加3个控制点。选中第2个控制点，按住鼠标左键向上拖曳，如图5.29所示，直至“输入色相”参数显示为76.00、“色相旋转”参数显示为61.60，即可将蓝色背景改为绿色背景，再次单击“突出显示”按钮，恢复未被选取的区域画面，查看最终效果。

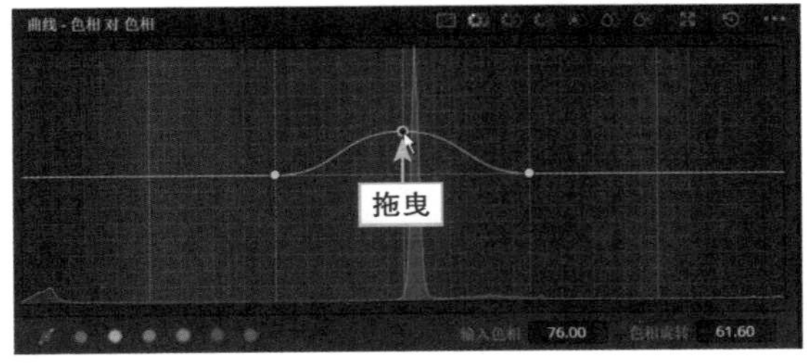

图5.29　向上拖曳控制点

5.3.2　练习实例：使用RGB限定器调色

【效果展示】RGB限定器主要根据红、绿、蓝3个颜色通道的范围和柔化进行抠像，可以更好地帮助用户解决图像上RGB色彩分离的情况。调色前后对比效果如图5.30所示。

扫码看效果

扫码看教程

图5.30　调色前后对比效果

下面介绍使用RGB限定器调色的操作方法。

步骤 01 打开一个项目文件，进入“剪辑”步骤面板，如图5.31所示，现需要提高画面中天空的饱和度。

步骤 02 切换至“调色”步骤面板，展开“限定器”面板，单击RGB按钮，如图5.32所示，展开“限定器-RGB”面板。

图5.31　打开一个项目文件

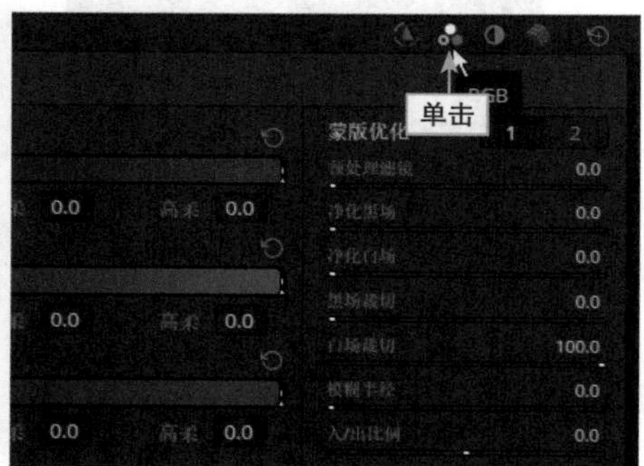

图5.32　单击RGB按钮

▶ 温馨提示

在“限定器-RGB”面板中，单击“反向”按钮，即可选择反向效果，为作品增添独特的视觉效果。

步骤 03 在“限定器-RGB”面板中，单击“拾取器”按钮，如图5.33所示。

步骤 04 鼠标指针随即转换为滴管工具，移动鼠标指针至“检查器”面板，单击“突出显示”按钮，如图5.34所示。

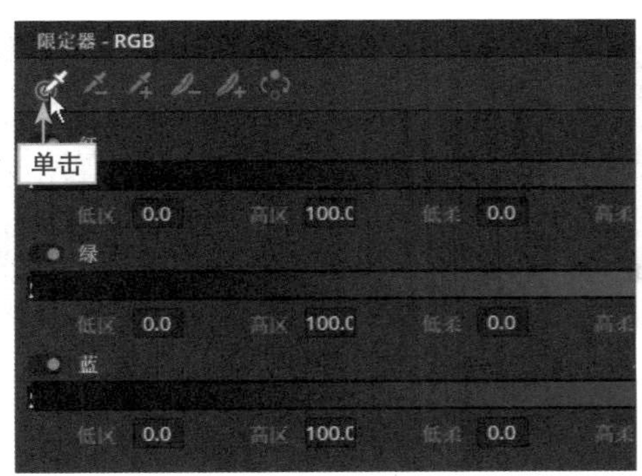

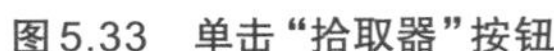

图5.33 单击"拾取器"按钮

图5.34 单击"突出显示"按钮

步骤 05 在预览窗口中，按住鼠标左键的同时拖曳鼠标指针，选取天空区域，如图 5.35 所示，此时未被选取的区域画面呈灰色显示。

步骤 06 完成抠像后，切换至"色轮"面板，在面板下方设置"饱和度"参数为 85.00，如图 5.36 所示，即可提高天空画面的饱和度，让画面更加美丽。再次单击"突出显示"按钮，恢复未被选取的区域画面，查看最终效果。

图5.35 选取天空区域

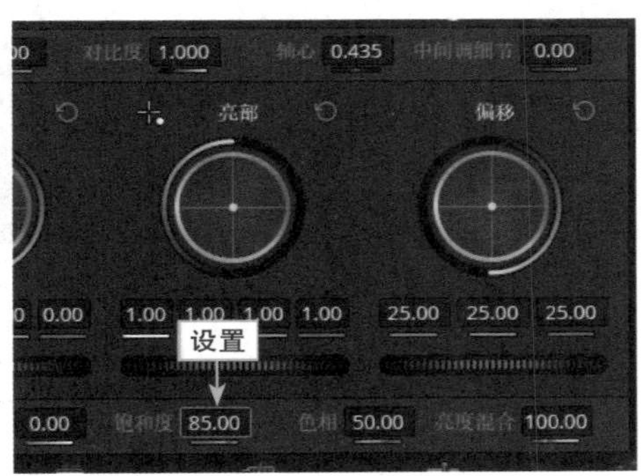

图5.36 设置"饱和度"参数

5.3.3 练习实例：使用亮度限定器调色

【效果展示】"亮度"限定器选项面板与HSL限定器选项面板中的布局类似，差别在于"亮度"限定器选项面板中的色相和饱和度两个通道是禁止使用的。也就是说，"亮度"限定器只能通过亮度通道来分析素材图像中被选取的画面。调色前后对比效果如图5.37所示。

扫码看效果

扫码看教程

图 5.37　调色前后对比效果

下面介绍使用亮度限定器调色的具体操作方法。

步骤 01 打开一个项目文件，进入“剪辑”步骤面板，如图 5.38 所示，现需要提高画面中光的亮度，使画面中的明暗对比更加明显。

步骤 02 切换至“调色”步骤面板，展开“限定器”面板，单击“亮度”按钮，如图 5.39 所示。

图 5.38　打开一个项目文件

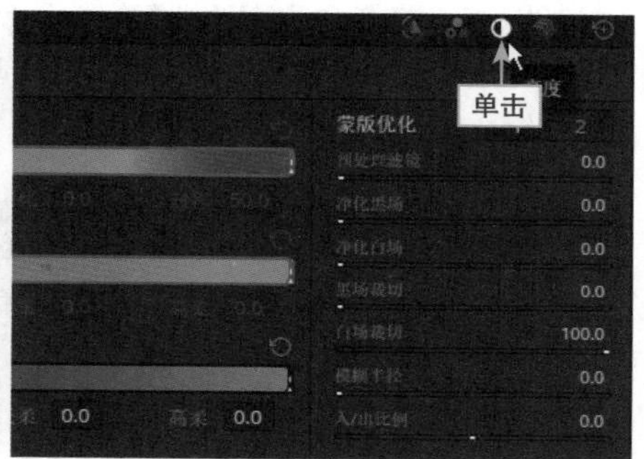

图 5.39　单击“亮度”按钮

步骤 03 展开“限定器 - 亮度”面板，单击“拾取器”按钮，如图 5.40 所示。

步骤 04 在“检查器”面板上方，单击“突出显示”按钮，如图 5.41 所示。

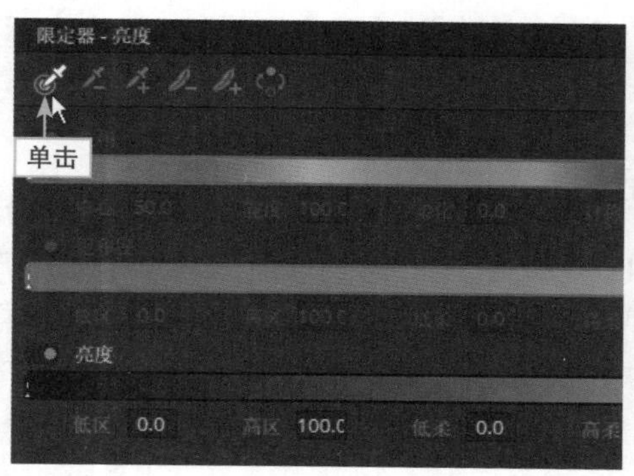

图 5.40　单击“拾取器”按钮

图 5.41　单击“突出显示”按钮

步骤 05 在预览窗口中，单击鼠标左键选取画面中最亮的地方，同时相同亮度范围中的画面区域也会被选取，如图 5.42 所示。

步骤 06 在“限定器 - 亮度”面板中，在“蒙版优化 2”选项区中，设置“降噪”参数为 83.9，如图 5.43 所示。

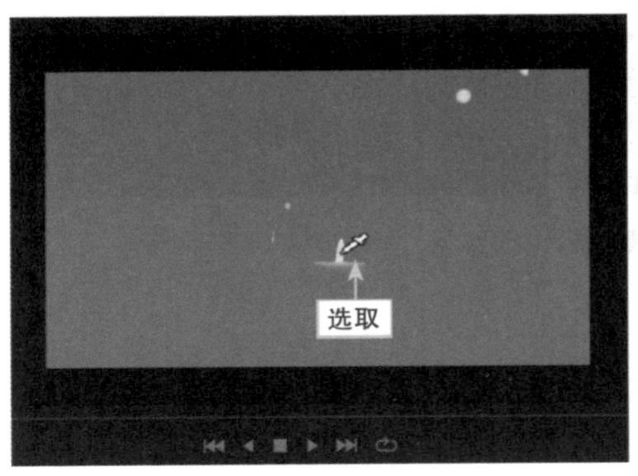

图 5.42　选取画面最亮的地方

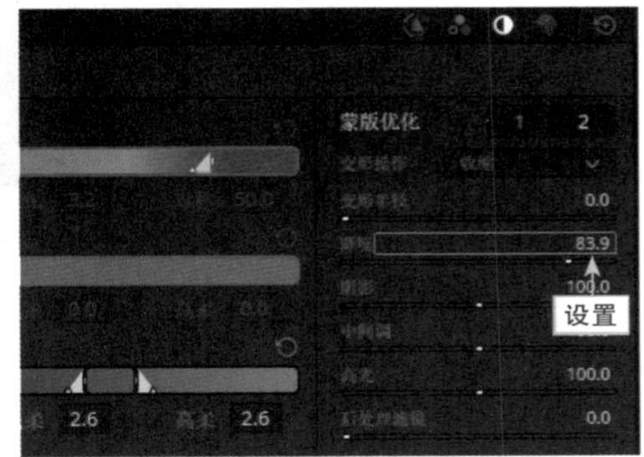

图 5.43　设置“降噪”参数

步骤 07 完成抠像后，切换至“色轮”面板，向右拖曳“亮部”色轮下方的轮盘，直至参数均显示为 2.94，如图 5.44 所示，即可使画面更加明亮。再次单击“突出显示”按钮，恢复未被选取的区域画面，查看最终效果。

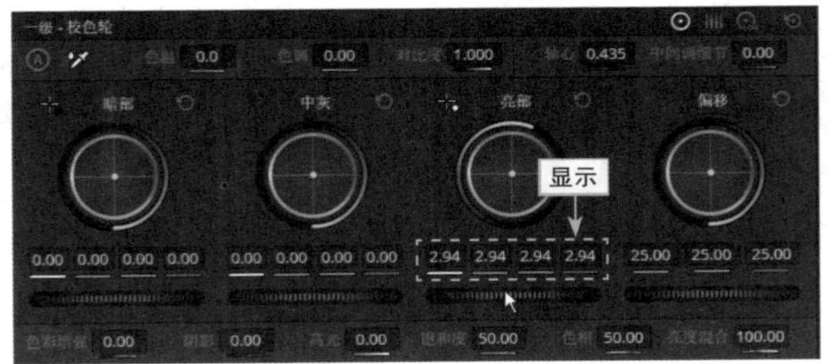

图 5.44　调整“亮部”参数

举一反三：使用 3D 限定器调色

【效果展示】在达芬奇中，使用 3D 限定器对图像素材进行抠像调色时，只需要在“检查器”面板的预览窗口中画一条线，选取需要进行抠像的图像画面，即可创建 3D 键控。用户对选取的画面色彩进行采样后，即可对采集到的颜色根据亮度、色相、饱和度等进行调色。调色前后对比效果如图 5.45 所示。

扫码看效果

扫码看教程

图 5.45　调色前后对比效果

下面介绍具体的操作方法。

步骤 01 打开一个项目文件，进入“剪辑”步骤面板，如图 5.46 所示，现需要提亮图像中的花朵。

步骤 02 切换至“调色”步骤面板，展开“限定器”面板，单击 3D 按钮，如图 5.47 所示。

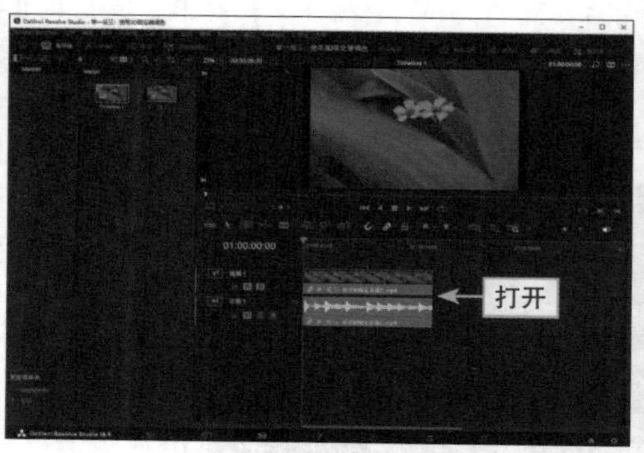

图 5.46　打开一个项目文件

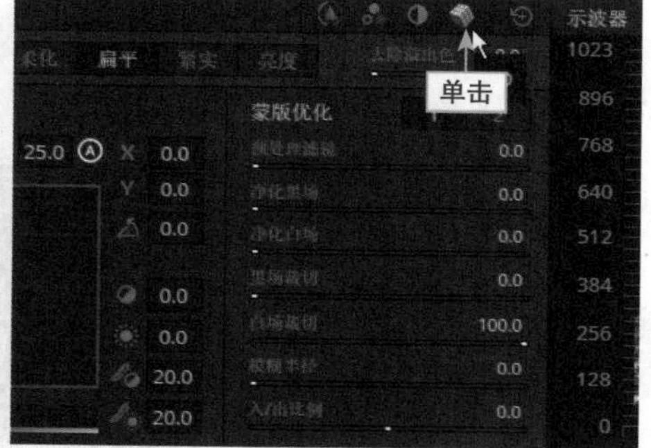

图 5.47　单击 3D 按钮

步骤 03 在“限定器-3D”面板中，单击“拾取器”按钮，在“检查器”面板上方单击“突出显示”按钮，如图 5.48 所示。

步骤 04 在预览窗口中的图像上画一条线，如图 5.49 所示，查看被选取的区域画面。

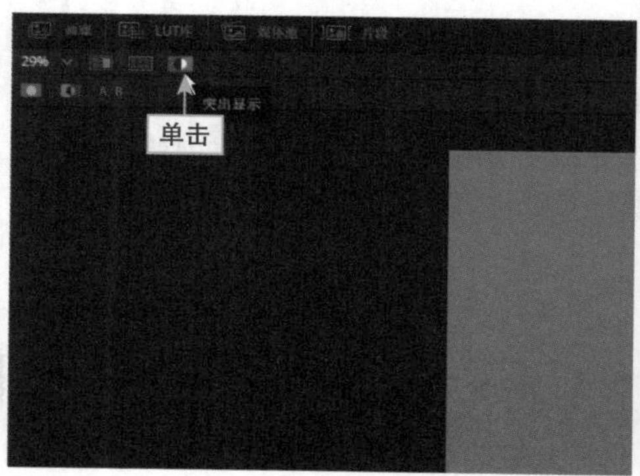

图 5.48　单击“突出显示”按钮

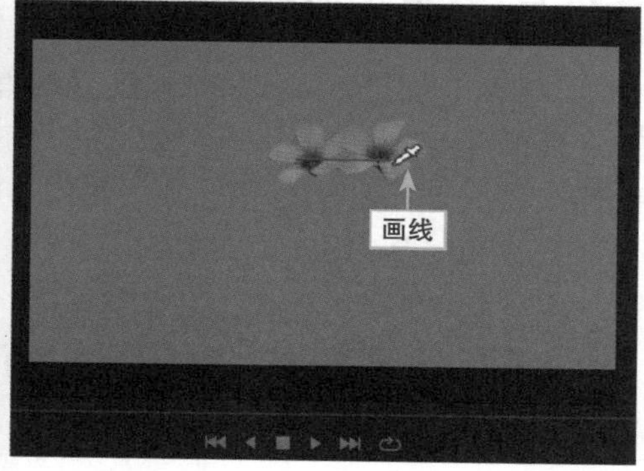

图 5.49　画一条线

步骤 05 采集到的颜色显示在“限定器 -3D”面板中，创建色块选区，如图 5.50 所示。

步骤 06 切换至“色轮”面板，向右拖曳“亮部”色轮下方的轮盘，直至参数均显示为 1.27，如图 5.51 所示，即可提高花朵的亮部，使花朵更加突出。

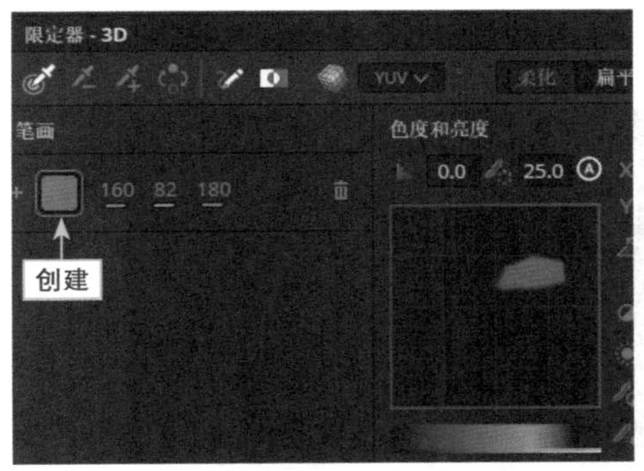

图 5.50　创建色块选区

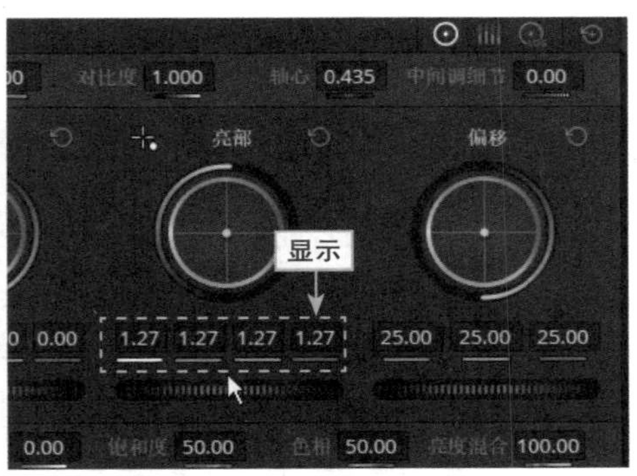

图 5.51　调整“亮部”参数

▶ 温馨提示

3D 限定器支持用户在图像上画多条线，每条线所采集到的颜色都会显示在 3D 限定器面板中，同时还会显示采集颜色的 RGB 参数值。如果采集的颜色不再需要，可以单击采样条右边的“删除”按钮进行清除。

步骤 07 再次单击“突出显示”按钮，然后在“限定器”面板中单击“显示路径”按钮，如图 5.52 所示，即可取消画面中的线条。

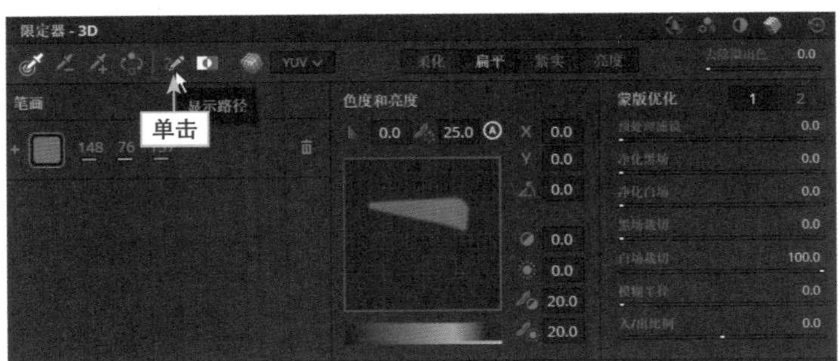

图 5.52　单击“显示路径”按钮

5.4　创建窗口蒙版局部调色

前面介绍了使用限定器创建选区，对素材画面进行抠像调色的操作方法。本节要介绍的是如何创建蒙版，对素材图形进行局部调色的操作方法。相对来说，使用蒙版调色更加方便用户对素材细节进行处理。

5.4.1 认识“窗口”面板

在达芬奇“调色”步骤面板中，“限定器”面板的右边就是“窗口”面板，如图5.53所示。用户可以使用“四边形”工具、“圆形”工具、“多边形”工具、“曲线”工具以及“渐变”工具在素材图像画面中绘制蒙版遮罩，对蒙版遮罩区域进行局部调色。

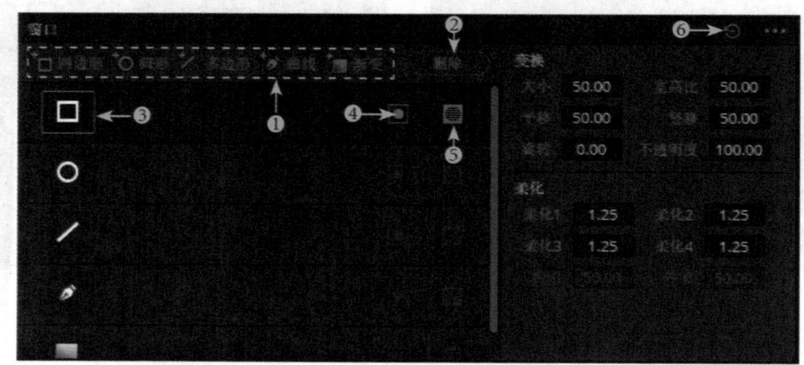

图5.53 “窗口”面板

在面板的右侧有两个选项区，分别是“变换”选项区和“柔化”选项区。当用户绘制蒙版遮罩时，可以在这两个选项区中，对遮罩大小、宽高比、边缘柔化等参数进行微调，使需要调色的遮罩画面更加精准。

在“窗口”面板中，用户需要了解以下几个按钮的作用。

❶ 形状工具按钮：在“窗口”预设面板上方，有四边形、圆形、多边形、曲线以及渐变5个形状工具的按钮，单击任意一个形状工具按钮，即可在“窗口”预设面板的下方新增一个相应的形状窗口。

❷ “删除”按钮：在“窗口”预设面板中选择新增的形状窗口，单击“删除”按钮，即可将形状窗口删除。

❸ “窗口激活”按钮：单击“窗口激活”按钮后，按钮四周会出现一个橘红色的边框。激活窗口后，即可在预览窗口中的图像画面上绘制蒙版遮罩，再次单击“窗口激活”按钮，即可关闭形状窗口。

❹ “反向”按钮：单击该按钮，可以反向选中素材图像上蒙版遮罩选区之外的画面区域。

❺ “遮罩”按钮：单击该按钮，可以将素材图像上的蒙版设置为遮罩，可用于多个蒙版窗口进行布尔预算。

❻ “全部重置”按钮：单击该按钮，可以将图像上绘制的形状窗口全部清除重置。

5.4.2 练习实例：调整形状窗口

【效果展示】应用“窗口”面板中的形状工具，可以在图像画面上绘制选区，用户可以根据需要调整默认的蒙版尺寸大小、位置以及形状。调色前后对比效果如图5.54所示。

图5.54 调色前后对比效果

下面介绍调整形状窗口的方法。

步骤 01 打开一个项目文件，进入“剪辑”步骤面板，如图5.55所示，可以将视频分为两个部分:一部分是山，属于阴影区域;另一部分为天空，属于明亮区域。画面中天空的颜色比较淡，没有晚霞的光彩，需要将明亮区域的饱和度调高。

步骤 02 切换至“调色”步骤面板，单击“窗口”按钮，如图5.56所示，切换至“窗口”面板。

图5.55 打开一个项目文件

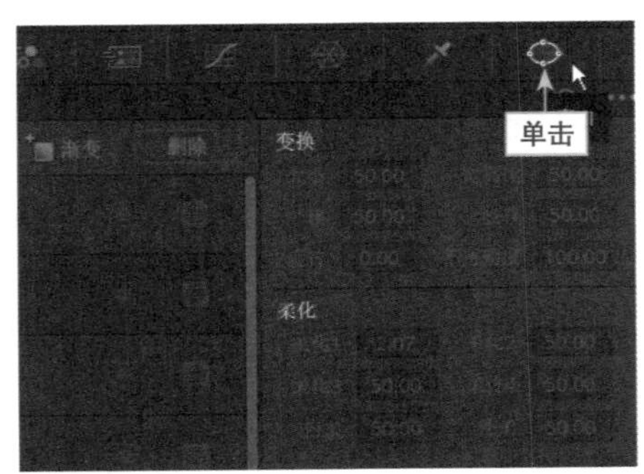

图5.56 单击“窗口”按钮

步骤 03 在“窗口”预设面板中，单击多边形“窗口激活”按钮，如图5.57所示。

步骤 04 在预览窗口的图像上会出现一个矩形蒙版，如图5.58所示。

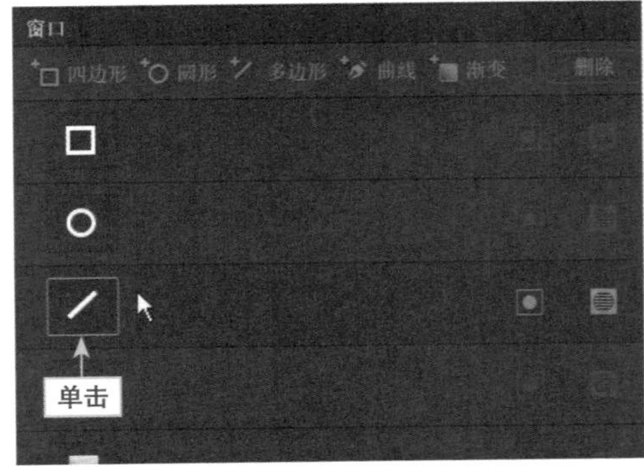

图5.57 单击多边形“窗口激活”按钮

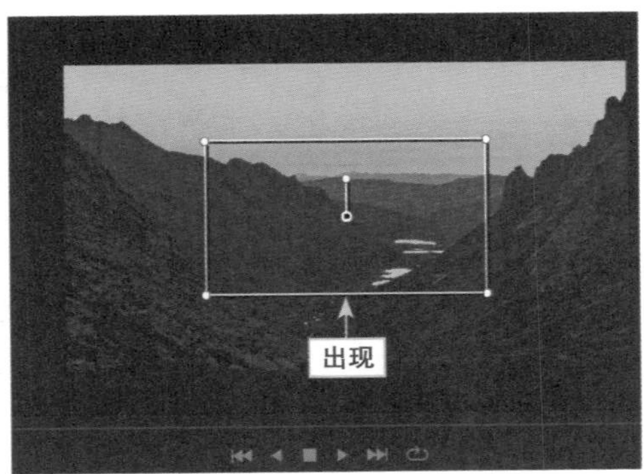

图5.58 出现一个矩形蒙版

步骤 05 拖曳蒙版四周的控制柄，调整蒙版的位置和形状大小，如图 5.59 所示。

步骤 06 展开“色轮”面板，设置“饱和度”参数为 100.00，如图 5.60 所示，提升画面的质感，增强画面色彩，使画面更加通透。

图 5.59　调整蒙版的位置和形状大小

图 5.60　设置“饱和度”参数

举一反三：重置形状窗口

【效果展示】在“窗口”面板的右上角有一个“全部重置”按钮，单击该按钮，可以将图像上绘制的形状窗口全部清除重置，非常适合用户绘制蒙版形状出错时进行批量清除。但是，当用户需要在多个形状窗口中单独重置其中一个形状窗口时，该如何操作呢？重置形状窗口的效果如图 5.61 所示。

扫码看教程

图 5.61　重置形状窗口效果

下面介绍具体的操作方法。

步骤 01 打开一个项目文件，进入“剪辑”步骤面板，如图 5.62 所示。

步骤 02 切换至“调色”步骤面板，在“窗口”预设面板中，显示已经激活了 3 个形状窗口，如图 5.63 所示。

步骤 03 在预览窗口中，可以查看画面上绘制的 3 个蒙版形状，如图 5.64 所示。

步骤 04 在“窗口”预设面板中，选择曲线形状窗口，单击“窗口”面板右上角的“设置”按钮，在弹出的下拉列表中选择“重置所选窗口”选项，如图 5.65 所示。

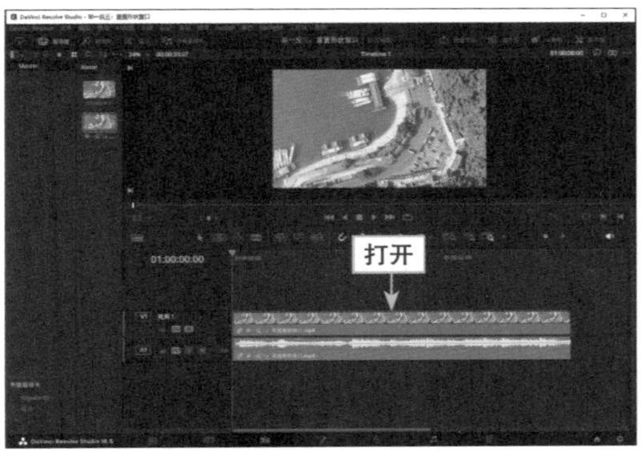

图5.62　打开一个项目文件

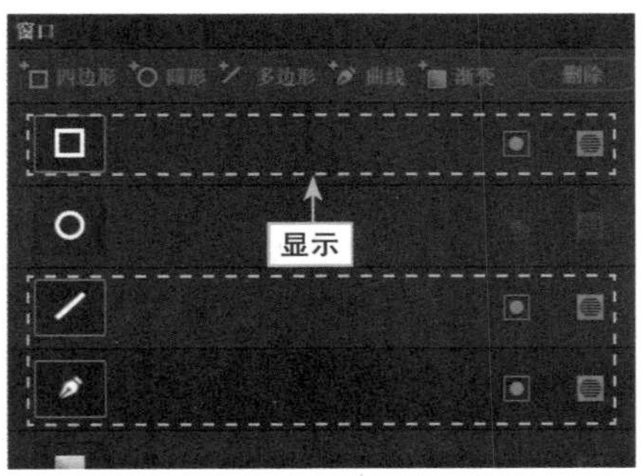

图5.63　显示激活的3个形状窗口

图5.64　查看画面上绘制的3个蒙版形状

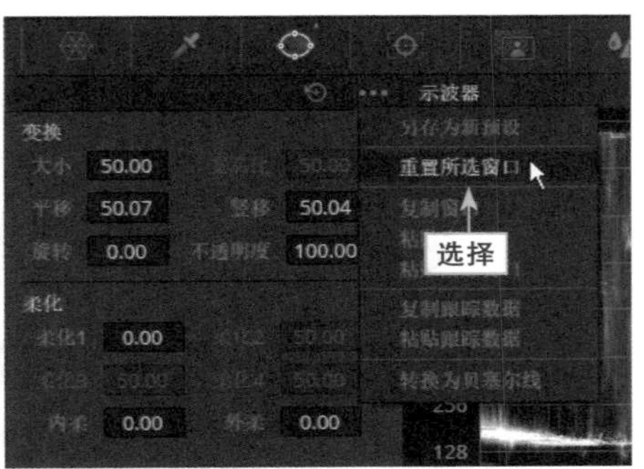

图5.65　选择“重置所选窗口”选项

步骤 05 此时可重置曲线形状窗口，预览窗口中船上的蒙版已被清除，效果如图 5.66 所示。

图5.66　预览窗口中船上的蒙版已被清除

5.5 使用跟踪与稳定功能调色

在达芬奇"调色"步骤面板中，有一个"跟踪器"功能面板，该功能比关键帧还实用，可以帮助用户锁定图像画面中的指定对象。本节主要介绍使用达芬奇的跟踪和稳定功能辅助二级调色的方法。

5.5.1 练习实例：跟踪功能

【效果展示】在"跟踪器"面板中，"跟踪"模式可以用来锁定跟踪对象的多种运动变化，为用户提供了"平移"跟踪类型、"竖移"跟踪类型、"缩放"跟踪类型、"旋转"跟踪类型以及3D跟踪类型等多项分析功能，跟踪对象的运动路径会显示在面板中的曲线图上。"跟踪器"面板如图5.67所示。

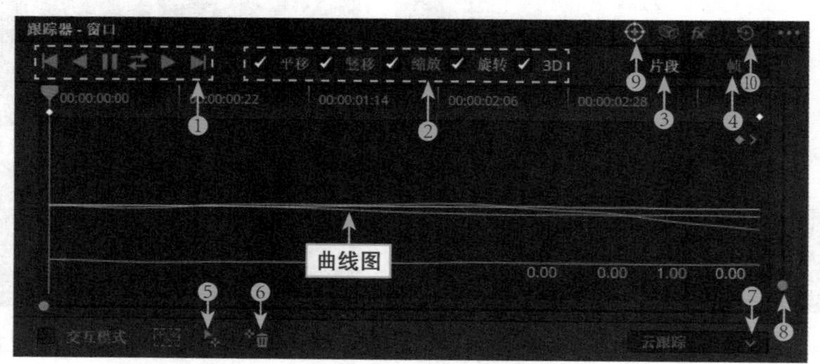

图 5.67 "跟踪器"面板

"跟踪器"面板中的功能按钮介绍如下。

❶ 跟踪操作按钮：这组按钮与导览面板上的播放按钮虽然相似，但作用不一样，其从左到右分别是"向后跟踪一帧"、"反向跟踪"、"停止跟踪"、"正向跟踪与反向跟踪"、"正向跟踪"以及"向前跟踪一帧"，主要用于跟踪指定对象的运动画面。

❷ 跟踪类型 ✓平移 ✓竖移 ✓缩放 ✓旋转 ✓3D：在"跟踪器"面板中，共有5个跟踪类型，分别是平移、竖移、缩放、旋转以及3D。选中相应类型前面的复选框，便可以开始跟踪指定对象；待跟踪完成后，会显示相应类型的曲线，根据这些曲线可评估每个跟踪参数。

❸ "片段"按钮 片段：跟踪器默认状态为"片段"模式，方便对窗口蒙版进行整体移动。

❹ "帧"按钮 帧：单击该按钮，切换为"帧"模式，可为窗口的位置和控制点制作关键帧。

❺ "设置跟踪点"按钮：单击该按钮，可以在素材图像的指定位置或指定对象上

添加一个或多个跟踪点。

⑥ "删除"按钮：单击该按钮，可以删除图像上添加的跟踪点。

⑦ 跟踪模式下拉按钮 云跟踪：单击该按钮，弹出下拉列表，其中有两个选项，一个是"点跟踪"，一个是"云跟踪"。"点跟踪"模式可以在图像上创建一个或多个十字架跟踪点，并且可以手动定位图像上比较特殊的跟踪点；"云跟踪"模式可以自动跟踪图像上的全部跟踪点。

⑧ "缩放"滑块：在曲线图边缘有两个缩放滑块，拖曳纵向的滑块可以缩放曲线之间的间隙，拖曳横向的滑块可以拉长或缩短曲线。

⑨ "窗口"按钮：单击该按钮，进入"窗口"模式面板。

⑩ "清除所有跟踪点"按钮：单击该按钮，将重置"跟踪器"面板中的所有操作。

⑪ "设置"按钮：单击该按钮，将弹出"跟踪器"面板的设置菜单。

跟踪功能效果展示如图5.68所示。

扫码看效果

扫码看教程

图5.68 效果展示

下面介绍跟踪功能的使用方法。

步骤 01 打开一个项目文件，进入"剪辑"步骤面板，如图5.69所示，现需要对画面中的荷花进行调色。

步骤 02 切换至"调色"步骤面板，在"窗口"预设面板中，单击曲线的"窗口激活"按钮，如图5.70所示。

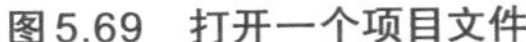
图5.69 打开一个项目文件

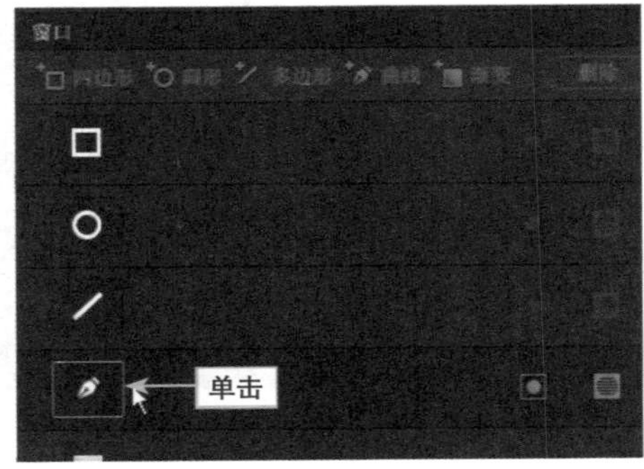

图5.70 单击曲线的"窗口激活"按钮

步骤 03 在预览窗口中的荷花上，沿边缘绘制一个蒙版遮罩，如图5.71所示。

步骤 04 切换至“色轮”面板，设置“饱和度”参数为 61.80，如图 5.72 所示，提升荷花的饱和度，让色彩更加鲜明。

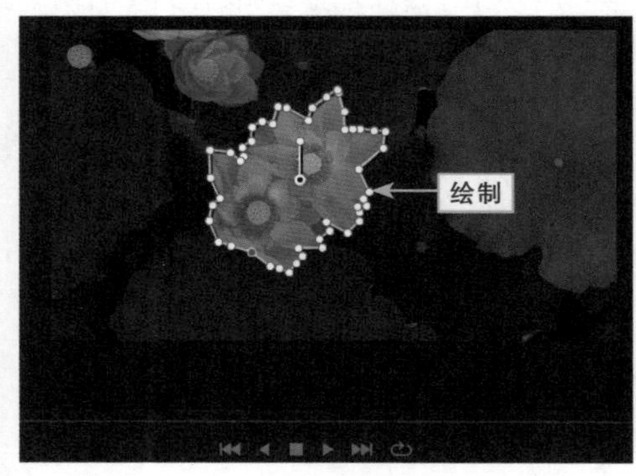

图 5.71 绘制一个蒙版遮罩

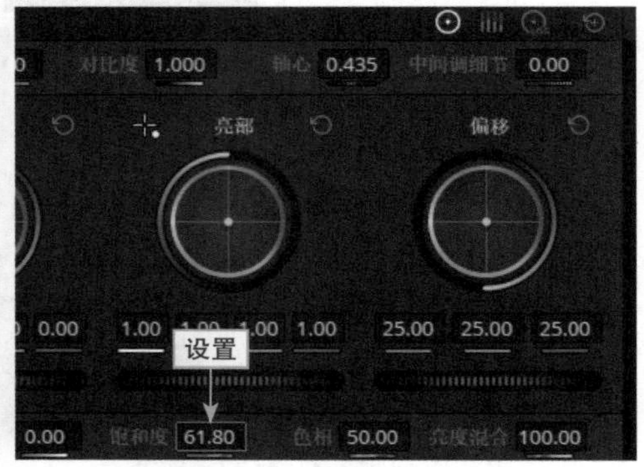

图 5.72 设置“饱和度”参数

> ▶ 温馨提示
>
> 跟踪器主要用来辅助蒙版遮罩或抠像调色，用户在应用跟踪器前，需要先在图像上创建选区，否则无法正常使用跟踪器。

步骤 05 在“检查器”面板中，单击“播放”按钮▶，如图 5.73 所示，在预览窗口中可以看到，当画面中荷花的位置发生变化时，绘制的蒙版依旧停在原处，蒙版位置没有发生任何变化，此时荷花与蒙版分离，调整的饱和度只用于蒙版选区，分离后荷花的饱和度便恢复了原样。

步骤 06 单击“跟踪器”按钮，如图 5.74 所示，展开“跟踪器 - 窗口”面板。

步骤 07 勾选“交互模式”复选框，单击“插入”按钮，如图 5.75 所示。

步骤 08 在面板上方单击“正向跟踪”按钮▶，如图 5.76 所示。

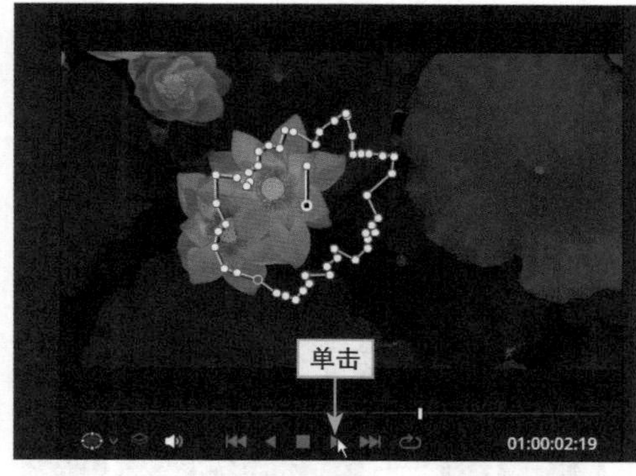

图 5.73 单击“播放”按钮

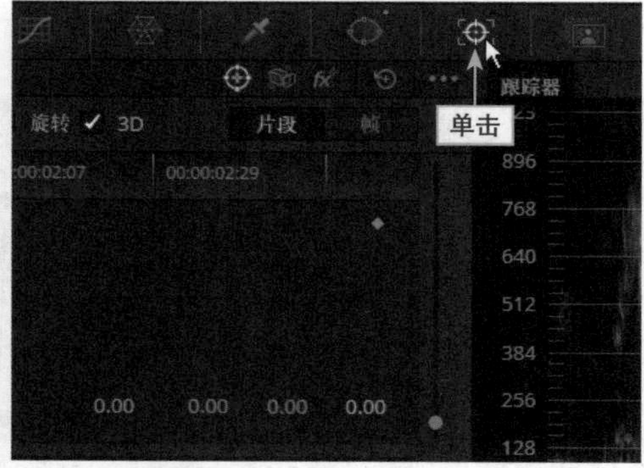

图 5.74 单击“跟踪器”按钮

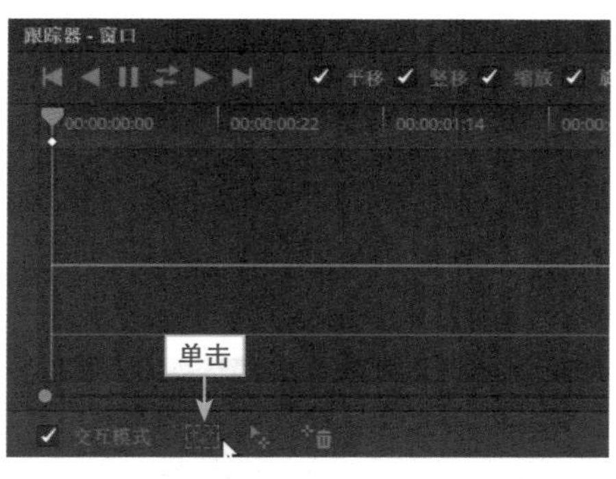

图 5.75　单击"插入"按钮

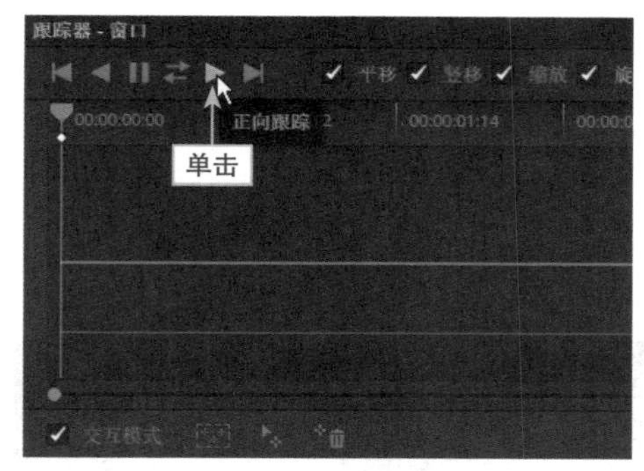

图 5.76　单击"正向跟踪"按钮

步骤 09 此时可查看跟踪对象曲线图的变化数据，如图 5.77 所示，其中平移曲线的数据变化最明显。在预览窗口中查看添加跟踪器后的蒙版效果。

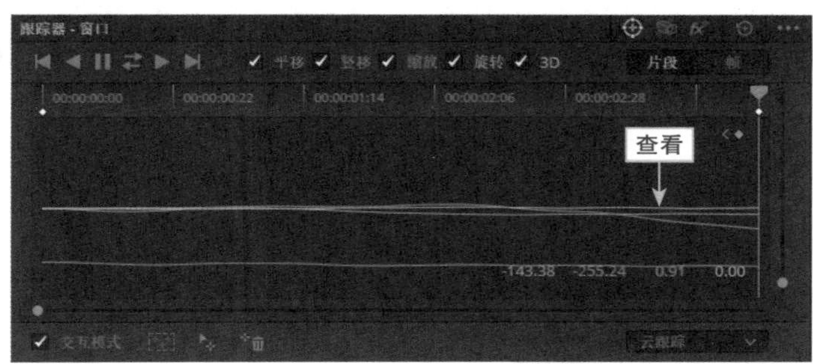

图 5.77　查看曲线图的变化数据

5.5.2　练习实例：稳定功能

【效果展示】当摄影师手抖或扛着摄影机走动时，拍出来的视频会出现画面抖动的情况，用户往往需要通过一些视频剪辑软件进行稳定处理。DaVinci Resolve 18.5 虽然是调色软件，但也具有稳定器功能，可以稳定抖动的视频画面，帮助用户制作出效果更好的作品，效果展示如图 5.78 所示。

图 5.78　稳定功能效果展示

扫码看效果

扫码看教程

下面介绍稳定功能的操作方法。

步骤 01 打开一个项目文件，进入“剪辑”步骤面板，如图 5.79 所示，可以看到图像画面有轻微的晃动，需要对图像进行稳定处理。

步骤 02 切换至“调色”步骤面板，在“跟踪器”面板的右上角单击“稳定器”按钮，如图 5.80 所示，即可切换至“跟踪器 - 稳定器”模式面板。

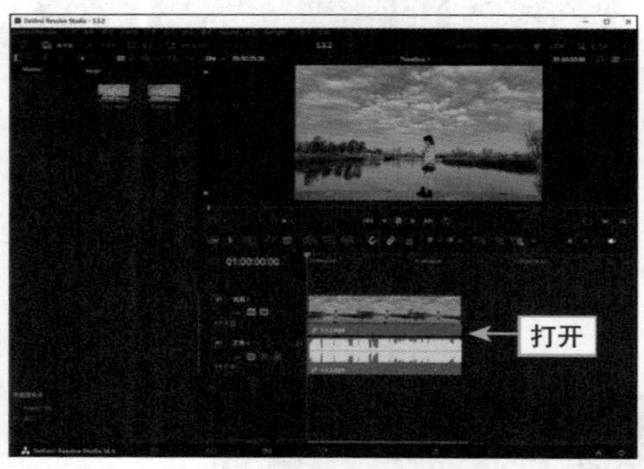

图5.79　打开一个项目文件

图5.80　单击“稳定器”按钮

步骤 03 用户可以在面板下方微调裁切、平滑以及强度等设置参数，单击“稳定”按钮，如图 5.81 所示。

步骤 04 弹出“视频稳定”对话框，显示“正在分析片段”进度，如图 5.82 所示。

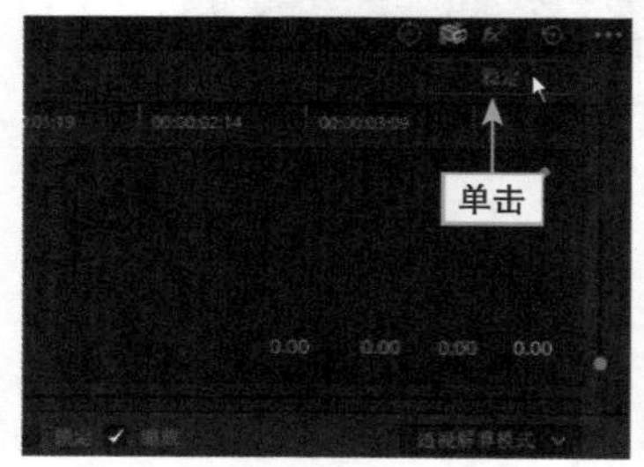

图5.81　单击“稳定”按钮

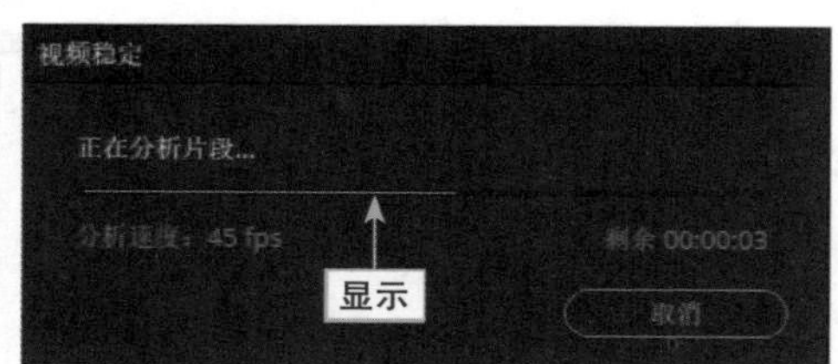

图5.82　显示“正在分析片段”进度

步骤 05 此时可通过稳定器稳定抖动画面，曲线图变化参数如图 5.83 所示。在预览窗口中，单击“播放”按钮，即可查看稳定效果。

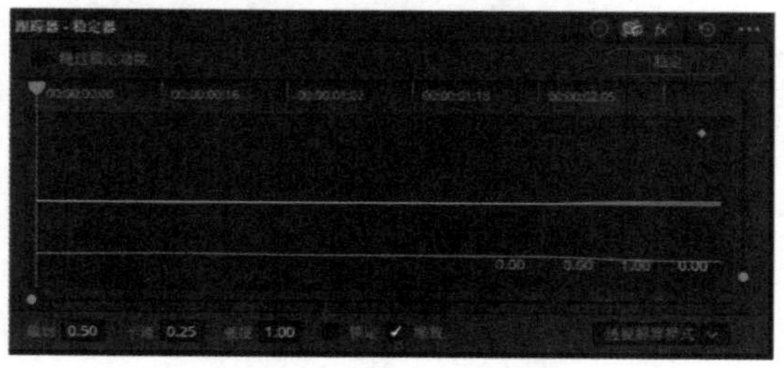

图5.83　曲线图变化参数

5.6 使用Alpha通道控制调色的区域

一般来说，图片或视频都带有表示颜色信息的RGB通道和表示透明信息的Alpha通道。Alpha通道由黑白图表示图片或视频的图像画面，其中白色代表图像中完全不透明的画面区域，黑色代表图像中完全透明的画面区域，灰色代表图像中半透明的画面区域。本节介绍使用Alpha通道控制调色区域的方法和技巧。

5.6.1 “键”面板

在达芬奇中，“键”指的是Alpha通道，用户可以在节点上绘制遮罩窗口或抠像选区来制作“键”，通过调整节点控制素材图像调色的区域。图5.84所示为达芬奇中的“键”面板。

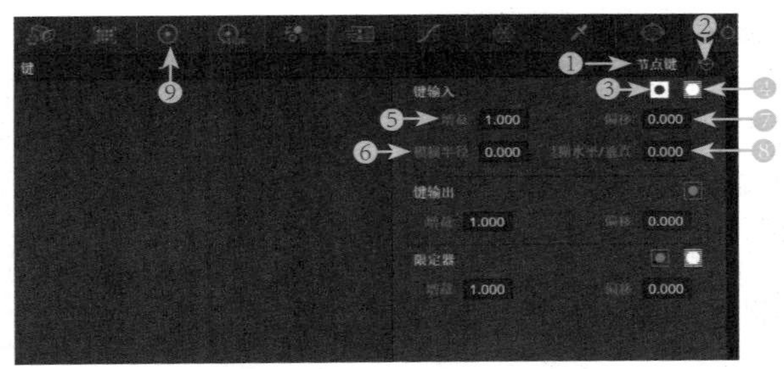

图5.84 “键”面板

“键”面板中的各项功能按钮介绍如下。

❶ 节点键：选择不同的节点类型，键类型会随之转变。

❷ “全部重置”按钮：单击该按钮，将重置“键”面板中的所有操作。

❸ “蒙版/遮罩”按钮：单击该按钮，可以从反向键输入并进行抠像。

❹ “键”按钮：单击该按钮，可以将键转换为遮罩。

❺ 增益：在文本框中将参数提高，可以使键输入的白点更白，降低文本框内的参数则相反，增益值不影响键的纯黑色。

❻ 模糊半径：设置该参数，可以调整键输入的模糊度。

❼ 偏移：设置该参数，可以调整键输入的整体亮度。

❽ 模糊水平/垂直：设置该参数，可以用于控制图像的模糊程度。这些参数可以在键输入上横向或纵向地调整模糊的比例。

❾ 键图示：直观显示键的图像，方便用户查看。

5.6.2 练习实例：使用Alpha通道制作暗角效果

【效果展示】在达芬奇中，当用户在“节点”面板中选择一个节点后，可以通过设置“键”面板上的参数来控制节点输入或输出的Alpha通道数据。调色前后对比效果如图5.85所示。

扫码看效果

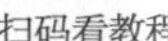

扫码看教程

图 5.85　调色前后对比效果

下面介绍使用Alpha通道制作暗角效果的操作方法。

步骤 01 打开一个项目文件，进入“剪辑”步骤面板，如图 5.86 所示。

步骤 02 切换至“调色”步骤面板，展开“窗口”面板，在“窗口”预设面板中，单击圆形的“窗口激活”按钮，如图 5.87 所示。

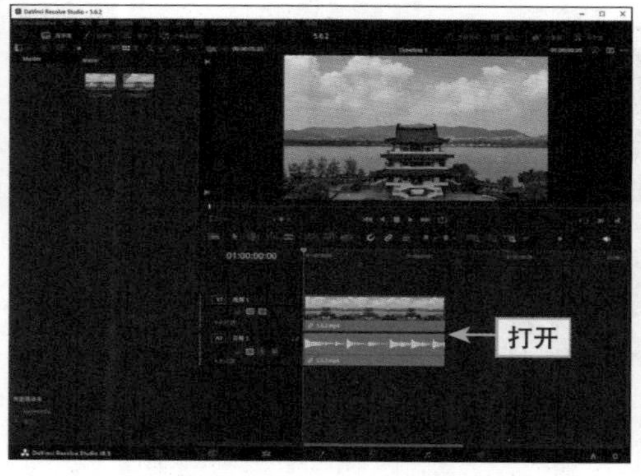

图 5.86　打开一个项目文件

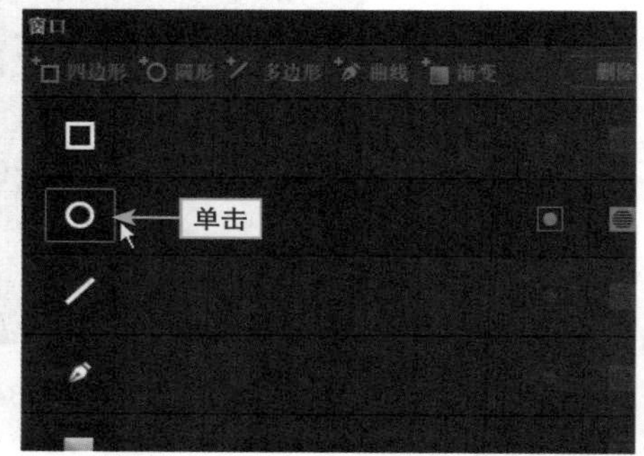

图 5.87　单击圆形的“窗口激活”按钮

步骤 03 在预览窗口中，拖曳圆形蒙版蓝色方框上的控制柄，调整蒙版的大小和位置，如图 5.88 所示。

步骤 04 拖曳蒙版白色圆框上的控制柄，调整蒙版羽化区域，如图 5.89 所示。

图 5.88　调整蒙版的大小和位置

图 5.89　调整蒙版羽化区域

步骤 05 窗口蒙版绘制完成后，在“节点”面板中，选择编号为01的校正器节点，将01节点上的“键输入”与“源”相连，如图5.90所示。

步骤 06 在空白位置处右击，在弹出的快捷菜单中选择“添加Alpha输出”命令，如图5.91所示。

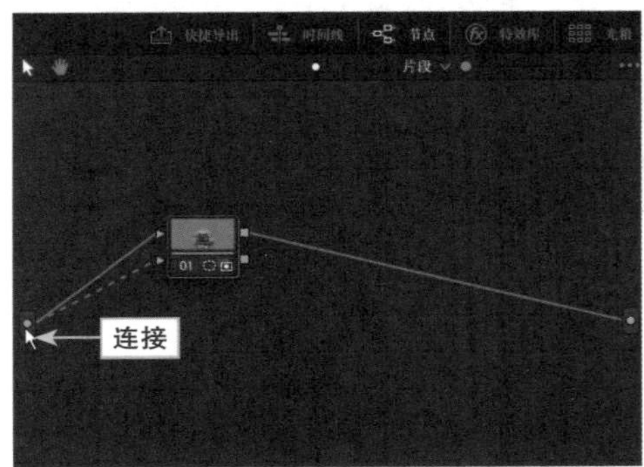

图5.90 将“键输入”与“源”相连

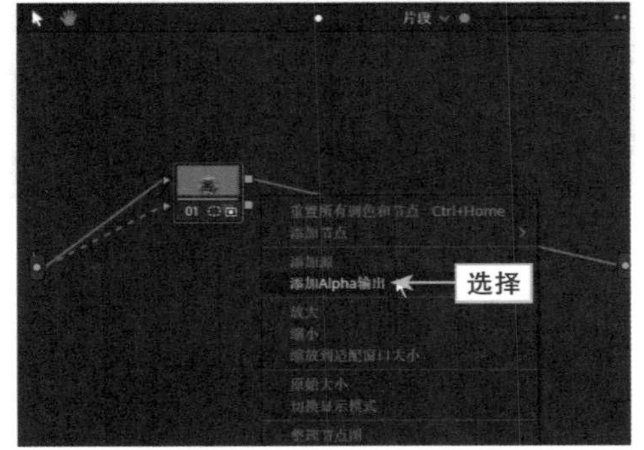

图5.91 选择“添加Alpha输出”命令

步骤 07 此时可在面板中添加一个“Alpha最终输出”图标，如图5.92所示。

步骤 08 将01节点上的“键输出”与“Alpha最终输出”相连，如图5.93所示。

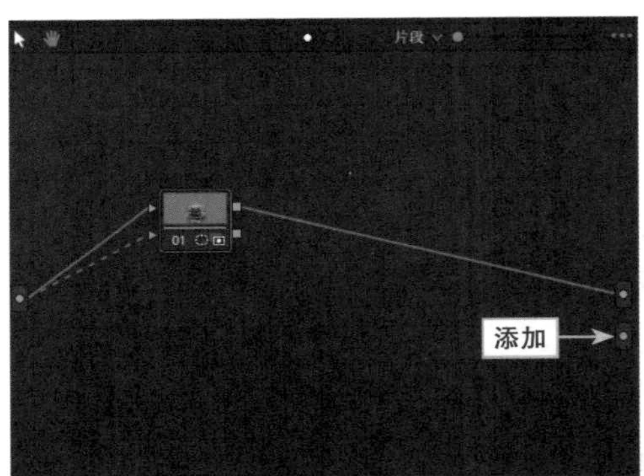

图5.92 添加相应图标

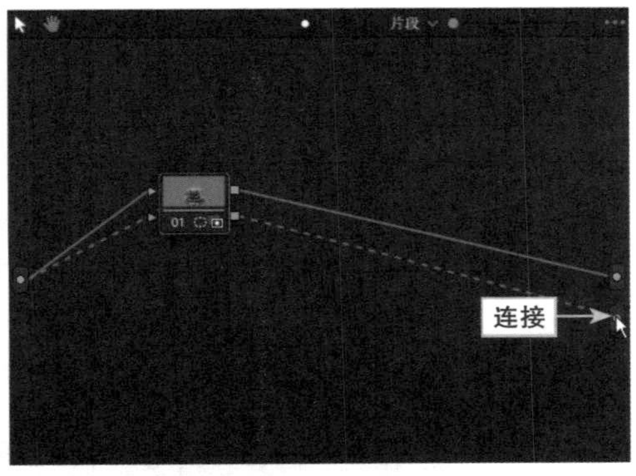

图5.93 将“键输出”与“Alpha最终输出”相连

步骤 09 在预览窗口中可以查看应用Alpha通道的初步效果，如图5.94所示。

步骤 10 切换至“键”面板，在“键输入”下方设置“增益”参数为0.368，即可降低圆圈中的亮度，在“键输出”下方设置“偏移”参数为0.300，如图5.95所示，即可提升背景亮度。

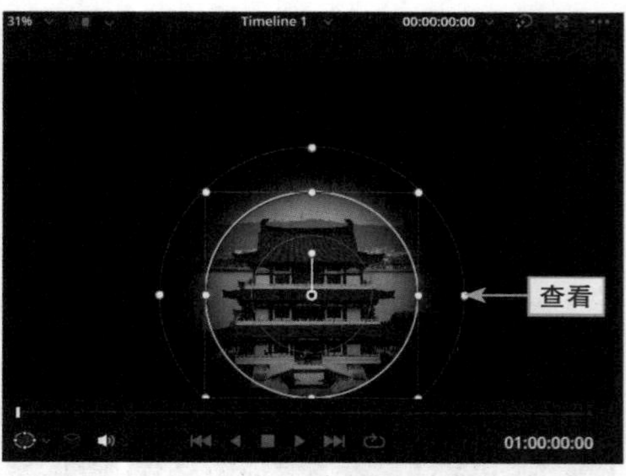

图5.94　查看应用Alpha通道的初步效果

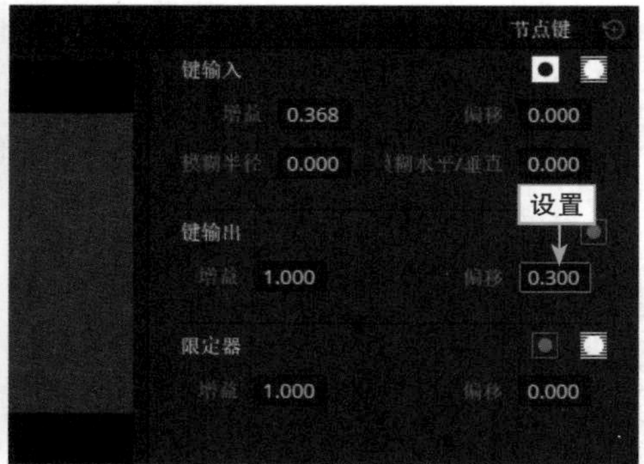

图5.95　设置“偏移”参数

5.7　使用“模糊”功能虚化视频画面

在达芬奇“调色”步骤面板中，“模糊”面板有3种不同的操作模式，分别是“模糊”“锐化”以及“雾化”，每种模式都有独立的操作面板，用户可以配合限定器、窗口、跟踪器等功能对图像画面进行二级调色。

5.7.1　练习实例：模糊处理

【效果展示】在“模糊”功能面板中，“模糊”操作模式面板是默认面板，通过调整面板中的通道滑块，可以为图像制作高斯模糊效果。

“模糊”操作模式面板中一共显示了3组调节通道，如图5.96所示，分别是“半径”“水平/垂直比率”以及“缩放比例”。其中，只有“半径”和“水平/垂直比率”两组通道能调控操作，“缩放比例”通道和下方面板中的“核心柔化”“级别”“混合”不可调控操作。

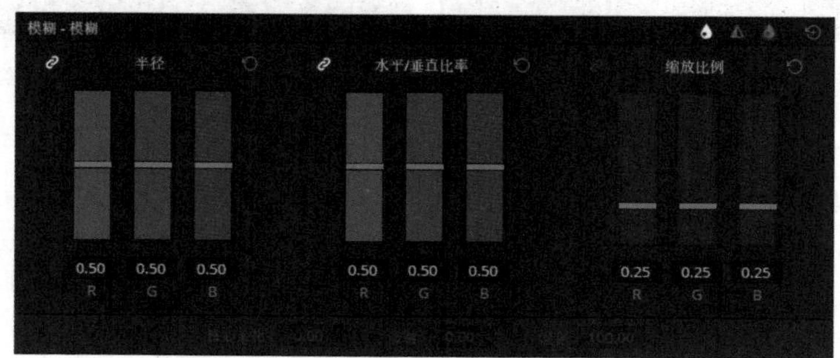

图5.96　“模糊”操作模式面板

通道的左上角都有一个链接按钮，默认情况下链接按钮为启动状态，单击该按钮关闭链接，即可分别调节RGB控制条上的滑块，启动链接可同时调节3个控制条的滑块。

将“半径”通道的滑块往上调整，可以增加图像的模糊度，往下调整则可以降低模糊增加锐化。将“水平/垂直比率”通道的滑块往上调整，被模糊或锐化后的图像会沿水平方向扩大影响范围，将“水平/垂直比率”通道的滑块往下调整，被模糊或锐化后的图像则会沿垂直方向扩大影响范围。调色前后对比效果如图5.97所示。

图5.97 调色前后对比效果

扫码看效果

扫码看教程

下面介绍对视频局部进行模糊处理的操作方法。

步骤 01 打开一个项目文件，进入“剪辑”步骤面板，如图5.98所示，需要对荷花周边进行模糊处理，突出花朵。

步骤 02 切换至“调色”步骤面板，在“窗口”预设面板中，单击圆形的“窗口激活”按钮，如图5.99所示。

图5.98 打开一个项目文件

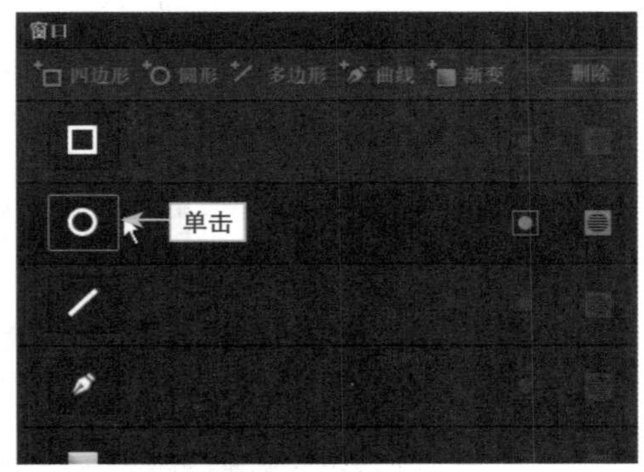

图5.99 单击圆形的“窗口激活”按钮

步骤 03 在预览窗口中，创建一个圆形蒙版遮罩，调整蒙版的大小和位置，如图5.100所示，选取荷花。

步骤 04 在“窗口”预设面板中，单击“反向”按钮，如图5.101所示，反向选取周边的荷花以及叶子。

步骤 05 在“柔化”选项区中，设置“柔化1”参数为4.05，如图5.102所示，柔化选区图像边缘。

步骤 06 单击“跟踪器”按钮，如图5.103所示。

图 5.100　调整蒙版的大小和位置

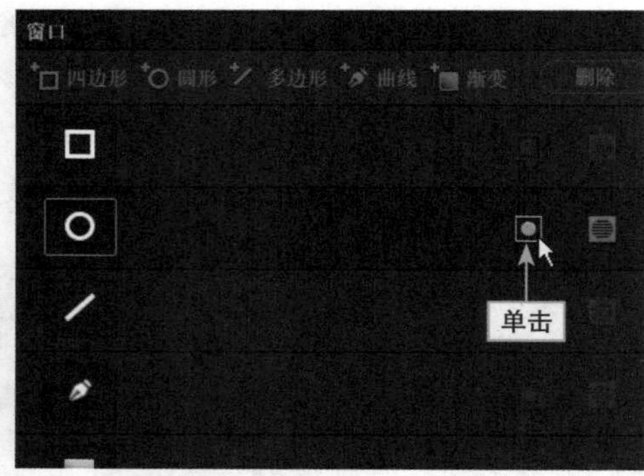

图 5.101　单击“反向”按钮

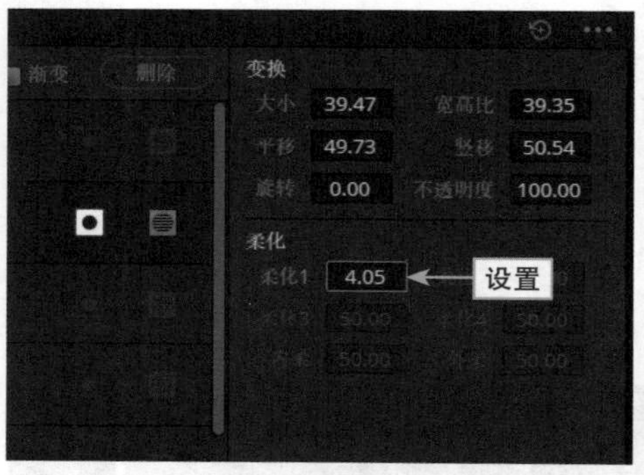

图 5.102　设置“柔化 1”参数

图 5.103　单击“跟踪器”按钮

步骤 07　单击“正向跟踪”按钮，如图 5.104 所示，跟踪图像运动路径。

步骤 08　单击“模糊”按钮，如图 5.105 所示，切换至“模糊”面板。

步骤 09　向上拖曳“半径”通道控制条上的滑块，如图 5.106 所示，直至参数均显示为 0.82，调整模糊参数，即可完成对视频局部进行模糊处理的操作。

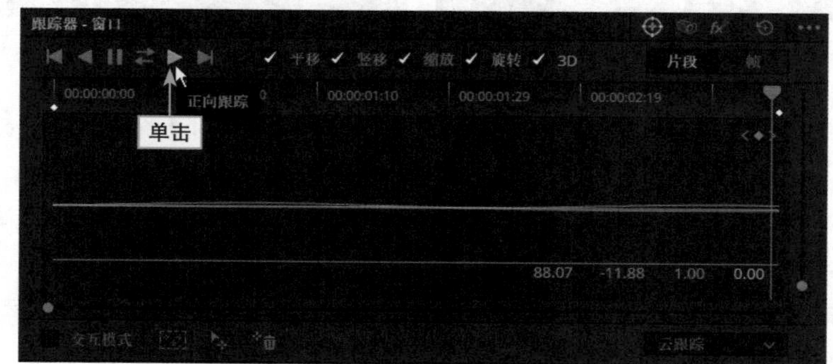

图 5.104　单击“正向跟踪”按钮

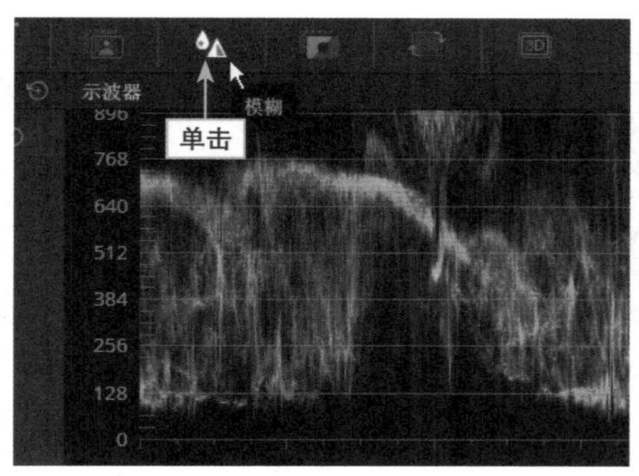

图5.105　单击“模糊”按钮

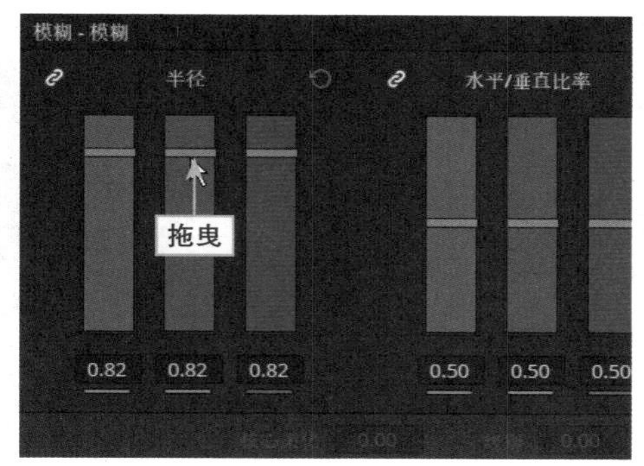

图5.106　拖曳控制条上的滑块

5.7.2　练习实例：锐化处理

【效果展示】虽然在“模糊”操作模式面板中，降低“半径”通道的参数可以提高图像的锐化度，但“锐化”操作模式面板是专门用来调整图像锐化操作的功能，如图5.107所示。

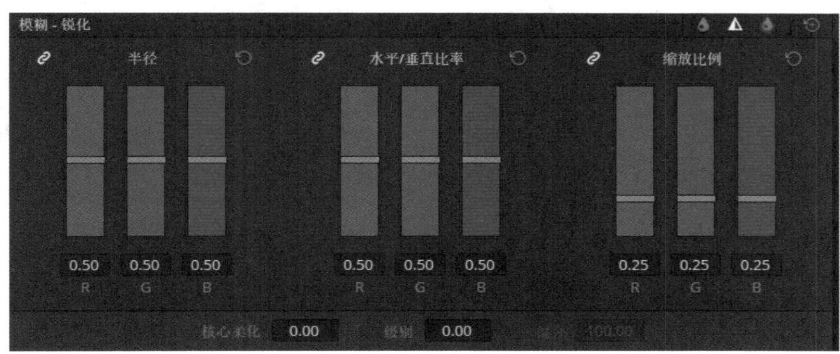

图5.107　“锐化”操作模式面板

相较于“模糊”操作面板而言，“锐化”操作模式面板中除“混合”参数无法调控设置外，“缩放比例”“核心柔化”以及“级别”均可进行调控设置。这3个控件的作用如下。

- 缩放比例：“缩放比例”通道的作用取决于“半径”通道的参数设置，当“半径”通道参数值在0.5或以上时，“缩放比例”通道不会起作用；当“半径”通道参数值在0.5以下时，向上拖曳“缩放比例”通道滑块，可以增加图像画面锐化的量，向下拖曳“缩放比例”通道滑块，可以减少图像画面锐化的量。
- 核心柔化和级别：核心柔化和级别是配合使用的，两者是相互影响的关系。“核心柔化”主要用于调节图像中没有锐化的细节区域，当“级别”参数值为0时，“核心柔化”能锐化的细节区域不会发生太大的变化；“级别”参数值越高(最大值为100.0)，“核心柔化”能锐化的细节区域越大。调色前后对比效果如图5.108所示。

扫码看效果

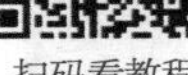

扫码看教程

图 5.108　调色前后对比效果

下面介绍对视频局部进行锐化处理的操作方法。

步骤 01 打开一个项目文件，进入“剪辑”步骤面板，如图 5.109 所示，需要对画面中的花叶进行锐化处理。

步骤 02 切换至“调色”步骤面板，单击“限定器”按钮，如图 5.110 所示，切换至“限定器”面板。

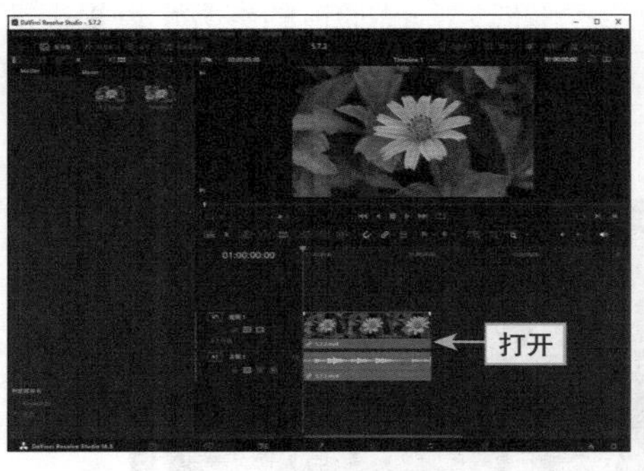

图 5.109　打开一个项目文件

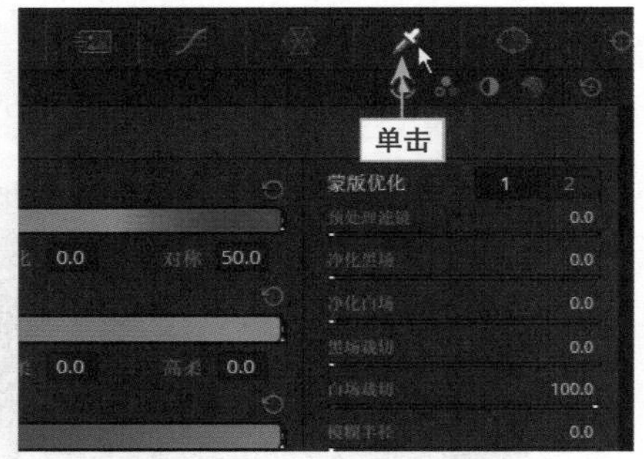

图 5.110　单击“限定器”按钮

步骤 03 单击“拾取器”按钮，在预览窗口中选取花朵并突出显示，如图 5.111 所示。

步骤 04 在“限定器 -HSL”面板中，单击“反向”按钮，如图 5.112 所示，即可选中叶子。

图 5.111　选取花朵并突出显示

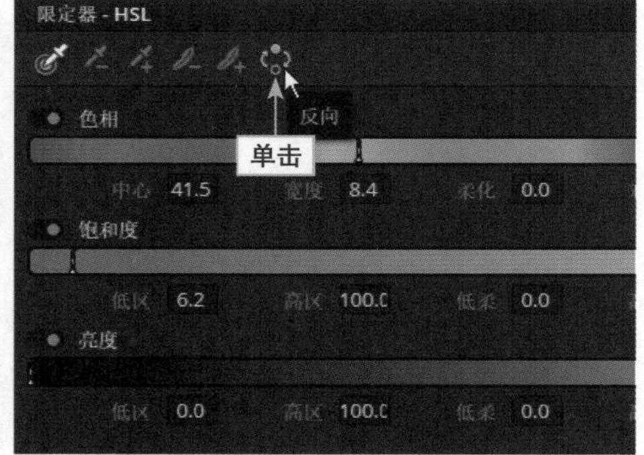

图 5.112　单击“反向”按钮

步骤 05 切换至“模糊”面板，单击“锐化”按钮，如图 5.113 所示。

步骤 06 切换至“模糊 - 锐化”面板，向上拖曳“半径”通道控制条上的滑块，如图 5.114 所示，直至参数均显示为 10.00，即可完成对视频的锐化处理操作。

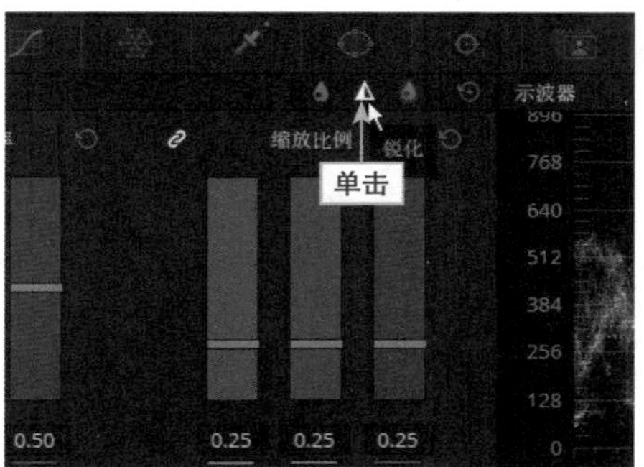

图 5.113　单击“锐化”按钮

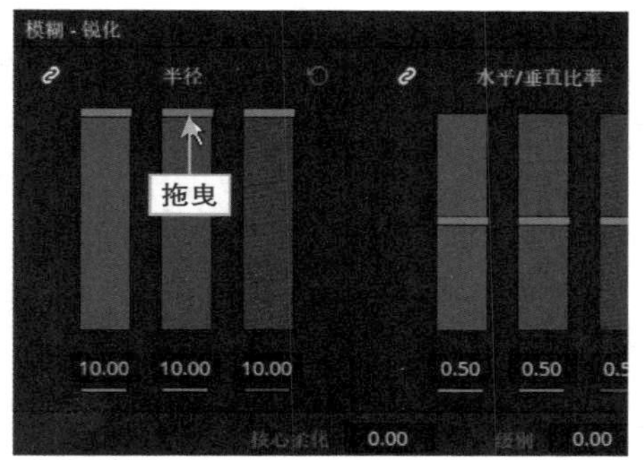

图 5.114　拖曳“半径”滑块

课后习题：雾化处理

本习题练习在达芬奇中对视频素材进行雾化处理的操作方法，调色前后对比效果如图 5.115 所示。

图 5.115　调色前后对比效果

扫码看效果

扫码看教程

模拟考试

主题：对人像视频进行简单美化处理。

要求：

（1）准备一段人像视频素材，环境自定。

（2）去除画面中的瑕疵，如脸上的斑点、痘痘等。

（3）解决画面中的明暗问题，如人物偏暗、背景偏亮。

（4）美化人物，如美白皮肤、牙齿等。

考查知识点：调色面板、串行节点、饱和度、亮度、特效库、美颜、面部修饰。

第 6 章 节点调色

本章要点

节点是达芬奇调色软件非常重要的功能之一，可以帮助用户更好地对图像画面进行调色处理，灵活使用达芬奇调色节点，可以实现各种精彩的视频效果，提高用户的办公效率。本章主要介绍节点的基础知识，并通过节点制作抖音热门的调色视频。

6.1 节点的基础知识

在达芬奇软件中，用户可以将节点理解成处理图像画面的“层”(如Photoshop软件中的图层)，一层一层画面叠加组合可形成特殊的图像效果。每一个节点都可以独立进行调色校正处理，用户可以通过更改节点连接方式调整节点调色顺序或组合方式。下面介绍达芬奇调色节点的基础知识。

6.1.1 练习实例：打开“节点”面板

【效果展示】在达芬奇软件中，“节点”面板位于“调色”步骤面板的右上角，视频调色对比效果如图6.1所示。

扫码看教程

图6.1 视频调色对比效果

下面介绍在达芬奇软件中打开“节点”面板的具体操作。

步骤 01 打开一个项目文件，进入“剪辑”步骤面板，如图6.2所示。

步骤 02 切换至“调色”步骤面板，在右上角单击“节点”按钮，如图6.3所示，即可打开“节点”面板，再次单击“节点”按钮，即可隐藏面板。

图6.2 打开一个项目文件

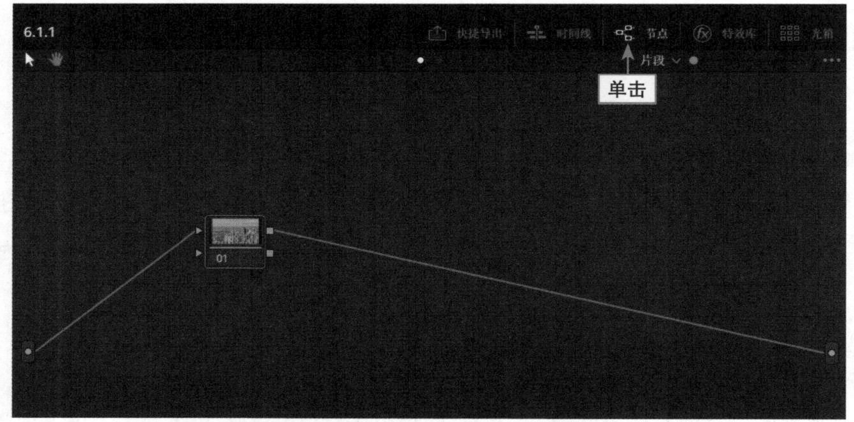

图6.3　单击“节点”按钮

6.1.2　认识“节点”面板

在达芬奇“节点”面板中，通过编辑节点可以实现合成图像，对于一些合成经验少的读者，会觉得达芬奇的节点功能很复杂。下面介绍“节点”面板中的各个功能，如图6.4所示。

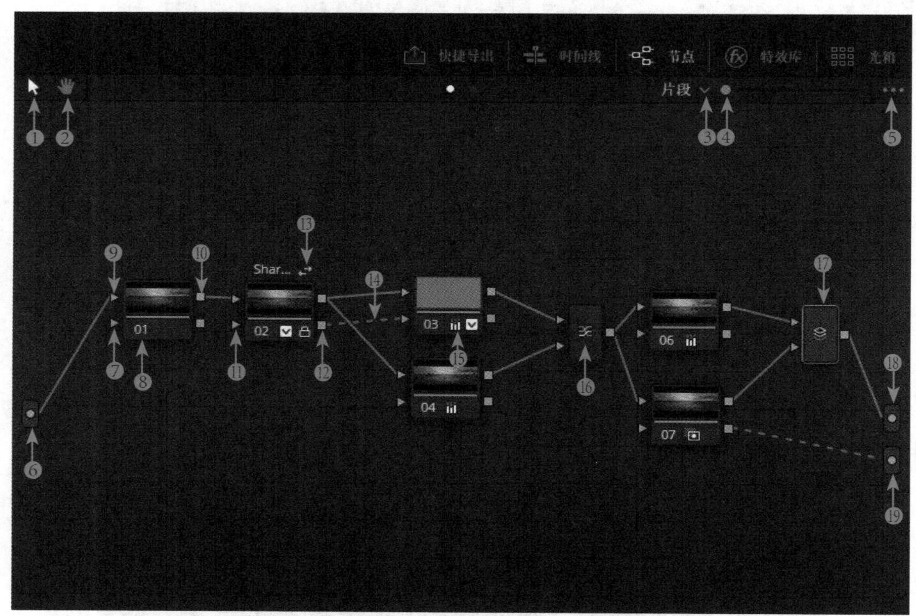

图6.4　“节点”面板中的节点网示例图

在“节点”面板中，用户需要了解以下按钮的作用。

❶ “选择”工具：在“节点”面板中，默认状态下鼠标指针呈箭头形状，表示为“选择”工具。应用“选择”工具可以选择面板中的节点，通过拖曳的方式可以在面板中移动所

选节点的位置。

❷ “平移”工具：单击“平移”工具，即可使面板中的鼠标指针呈手掌形状，按住鼠标左键后，鼠标指针呈抓手形状，此时上下左右拖曳面板，即可对面板中所有的节点执行上下左右平移操作。

❸ 节点模式下拉菜单按钮：单击该按钮，弹出下拉列表框，其中有两种节点模式，分别是“片段”和“时间线”，默认状态下为“片段”节点模式。在“片段”模式面板中，调节的是当前素材片段的调色节点，而在“时间线”模式面板中，调节的则是“时间线”面板中所有素材片段的调色节点。

❹ 缩放滑块：通过左右拖曳滑块调节面板中节点显示的大小。

❺ 快捷设置按钮：单击该按钮，可以在弹出的快捷菜单列表框中选择相应选项设置“节点”面板。

❻ “源”图标：在“节点”面板中，“源”图标是一个绿色的标记，表示素材片段的源头，从“源”向节点传递素材片段的RGB信息。

❼ RGB信息连接线：RGB信息连接线以实线显示，是两个节点间接收信息的枢纽，可以将上一个节点的RGB信息传递给下一个节点。

❽ 节点编号01：在“节点”面板中，每一个节点都有一个编号，主要根据节点添加的先后顺序来编号，但节点编号不一定是固定的。例如，当用户删除02节点后，03节点的编号可能会更改为02。

❾ “RGB输入”图标：在“节点”面板中，每个节点的左侧都有一个绿色的三角形图标，该图标即是“RGB输入”图标，表示素材RGB信息的输入。

❿ “RGB输出”图标：在“节点”面板中，每个节点的右侧都有一个绿色的方块图标，该图标即是“RGB输出”图标，表示素材RGB信息的输出。

⓫ “键输入”图标：在“节点”面板中，每个节点的左侧都有一个蓝色的三角形图标，该图标即是“键输入”图标，表示素材Alpha信息的输入。

⓬ “键输出”图标：在“节点”面板中，每个节点的右侧都有一个蓝色的方块图标，该图标即是“键输出”图标，表示素材Alpha信息的输出。

⓭ 共享节点：在节点上右击，在弹出的快捷菜单中选择“另存为共享节点”命令，即可将选择的节点设置为共享节点。在共享节点上方会有一个共享节点标签Shar...，并且节点图标上会出现一个锁定图标，该节点的调色信息即可共享给其他片段，当用户调整共享节点的调色信息时，其他被共享的片段也会随之改变。

⓮ Alpha信息连接线：Alpha信息连接线以虚线显示，连接“键输入”图标与“键输出”图标，在两个节点之间传递Alpha通道信息。

⓯ 调色提示图标：当用户在选择的节点上进行调色处理后，在节点编号的右边会出现相应的调色提示图标。

⓰ “图层混合器”节点：在达芬奇“节点”面板中，不支持多个节点同时连接一个RGB输入图标，因此当用户需要进行多个节点叠加调色时，需要添加并行混合器或图层混合器节点进行重组输出。“图层混合器”节点在叠加调色时，会按上下顺序优先选择连

接最低输入图标的那个节点进行信息分配。

⑰ “并行混合器”节点：当用户在现有的校正器节点上添加并行节点时，添加的并行节点会出现在现有节点的下方，“并行混合器”节点会显示在校正器节点和并行节点的输出位置。“并行混合器”节点和“图层混合器”节点一样，支持多个输入连接图标和一个输出连接图标，但其作用与“图层混合器”节点不同，“并行混合器”节点主要是将并列的多个节点的调色信息汇总后输出。

⑱ “RGB最终输出”图标■：在“节点”面板中，“RGB最终输出”图标是一个绿色的标记，当用户调色完成后，需要通过连接该图标才能将片段的RGB信息进行最终输出。

⑲ “Alpha最终输出”图标■：在“节点”面板中，“Alpha最终输出”图标是一个蓝色的标记，图像调色完成后，需要连接该图标才能将片段的Alpha通道信息进行最终输出。

6.2 添加视频调色节点

“节点”面板中有多种节点类型，包括“校正器”节点、“并行混合器”节点、“图层混合器”节点、“键混合器”节点、“分离器”节点以及“结合器”节点等。默认状态下，展开“节点”面板，面板上显示的节点为“校正器”节点。下面介绍在达芬奇软件中添加调色节点的操作方法。

6.2.1 练习实例：串行节点调色

【效果展示】在达芬奇软件中，串行节点是最简单的节点组合，上一个节点的RGB调色信息，会通过RGB信息连接线传递输出，作用于下一个节点，可以满足用户的大部分调色需求。调色前后对比效果如图6.5所示。

扫码看效果

扫码看教程

图6.5 调色前后对比效果

下面介绍添加串行节点调色的具体操作方法。

步骤 01 打开一个项目文件，进入“剪辑”步骤面板，如图6.6所示，可以看到画面偏暗，需要增加画面的饱和度。

步骤 02 切换至“调色”步骤面板，在“节点”面板中，选择编号为01的节点，如图6.7所示，可以看到01节点上没有任何调色图标，表示当前素材并未经过调色处理。

图6.6 打开一个项目文件

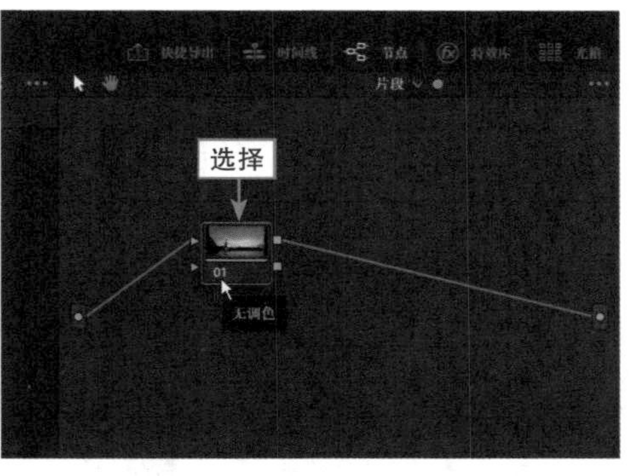

图6.7 选择编号为01的节点

步骤 03 展开“窗口”面板，单击渐变的“窗口激活”按钮，如图 6.8 所示。

步骤 04 在预览窗口的图像上会出现一个蒙版，调整蒙版的位置和大小，如图 6.9 所示。

图6.8 单击渐变的“窗口激活”按钮

图6.9 调整蒙版的位置和大小

步骤 05 展开“色轮”面板，单击“偏移”色轮中间的圆圈，按住鼠标左键向紫色区块拖曳，至合适位置后释放鼠标左键，调整偏移参数，如图 6.10 所示，即可将天空画面调成紫色系。

步骤 06 在“节点”面板中编号 01 的节点上右击，在弹出的快捷菜单中选择“添加节点”|“添加串行节点”命令，如图 6.11 所示。

图6.10 调整“偏移”参数

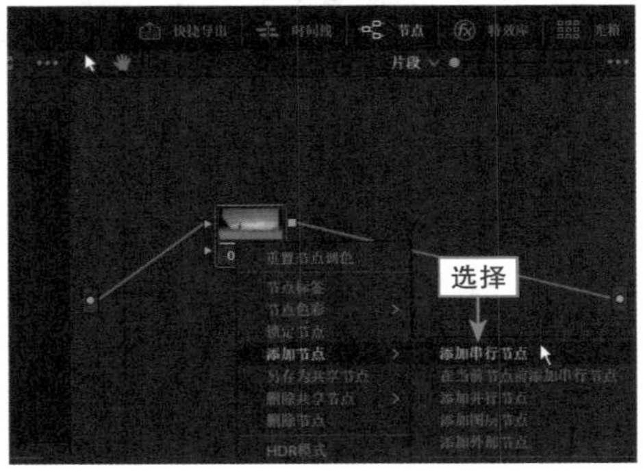

图6.11 选择“添加串行节点”命令

步骤 07 此时可添加一个编号为 02 的串行节点，如图 6.12 所示。由于串行节点是上下层关系，上层节点的调色效果会传递给下层节点，因此，新增的 02 节点会保持 01 节点的调色效果，02 节点可以在 01 节点调色的基础上继续调色。

步骤 08 展开“窗口”面板，单击圆形的“窗口激活”按钮，如图 6.13 所示。

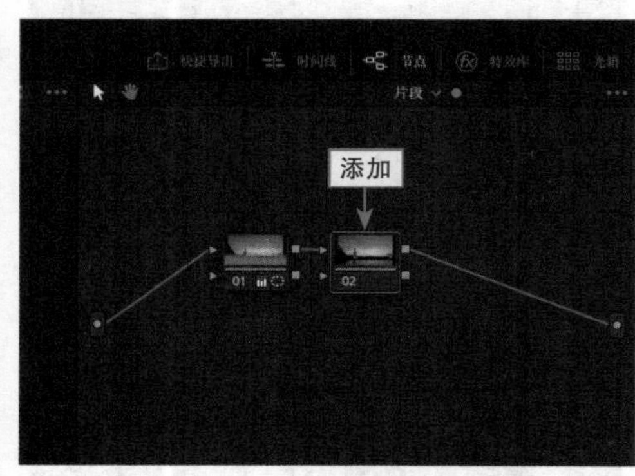

图6.12　添加02串行节点

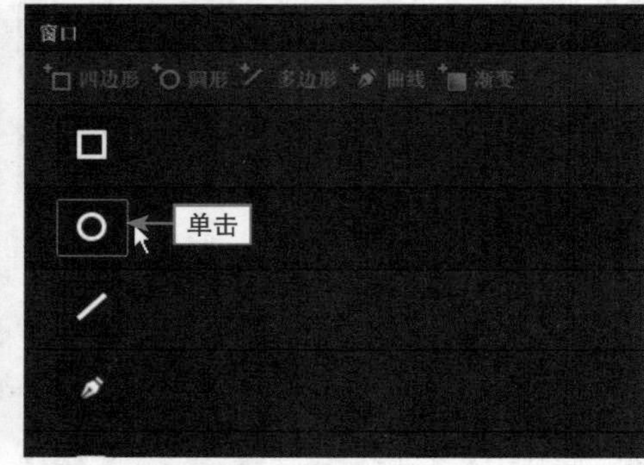

图6.13　单击圆形的“窗口激活”按钮

步骤 09 在预览窗口的图像上会出现一个蒙版，拖曳蒙版四周的控制柄，调整蒙版的位置和形状大小，如图 6.14 所示。

步骤 10 展开“色轮”面板，单击“偏移”色轮中间的圆圈，按住鼠标左键向紫色区块拖曳，至合适位置后释放鼠标左键，调整偏移参数，如图 6.15 所示，即可将晚霞调成紫色。

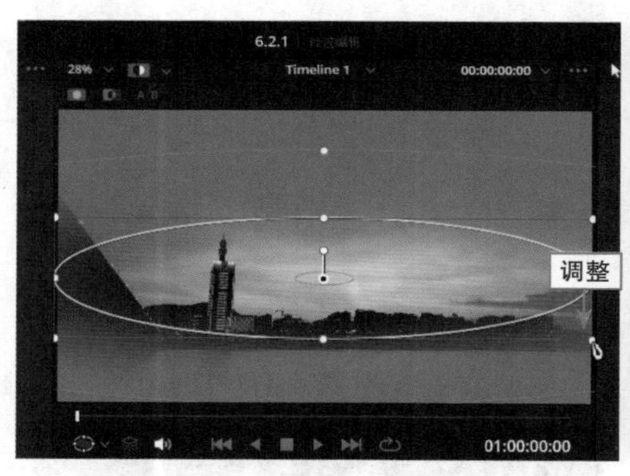

图6.14　调整位置和形状大小

图6.15　调整“偏移”参数

步骤 11 在“节点”面板中编号 02 的节点上右击，在弹出的快捷菜单中选择“添加节点”|“添加串行节点”命令，如图 6.16 所示。

步骤 12 此时可添加一个编号为 03 的串行节点，如图 6.17 所示。

步骤 13 展开“色轮”面板，设置“饱和度”参数为 68.20，如图 6.18 所示，即可调整整体画面的色彩，使画面更加精美。

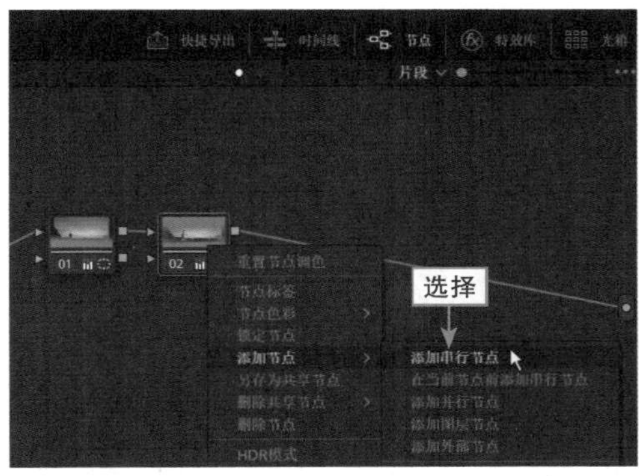

图6.16 选择“添加串行节点”命令

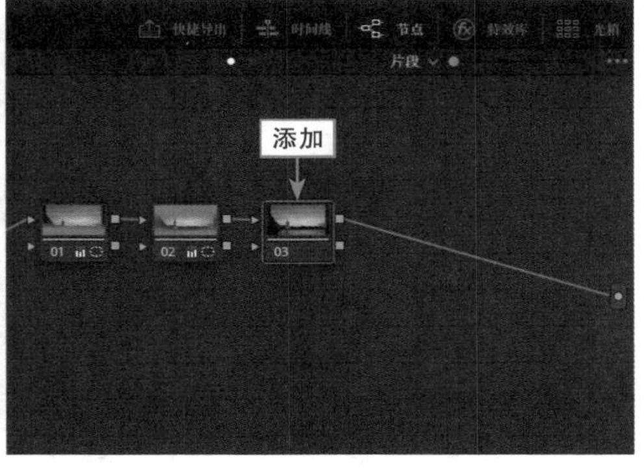

图6.17 添加03的串行节点

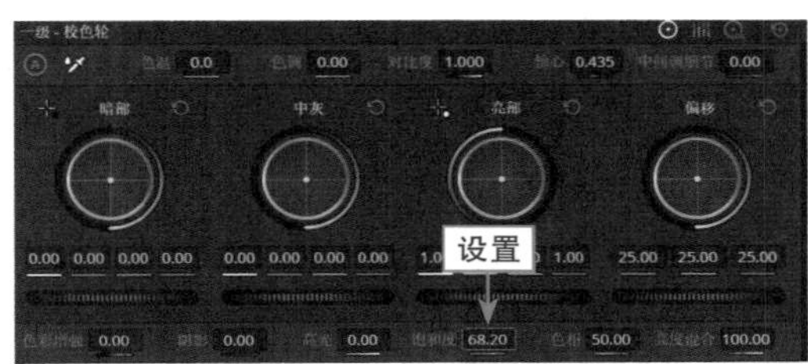

图6.18 设置“饱和度”参数

6.2.2 练习实例：并行节点调色

【效果展示】在达芬奇软件中，并行节点的作用是把并行结构中的节点之间的调色结果进行叠加混合。调色前后对比效果如图6.19所示。

图6.19 调色前后对比效果

扫码看效果

扫码看教程

下面介绍通过并行节点对视频进行叠加混合调色的操作方法。

步骤 01 打开一个项目文件，进入“剪辑”步骤面板，如图6.20所示，显示的图像画面饱和度有些欠缺，需要提高画面的饱和度。本素材图像画面可以分为天空和山峰两个区域进行调色。

步骤 02 切换至“调色”步骤面板，在“节点”面板中选择编号为01的节点，如图6.21所示，在“检查器”面板中单击“突出显示”按钮。

图6.20　打开一个项目文件

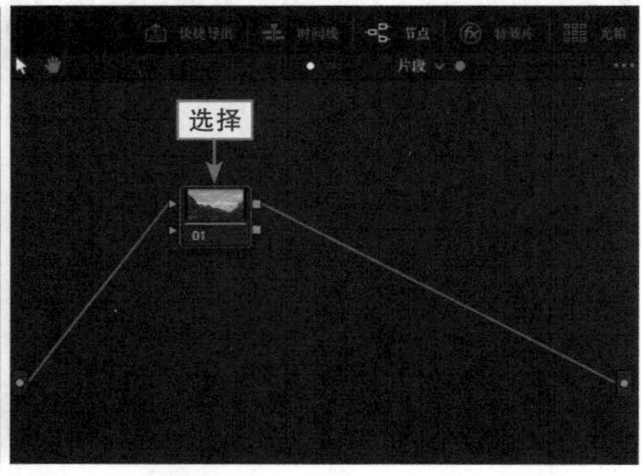

图6.21　选择编号为01的节点

步骤 03 切换至“限定器”面板，应用“拾取器”工具在预览窗口的图像上选取天空区域画面，未被选取的山峰区域则呈灰色显示，如图 6.22 所示。

步骤 04 在“节点”面板中可以查看选取区域画面后 01 节点缩略图显示的画面效果，如图 6.23 所示。

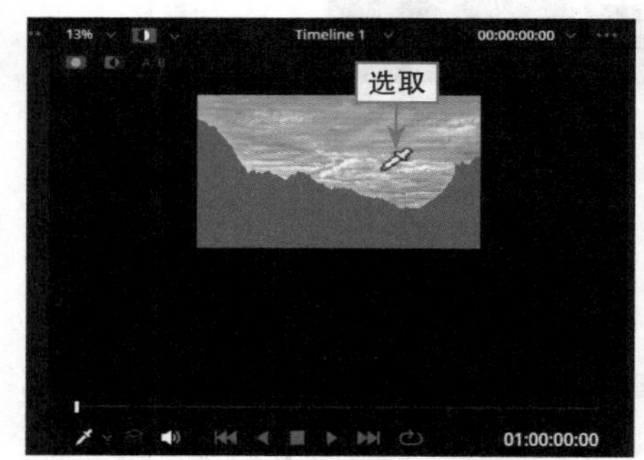

图6.22　选取天空区域画面

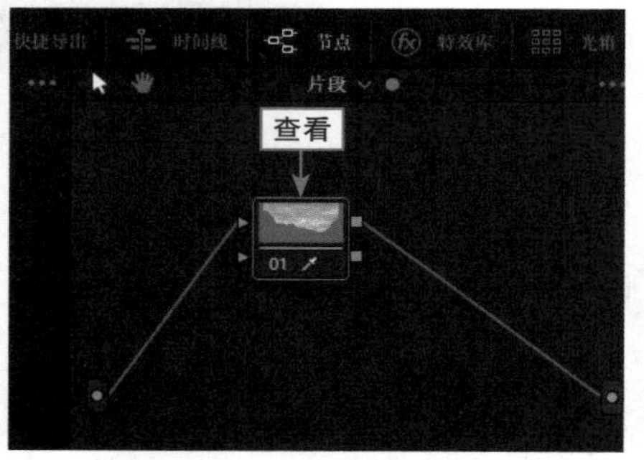

图6.23　查看01节点缩略图

步骤 05 切换至“色轮”面板，设置“饱和度”参数为 90.00，即可提升画面中天空的饱和度，如图 6.24 所示。

步骤 06 在“检查器”面板中取消“突出显示”按钮，在预览窗口中查看画面效果，如图 6.25 所示。

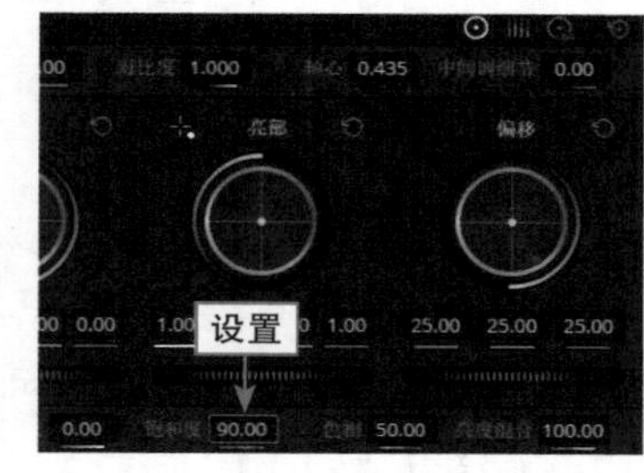

图6.24　设置“饱和度”参数

图6.25　查看画面效果

步骤 07 再次单击“突出显示”按钮，在“节点”面板中选中01节点右击，在弹出的快捷菜单中选择“添加节点”|“添加并行节点”命令，如图6.26所示。

步骤 08 此时可在01节点的下方和右侧添加一个编号为02的并行节点和一个“并行混合器”节点，如图6.27所示。与串行节点不同，并行节点的RGB输入连接的是“源”图标，01节点调色后的效果并未输出到02节点上，而是输出到了“并行混合器”节点上。因此，02节点显示的图像RGB信息还是原素材图像信息。

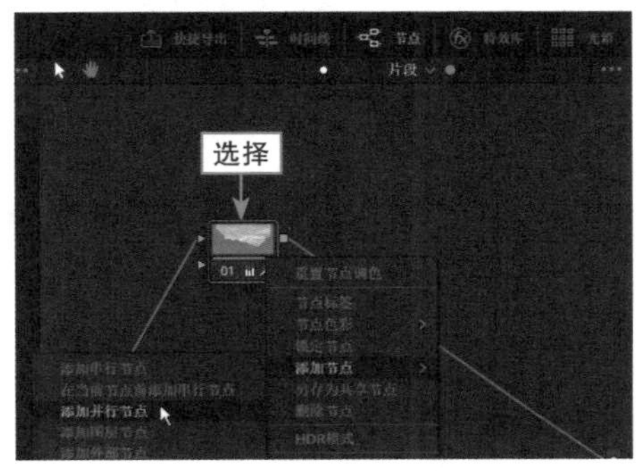

图6.26 选择“添加并行节点”命令

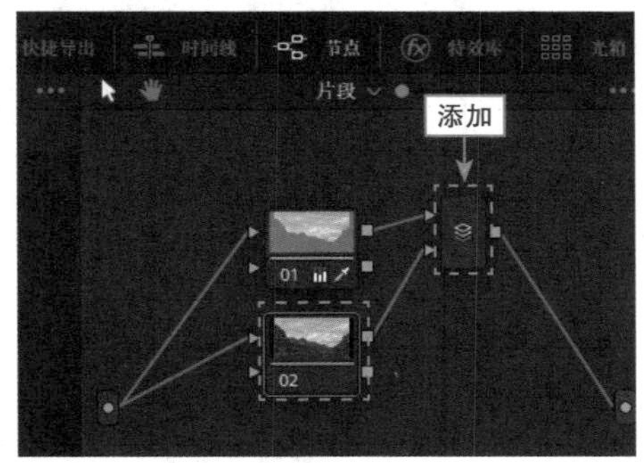

图6.27 添加02的并行节点和“并行混合器”节点

步骤 09 切换至“限定器”面板，单击“拾取器”按钮，如图6.28所示。

步骤 10 在预览窗口的图像上再次选取天空区域画面，然后返回“限定器”面板，单击“反向”按钮，如图6.29所示。

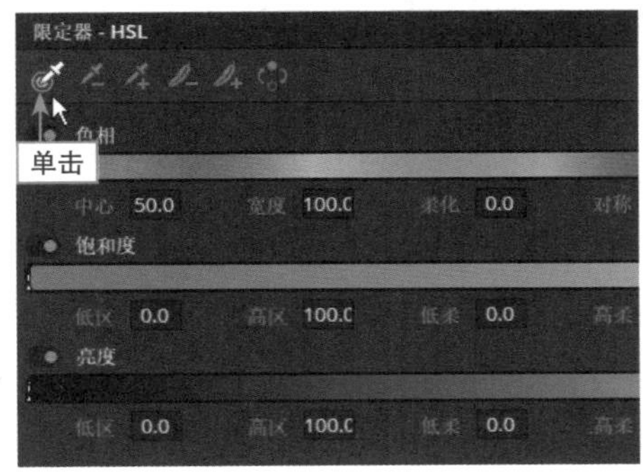

图6.28 单击“拾取器”按钮

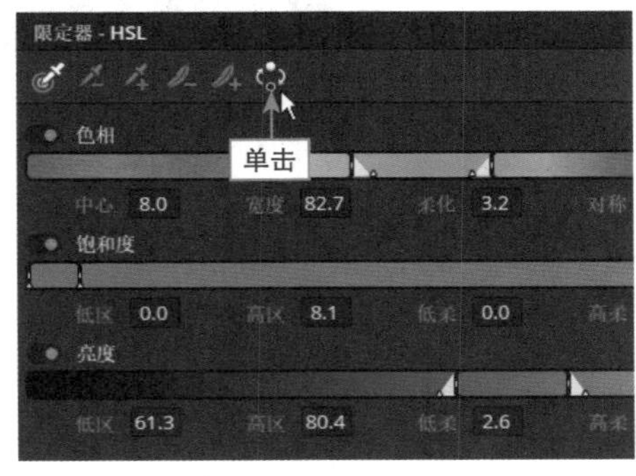

图6.29 单击“反向”按钮

步骤 11 在预览窗口中可以查看选取的山峰区域画面，如图6.30所示。

步骤 12 切换至“色轮”面板，设置“饱和度”参数为90.00，提高山峰画面的饱和度，即可完成并行节点调色操作，如图6.31所示。

图 6.30　查看选取的山峰区域画面

图 6.31　设置"饱和度"参数

▶ 温馨提示

在"节点"面板中选择"并行混合器"节点并右击，在弹出的快捷菜单中选择"变换为图层混合器节点"命令，如图 6.32 所示，即可将"并行混合器"节点更换为"图层混合器"节点。

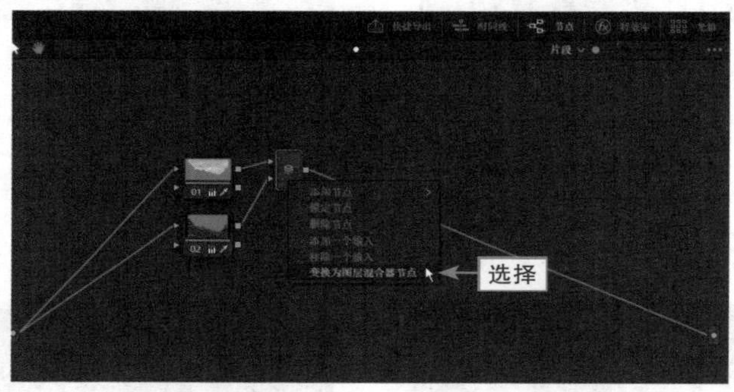

图 6.32　选择"变换为图层混合器节点"命令

举一反三：键混合器节点调色

【效果展示】在每个调色节点上都有一个"键输入"或"键输出"图标，即表示每个调色节点上都包含 Alpha 通道信息。在"节点"面板中，"键混合器"节点可以将不同节点上的 Alpha 通道信息相加或相减，通过校色操作输出最终效果，调色前后对比效果如图 6.33 所示。

扫码看效果

扫码看教程

图 6.33　调色前后对比效果

下面介绍运用键混合器节点调色的操作方法。

步骤 01 打开一个项目文件，进入“剪辑”步骤面板，如图6.34所示，现需要修改图像画面中包包的颜色。可以通过选取包包颜色，运用“键混合器”节点调整色相，输出调色效果。

步骤 02 切换至“调色”步骤面板，在“节点”面板中选择编号为01的节点，如图6.35所示。

图6.34 打开一个项目文件

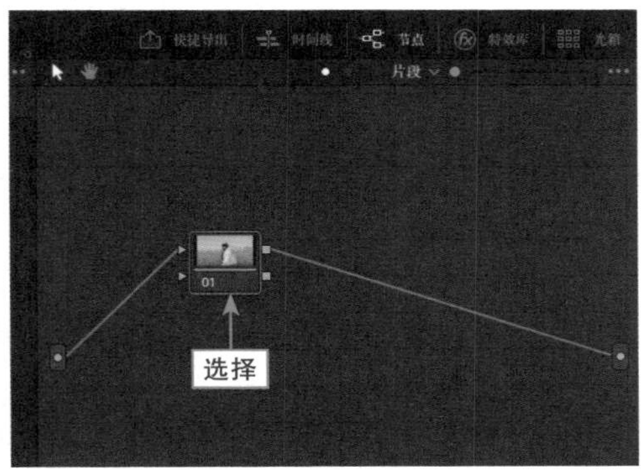

图6.35 选择编号为01的节点

步骤 03 在“检查器”面板中单击“突出显示”按钮，方便查看后续选取的颜色，如图6.36所示。

步骤 04 展开“窗口”面板，单击曲线的“窗口激活”按钮，如图6.37所示。

图6.36 单击“突出显示”按钮

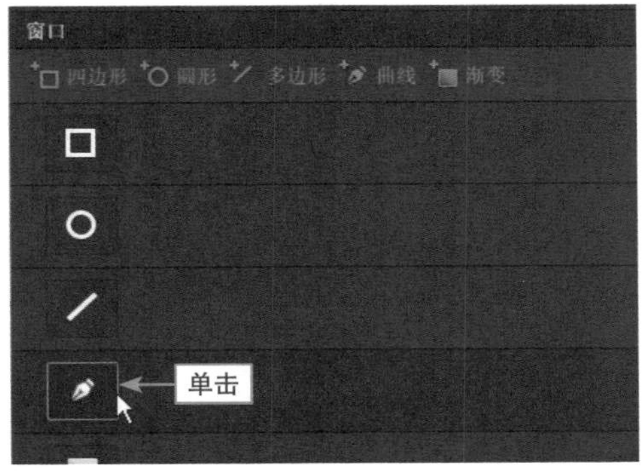

图6.37 单击曲线的“窗口激活”按钮

步骤 05 在预览窗口的图像上绘制一个窗口蒙版，如图6.38所示。

步骤 06 在“节点”面板中的01节点上右击，在弹出的快捷菜单中选择“添加节点”|“添加并行节点”命令，如图6.39所示，即可在“节点”面板中添加一个编号为02的并行节点和一个“并行混合器”节点。

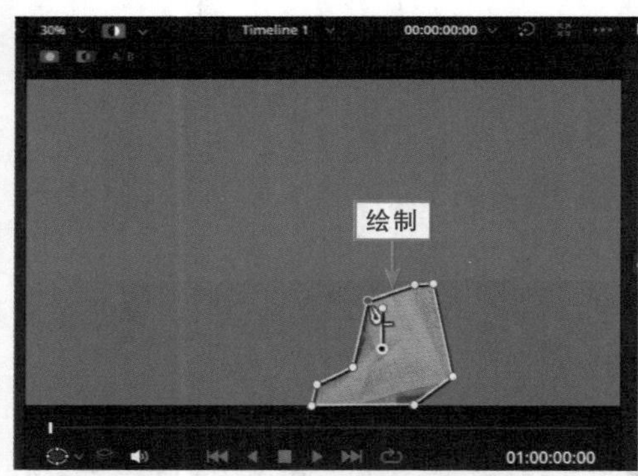

图6.38　绘制一个窗口蒙版

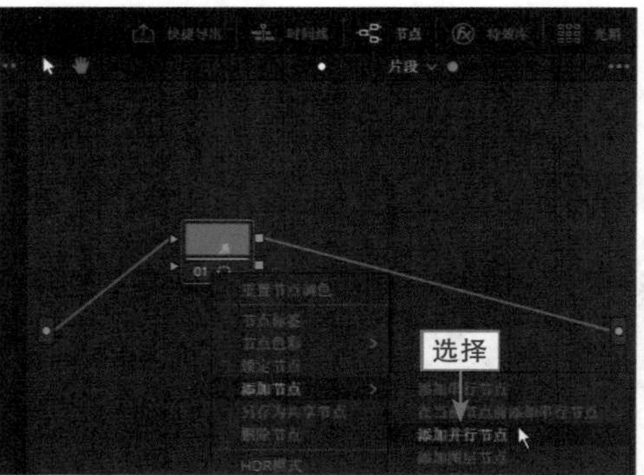

图6.39　选择"添加并行节点"命令

步骤 07 用同样的方法，单击曲线的"窗口激活"按钮，在预览窗口的图像上绘制一个窗口蒙版，如图 6.40 所示。

步骤 08 在"节点"面板中选择 02 节点并右击，在弹出的快捷菜单中选择"添加节点"|"添加并行节点"命令，如图 6.41 所示，添加一个编号为 03 的并行节点和一个"并行混合器"节点。

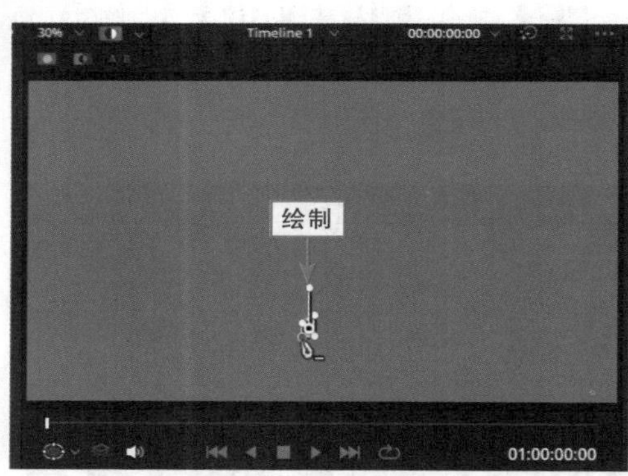

图6.40　绘制一个窗口蒙版

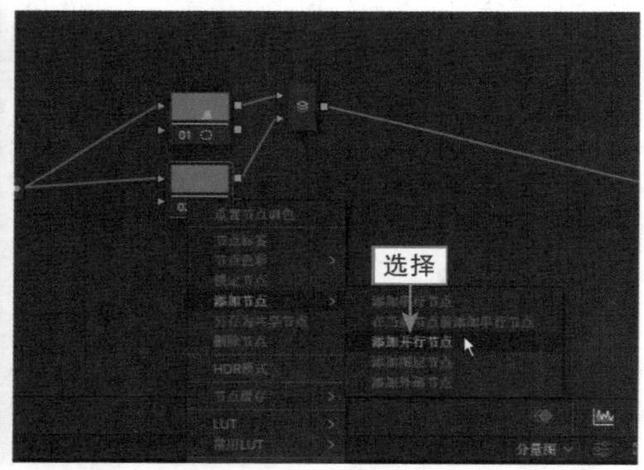

图6.41　选择"添加并行节点"命令

步骤 09 在"节点"面板的空白位置处右击，在弹出的快捷菜单中选择"添加节点"|"键混合器"命令，如图 6.42 所示。

步骤 10 此时可添加一个"键混合器"节点，如图 6.43 所示。

步骤 11 将 01 节点和 02 节点的"键输出"图标与"键混合器"节点的两个"键输入"图标相连接，如图 6.44 所示。

步骤 12 拖曳 03 节点至"键混合器"节点的右下角，连接"键混合器"节点的"键输出"图标与 03 节点的"键输入"图标，如图 6.45 所示。

步骤 13 展开"色轮"面板，单击"偏移"色轮中间的圆圈，按住鼠标左键向橙色区块拖曳，至合适位置后释放鼠标左键，调整偏移参数，如图 6.46 所示，即可改变包包的颜色，让包包的颜色更加明亮，用户也可以根据自己喜欢的颜色进行调色。

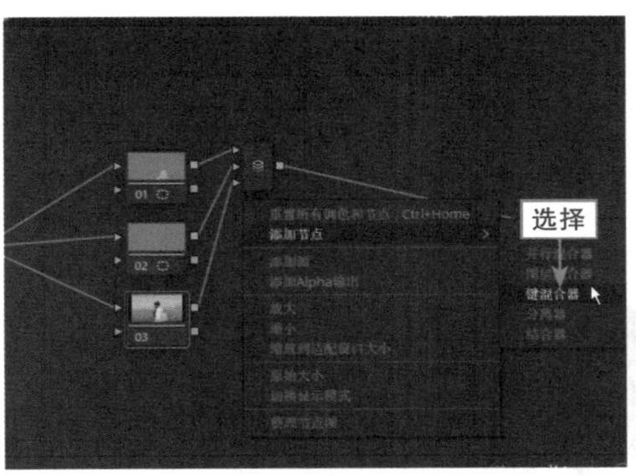

图6.42 选择“键混合器”命令

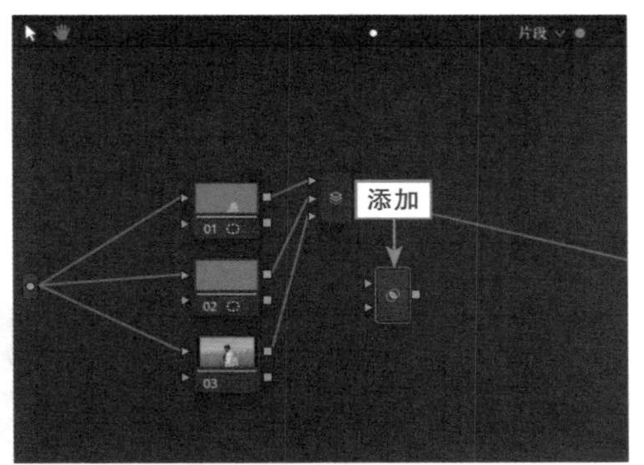

图6.43 添加“键混合器”节点

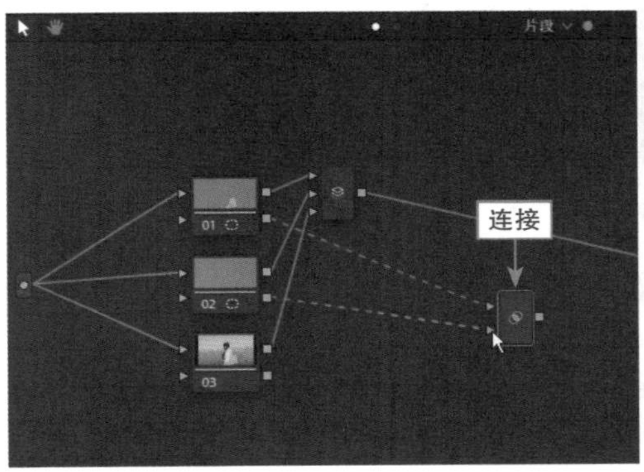

图6.44 连接01节点和02节点的“键”

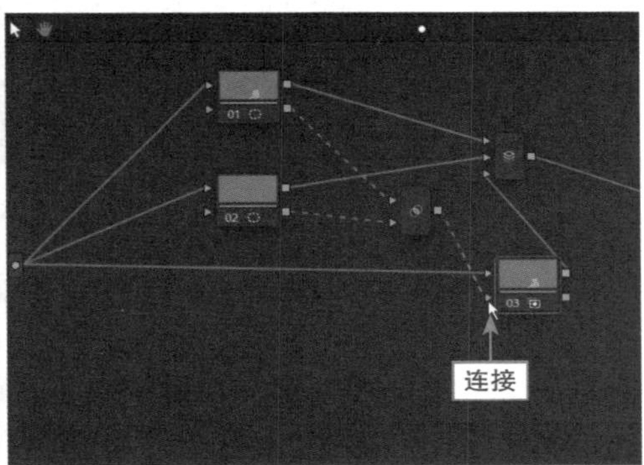

图6.45 连接相应图标

图6.46 调整“偏移”参数

6.3 调出抖音热门视频

当用户选择“节点”面板中添加的节点后，即可通过节点对视频进行调色。下面介绍应用节点制作抖音热门调色视频的操作方法。

6.3.1 练习实例：抠像处理

【效果展示】通过前文学习，已经了解到达芬奇可以对含有Alpha通道信息的素材图像进行调色处理，不仅如此，达芬奇还可以对含有Alpha通道信息的素材画面进行抠像透明处理，效果如图6.47所示。

扫码看效果

扫码看教程

图6.47 抠像处理效果

下面介绍对视频进行抠像透明处理的操作方法。

步骤 01 打开一个项目文件，进入“剪辑”步骤面板，如图 6.48 所示。

步骤 02 在“时间线”面板中，V1 轨道上的素材为背景素材，双击背景素材，在预览窗口中可以查看背景素材画面效果，如图 6.49 所示。

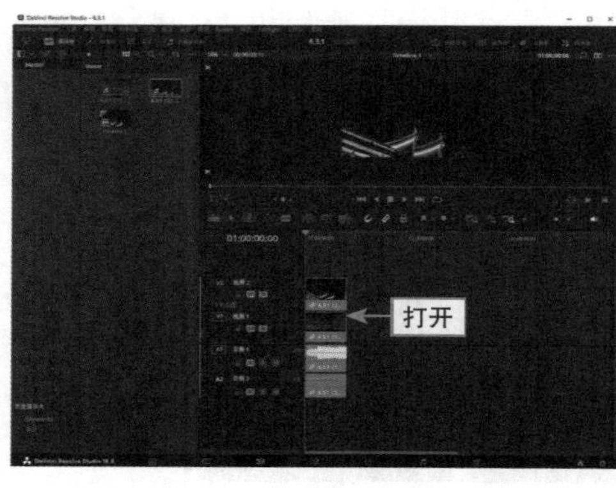

图6.48 打开一个项目文件

图6.49 背景素材画面效果

步骤 03 在“时间线”面板中，V2 轨道上的素材为待处理的蒙版素材，双击蒙版素材，在预览窗口中可以查看蒙版素材画面效果，如图 6.50 所示。

步骤 04 切换至“调色”步骤面板，单击“窗口”按钮，如图 6.51 所示，展开“窗口”面板。

步骤 05 在“窗口”预设面板中单击曲线的“窗口激活”按钮，如图 6.52 所示。

步骤 06 在预览窗口的图像上绘制一个窗口蒙版，如图 6.53 所示。

图6.50　蒙版素材画面效果

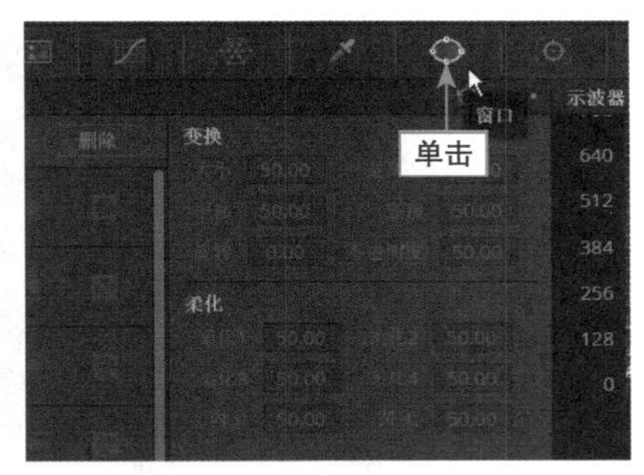

图6.51　单击“窗口”按钮

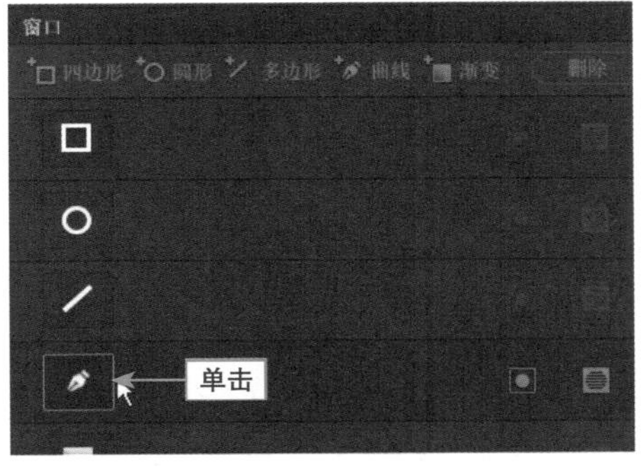

图6.52　单击曲线“窗口激活”按钮

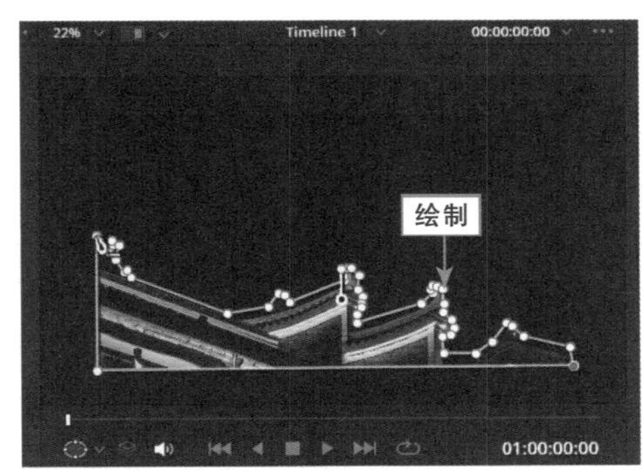

图6.53　绘制一个窗口蒙版

步骤 07　在“节点”面板的空白位置处右击，在弹出的快捷菜单中选择“添加 Alpha 输出”命令，如图 6.54 所示。

步骤 08　此时在“节点”面板的右侧即可添加一个“Alpha 最终输出”图标，如图 6.55 所示。

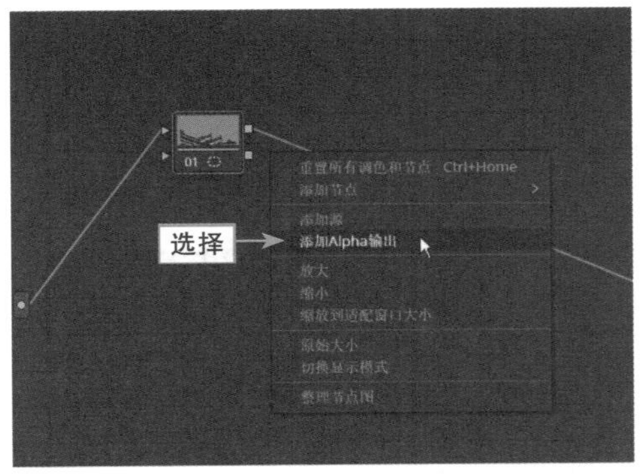

图6.54　选择“添加Alpha输出”命令

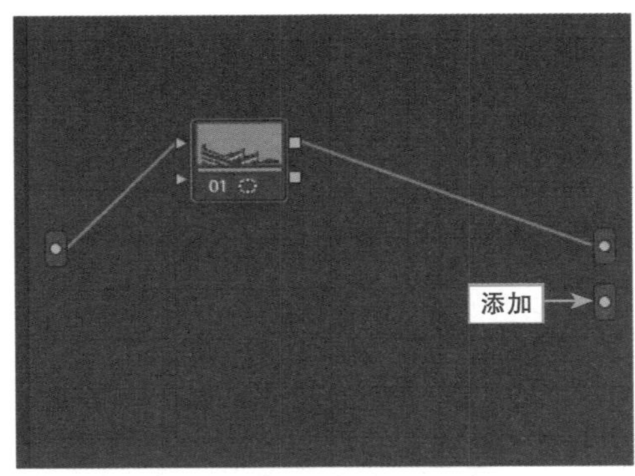

图6.55　添加一个“Alpha最终输出”图标

步骤 09　连接 01 节点的“键输出”图标与面板右侧的“Alpha 最终输出”图标，如图 6.56 所示。在预览窗口的图像上绘制一个窗口蒙版，即可将两段素材连接成一个完整的视频画面，在预览窗口中查看最终效果。

图 6.56　连接相应图标

6.3.2　练习实例：画面滤色

【效果展示】在"节点"面板中，通过"图层混合器"功能应用滤色合成模式，可以使视频画面变得更加透亮。调色前后对比效果如图 6.57 所示。

扫码看效果

扫码看教程

图 6.57　调色前后对比效果

下面介绍具体的操作方法。

步骤 01　打开一个项目文件，进入"剪辑"步骤面板，如图 6.58 所示，现需要让画面变得更加透亮。

步骤 02　切换至"调色"步骤面板，在"节点"面板中，选择编号为 01 的节点，如图 6.59 所示。

图 6.58　打开一个项目文件

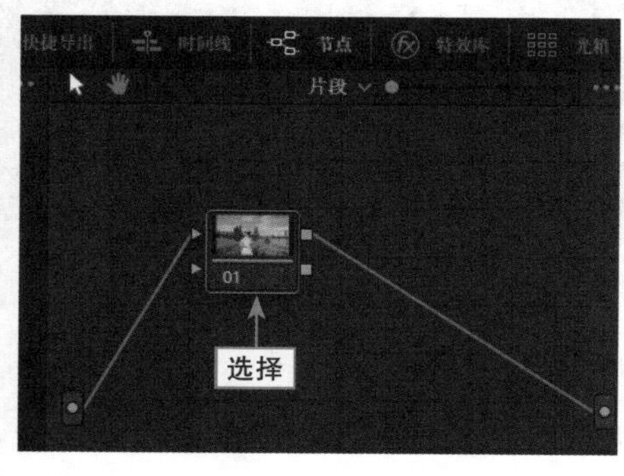

图 6.59　选择编号为 01 的节点

步骤 03 单击鼠标右键，在弹出的快捷菜单中选择“添加节点”|“添加串行节点”命令，如图 6.60 所示。

步骤 04 此时可在“节点”面板中，添加一个编号为 02 的串行节点，如图 6.61 所示。

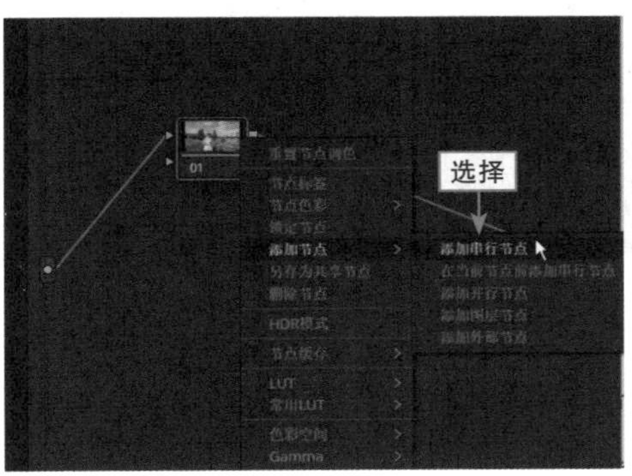

图6.60 选择“添加串行节点”命令

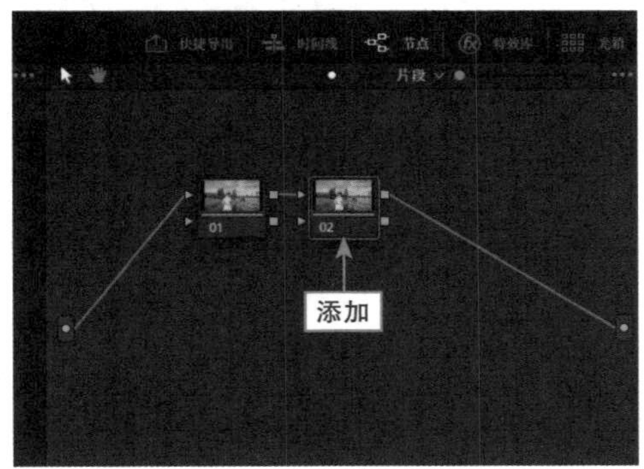

图6.61 添加02串行节点

步骤 05 在 02 节点上右击，在弹出的快捷菜单中选择“添加节点”|“添加图层节点”命令，如图 6.62 所示。

步骤 06 此时可在“节点”面板中，添加一个“图层混合器”和一个编号为 03 的图层节点，选择编号为 03 的图层节点，如图 6.63 所示。

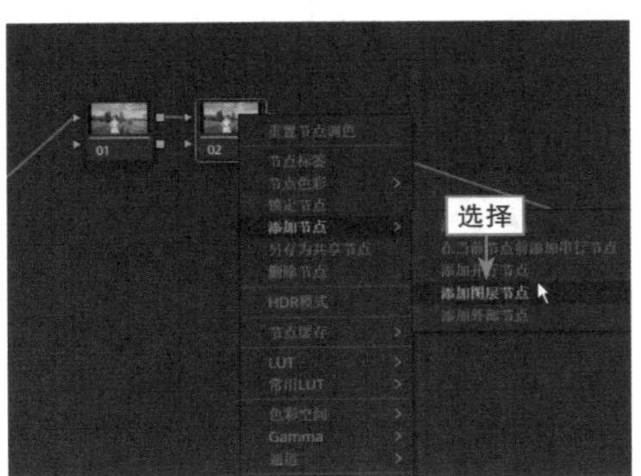

图6.62 选择“添加图层节点”命令

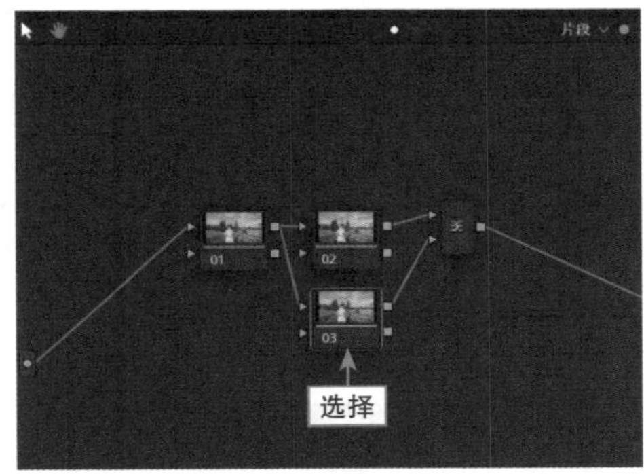

图6.63 选择编号为03的节点

步骤 07 在“色轮”面板中，向右拖曳“亮部”色轮下方的轮盘，直至参数均显示为 1.04，如图 6.64 所示，提升一点亮度，使画面更清晰。

步骤 08 用同样的方法选中“偏移”色轮中心的白色圆圈并往青蓝色方向拖曳，直至参数显示为 21.02、22.78、29.61，如图 6.65 所示，即可使整体画面偏蓝。

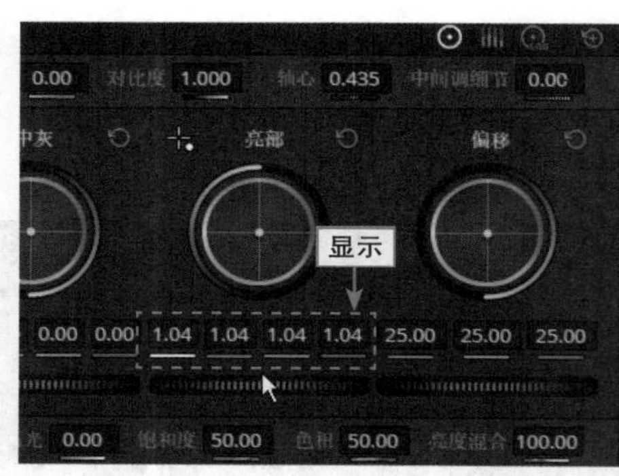

图6.64 调整“亮部”参数

图6.65 调整“偏移”参数

步骤 09 在预览窗口中可以查看画面色彩调整效果，如图 6.66 所示。

步骤 10 在“节点”面板中选择“图层混合器”节点，如图 6.67 所示。

步骤 11 单击鼠标右键，在弹出的快捷菜单中选择“合成模式”|“滤色”命令，如图 6.68 所示。

步骤 12 执行操作后，在预览窗口中查看应用滤色合成模式的画面效果，如图 6.69 所示，可以看到画面中的亮度有点偏高，需要降低画面中的亮度。

图6.66 画面色彩调整效果

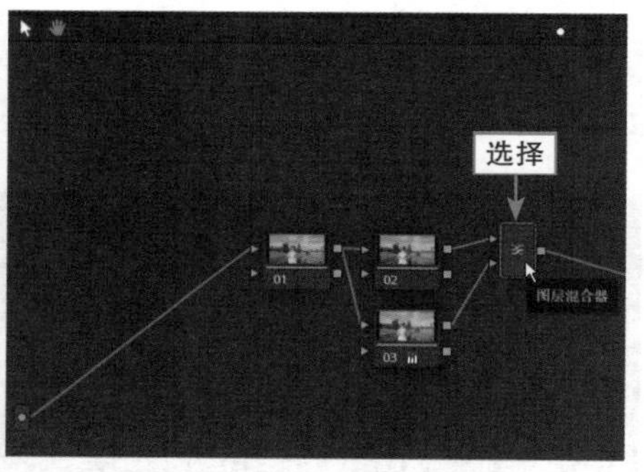

图6.67 选择“图层混合器”节点

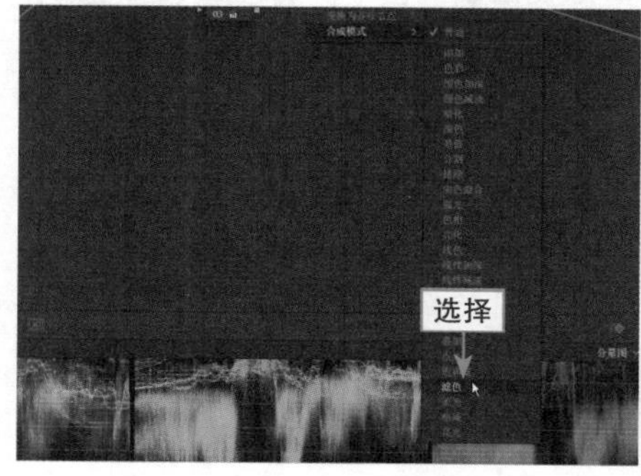

图6.68 选择“滤色”命令

图6.69 应用滤色合成模式的画面效果

步骤 13 在“节点”面板中选择 01 节点，在“色轮”面板中向左拖曳“亮部”色轮下方的轮盘，直至参数均显示为 0.65，如图 6.70 所示，降低画面中的亮度。

步骤 14 设置“饱和度”参数为86.00，如图6.71所示，提升整体画面的色彩浓度，让画面更有质感。

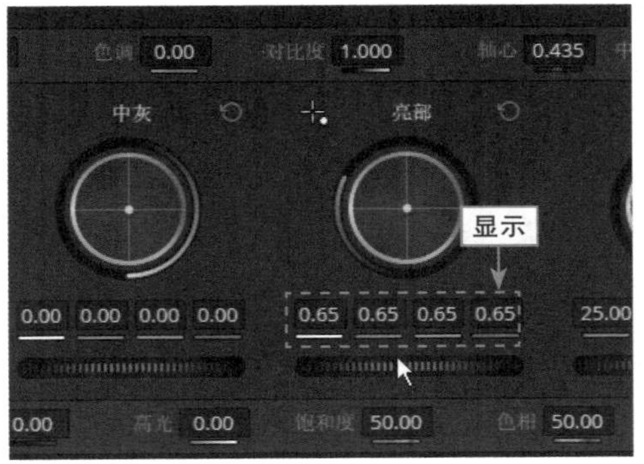

图6.70　拖曳“亮部”色轮下方的轮盘

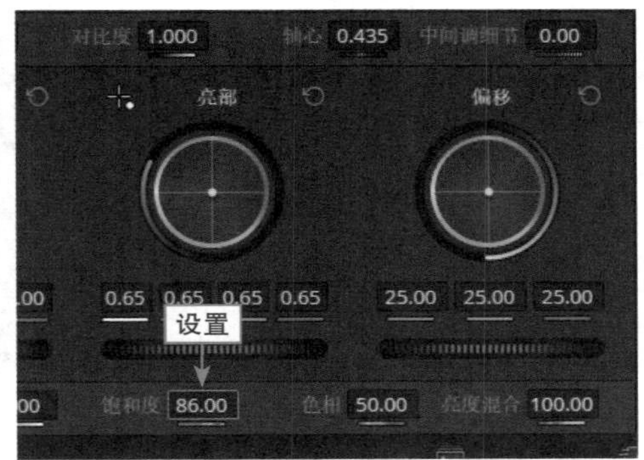

图6.71　设置“饱和度”参数

举一反三：局部修复

【效果展示】前期拍摄人物时，或多或少都会受到周围环境、光线的影响，导致人物肤色不正常。在达芬奇软件中的矢量图示波器中可以显示人物肤色指示线，用户可以通过矢量图示波器来修复人物的肤色。调色前后对比效果如图6.72所示。

扫码看效果

扫码看教程

图6.72　调色前后对比效果

下面介绍局部修复人物肤色的操作方法。

步骤 01 打开一个项目文件，进入“剪辑”步骤面板，如图6.73所示，画面中的人物肤色偏黄偏暗，需要提亮画面中人物的肤色。

步骤 02 切换至“调色”步骤面板，在“节点”面板中选择编号为01的节点，如图6.74所示。

步骤 03 展开“色轮”面板，向右拖曳“亮部”色轮下方的轮盘，直至参数均显示为1.07，如图6.75所示。

步骤 04 此时人物肤色更亮，皮肤更有光泽，效果如图6.76所示。

图 6.73　打开一个项目文件

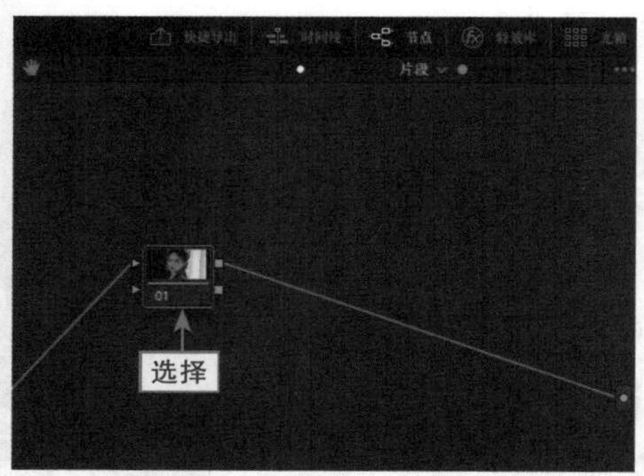

图 6.74　选择编号为 01 的节点

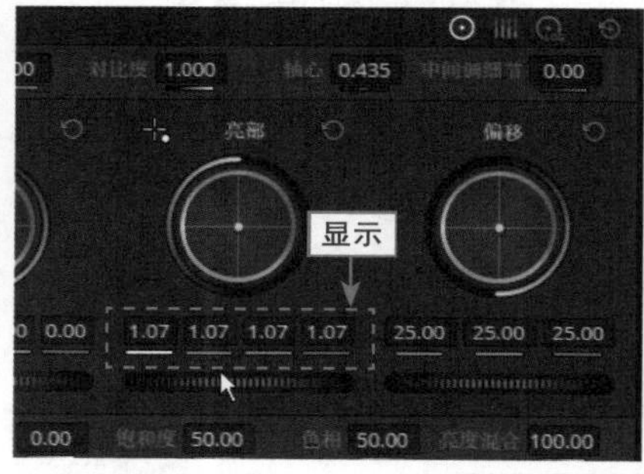

图 6.75　拖曳“亮部”色轮下方的轮盘

图 6.76　提亮人物肤色

步骤 05 在“节点”面板中选中 01 节点，右击，在弹出的快捷菜单中选择“添加节点”|“添加串行节点”命令，如图 6.77 所示，即可在“节点”面板中添加一个编号为 02 的串行节点。

步骤 06 展开“示波器”面板，在示波器窗口的右上角单击下拉按钮，在弹出的下拉列表框中选择“矢量图”选项，如图 6.78 所示。

图 6.77　选择“添加串行节点”命令

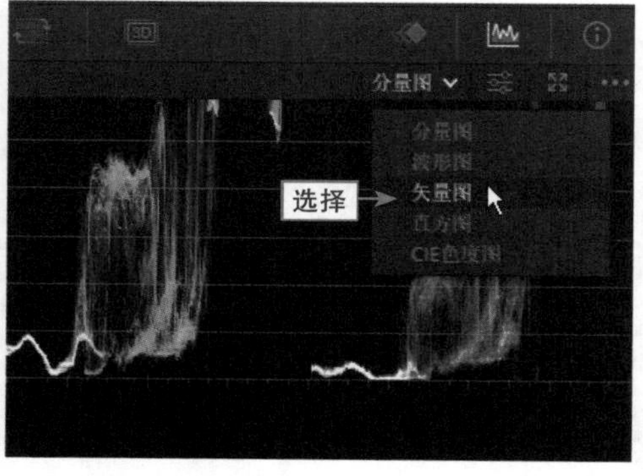

图 6.78　选择“矢量图”选项

步骤 07 此时即打开“矢量图”示波器面板，在右上角单击“设置”图标，如图 6.79 所示。

步骤 08 弹出相应面板，勾选“显示肤色指示线”复选框，如图 6.80 所示。

步骤 09 此时在矢量图上显示肤色指示线，效果如图 6.81 所示，可以看到色彩矢量波形明显偏离肤色指示线。

步骤 10 展开“限定器 -HSL”面板，在面板中单击“拾取器”按钮，如图 6.82 所示，在“检查器”面板的上方单击“突出显示”按钮。

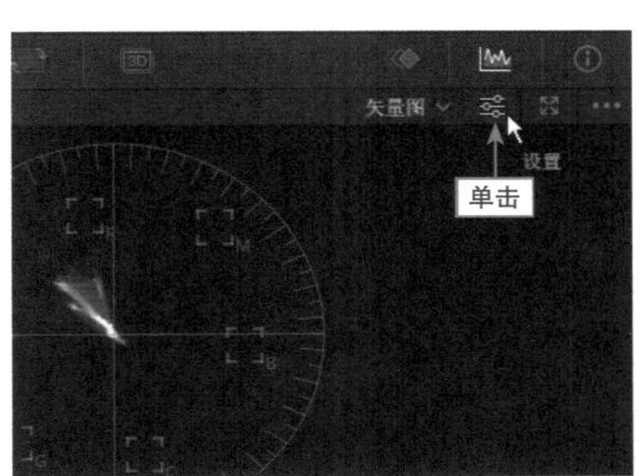

图 6.79 单击“设置”图标

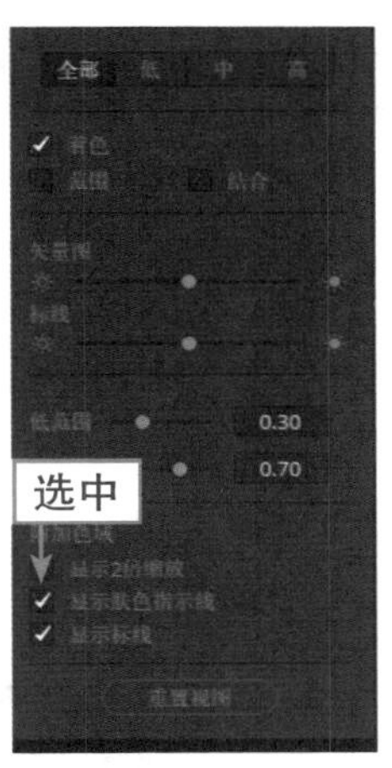

图 6.80 勾选“显示肤色指示线”复选框

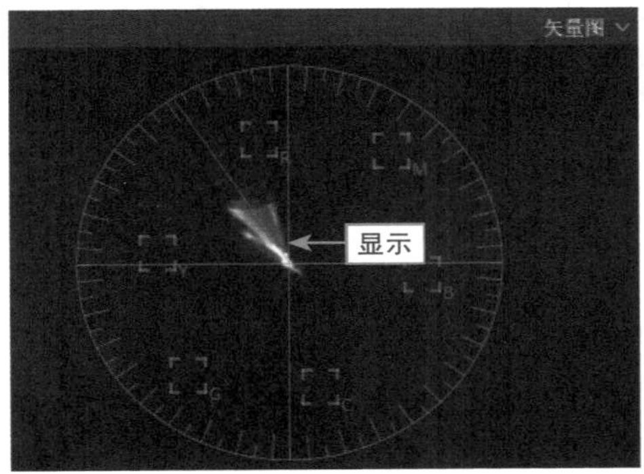

图 6.81 显示肤色指示线

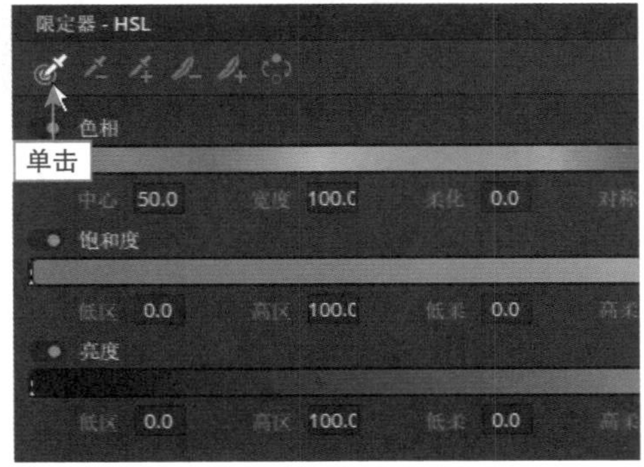

图 6.82 单击“拾取器”按钮

步骤 11 在预览窗口中按住鼠标左键，拖曳鼠标指针选取人物皮肤，如图 6.83 所示。

步骤 12 展开“色轮”面板，向右拖曳“亮部”色轮下方的轮盘，直至参数均显示为 1.26，如图 6.84 所示，提升整体肤色。此时，“矢量图”示波器面板中的色彩矢量波形已与肤色指示线重叠。

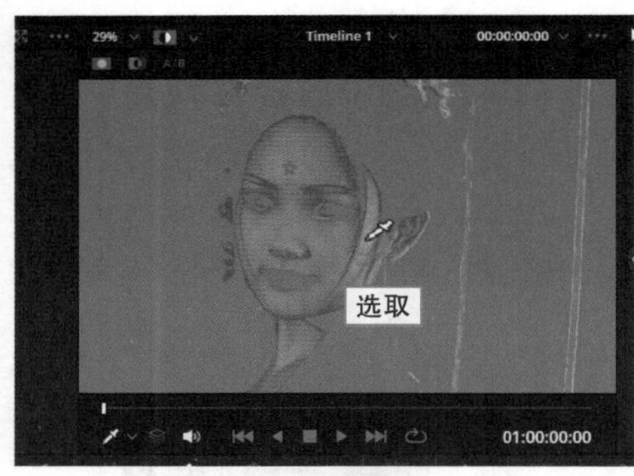

图6.83　选取人物皮肤

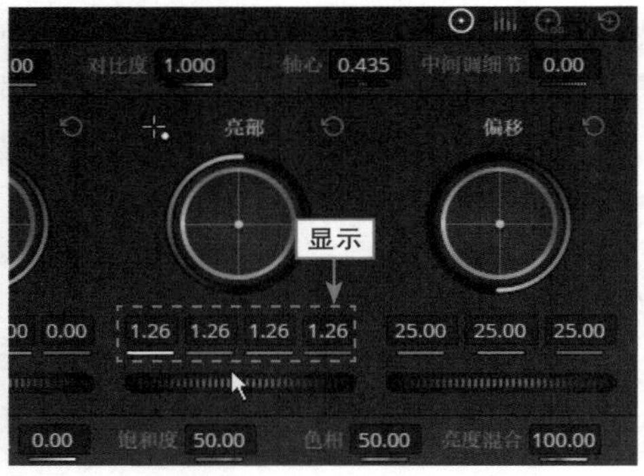

图6.84　调整“亮部”参数

课后习题：调出黑金色调

本习题需要掌握在达芬奇中调出一个比较热门的黑金色调的方法，有很多摄影爱好者和调色师都会将拍摄的夜景调成黑金色调，调色前后对比效果如图6.85所示。

扫码看效果

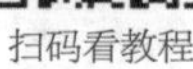

扫码看教程

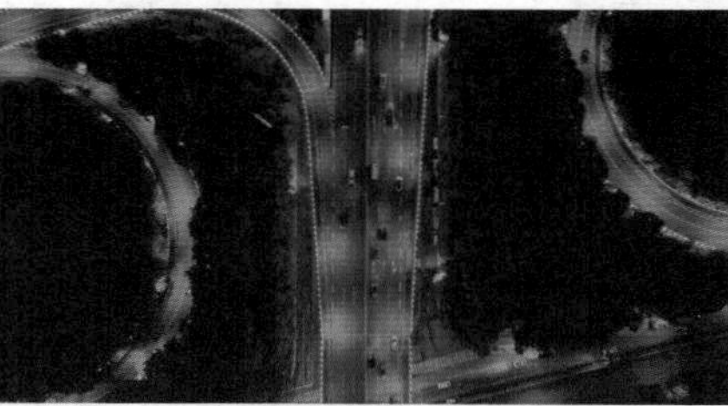

图6.85　调色前后对比效果

模拟考试

主题：对人物进行柔光处理。

要求：

（1）准备一段人像视频素材。

（2）选用背景简单的素材。

考查知识点：调色面板、节点面板、曲线、添加图层节点、强光、模糊。

LUT与滤镜调色

第 7 章

本章要点

在达芬奇软件中，LUT 相当于一个滤镜“神器”，可以帮助用户实现各种调色风格。本章主要介绍达芬奇中 LUT 的使用方法、应用特效面板中的滤镜特效以及抖音热门影调色调的制作方法等内容。

7.1 使用LUT功能进行调色处理

LUT是什么？ LUT是Look Up Table的简称，可以将其理解为查找表或查色表。在达芬奇中，LUT相当于胶片滤镜库，LUT的功能分为三部分，一是色彩管理，可以确保素材图像在显示器上显示的色彩均衡一致；二是技术转换，当用户需要将图像中的A色彩转换为B色彩时，LUT在图像色彩转换生成的过程中准确度更高；三是影调风格，LUT支持多种胶片滤镜效果，方便用户制作特殊的影视图像。

7.1.1 练习实例：直接使用面板中的LUT调色

【效果展示】在达芬奇中提供了LUT面板，与1D LUT不同的是，LUT不仅可以改变图像的亮度，还可以改变图像色彩的色相，方便用户直接调用LUT胶片滤镜对素材文件进行调色处理。调色前后对比效果如图7.1所示。

扫码看效果

扫码看教程

图7.1 调色前后对比效果

下面介绍在达芬奇软件中直接使用面板中的LUT调色的具体操作。

步骤 01 打开一个项目文件，进入"剪辑"步骤面板，如图7.2所示，可以看出画面色彩比较暗沉，我们可以通过LUT里面的滤镜进行调色。

步骤 02 切换至"调色"步骤面板，在左上角单击"LUT库"按钮，如图7.3所示。

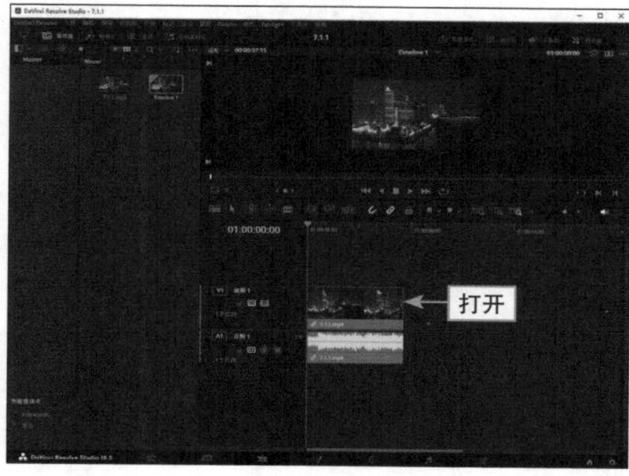

图7.2 打开一个项目文件

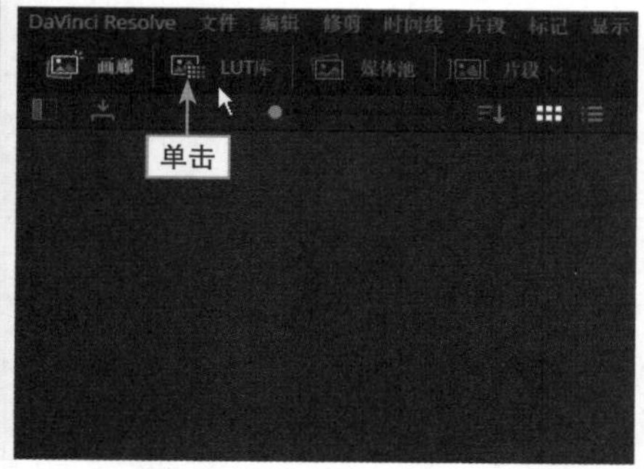

图7.3 单击"LUT库"按钮

步骤 03 展开 LUT 面板，在左侧选择 Sony 选项，然后选择第 3 个滤镜样式，如图 7.4 所示。

步骤 04 按住鼠标左键将滤镜拖曳至预览窗口中的图像上，如图 7.5 所示，释放鼠标左键，即可将选择的滤镜样式添加至视频素材上，在预览窗口中查看效果。

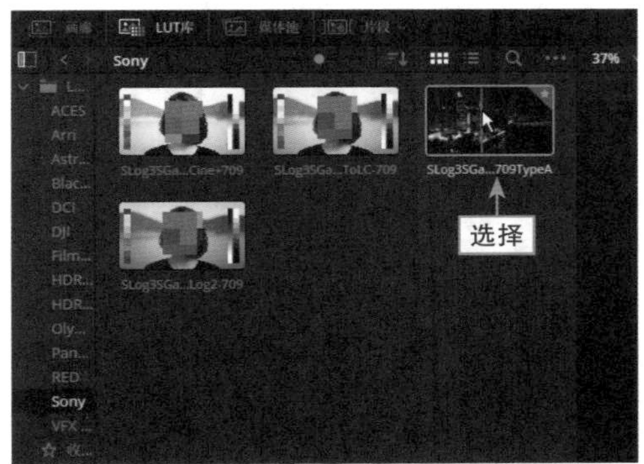

图7.4 选择第3个滤镜样式

图7.5 拖曳滤镜至预览窗口中的图像上

7.1.2 练习实例：应用LUT还原画面色彩

【效果展示】在达芬奇软件中，应用LUT胶片滤镜可以还原画面色彩。调色前后对比效果如图7.6所示。

图7.6 调色前后对比效果

扫码看效果

扫码看教程

下面介绍使用LUT滤镜对素材文件进行色彩还原的操作方法。

步骤 01 打开一个项目文件，进入“剪辑”步骤面板，如图 7.7 所示，可以看到画面色彩有点欠缺，需要提升画面色彩。

步骤 02 切换至“调色”步骤面板，即可展开“节点”面板，选中 01 节点，如图 7.8 所示。

步骤 03 单击鼠标右键，在弹出的快捷菜单中选择 LUT | DJI | DJI_Phantom4_DLOG2Rec709 命令，如图 7.9 所示，即可还原画面色彩。

步骤 04 在预览窗口中可以查看应用 LUT 滤镜后的项目效果，如图 7.10 所示。

步骤 05 在“节点”面板中添加一个编号为 02 的串行节点，如图 7.11 所示。

步骤 06 在“色轮”面板中设置“对比度”参数为 0.840，如图 7.12 所示，降低画面明暗对比程度，使画面更加自然。

图 7.7　打开一个项目文件

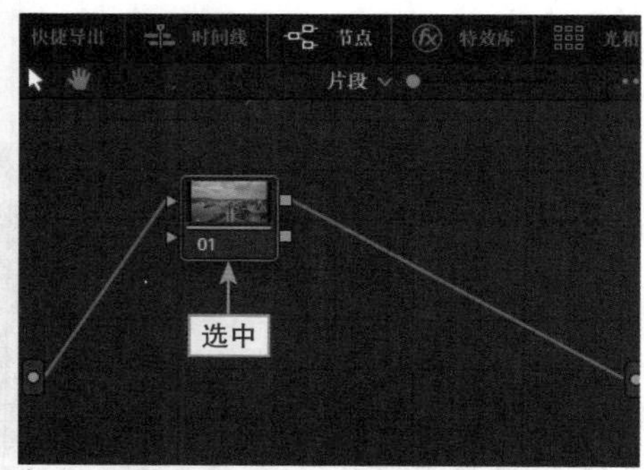

图 7.8　选中 01 节点

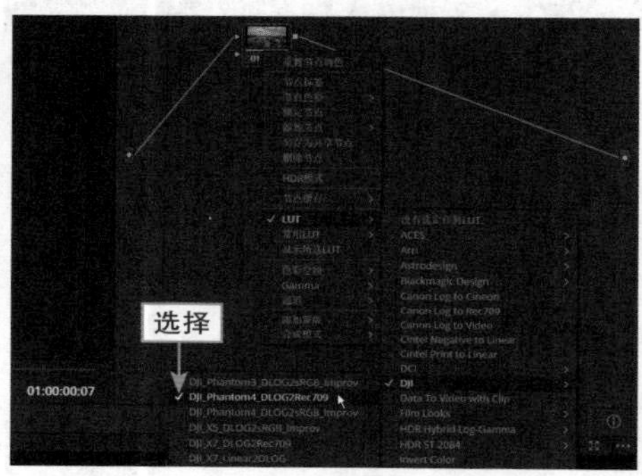

图 7.9　选择 DJI_Phantom4_DLOG2Rec709 命令

图 7.10　应用 LUT 胶片滤镜后的项目效果

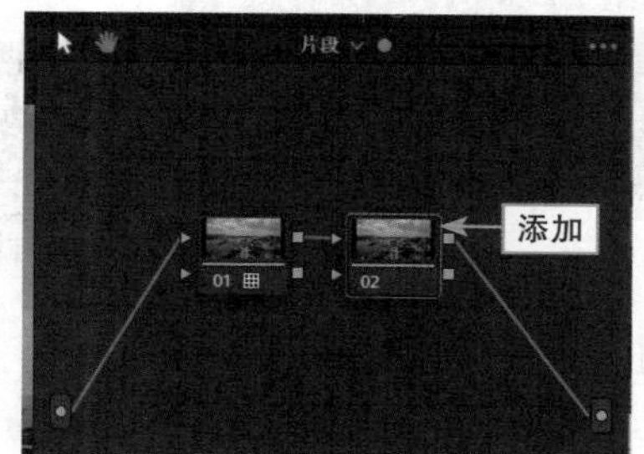

图 7.11　添加 02 串行节点

图 7.12　设置“对比度”参数

7.2　应用效果面板中的滤镜

滤镜是指可以应用到视频素材中的效果，可以改变视频文件的外观和样式。对视频素材进行编辑时，应用视频滤镜不仅可以掩饰视频素材的瑕疵，还可以让视频产生绚丽的视觉效果，使制作出来的视频更具表现力。

7.2.1 练习实例：Resolve FX美化

【效果展示】在达芬奇的“Resolve FX美化”滤镜组中，应用“面部修饰”滤镜效果可以使人像图像变得更加精致，使人物皮肤看起来更加光洁、亮丽。调色前后对比效果如图7.13所示。

扫码看效果

扫码看教程

图7.13 调色前后对比效果

下面介绍具体的操作方法。

步骤 01 打开一个项目文件，进入“剪辑”步骤面板，如图7.14所示，可以看出画面中的人物皮肤不够精致。

步骤 02 切换至“调色”步骤面板，展开“特效库”|“素材库”选项卡，在“Resolve FX 美化”滤镜组中选择“面部修饰”滤镜特效，如图7.15所示。

图7.14 打开一个项目文件

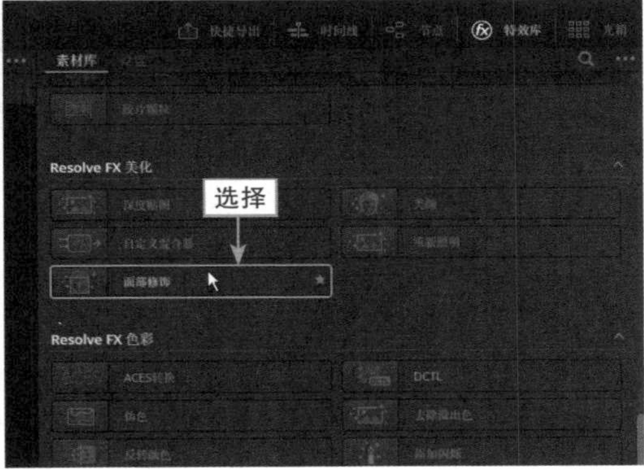

图7.15 选择“面部修饰”滤镜特效

步骤 03 按住鼠标左键将滤镜拖曳至“节点”面板的01节点上，释放鼠标左键，即可在调色提示区显示一个滤镜图标，表示添加的滤镜特效，如图7.16所示。

步骤 04 切换至“设置”选项卡，在“面部修饰”选项区中，单击“分析”按钮，如图7.17所示。

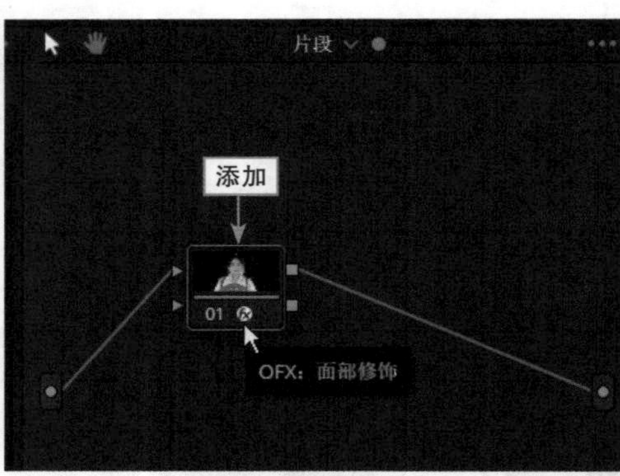

图7.16　在01节点上添加滤镜特效

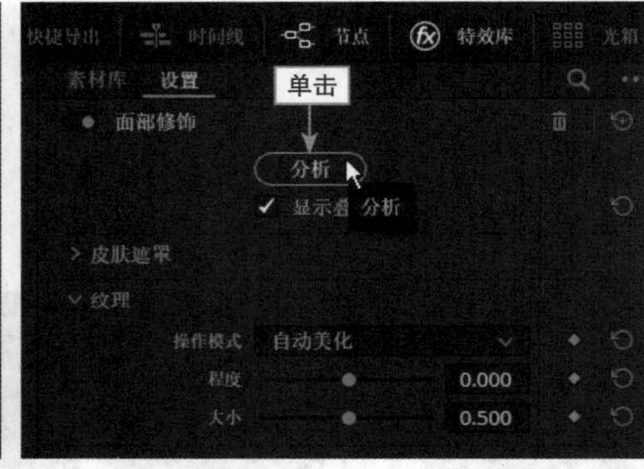

图7.17　单击“分析”按钮

步骤 05　执行操作后，弹出 Face Analysis 对话框，可以查看添加的进度，如图 7.18 所示。

步骤 06　在预览窗口中查看添加的效果，如图 7.19 所示。

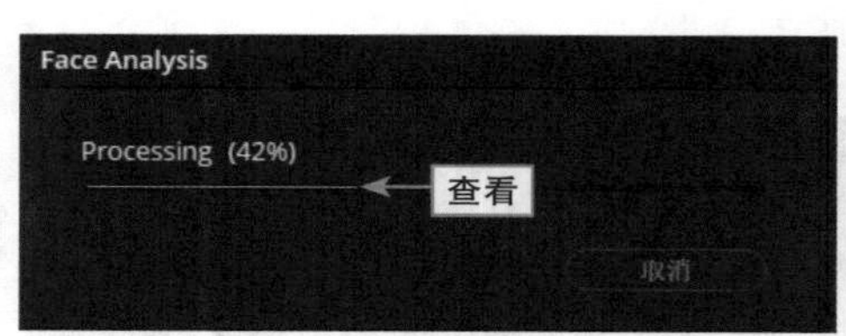

图7.18　查看添加的进度

图7.19　查看添加的效果

步骤 07　展开“纹理”选项区，在“操作模式”下拉列表框中选择“高级美化”选项，如图 7.20 所示。

步骤 08　在“纹理”选项区中设置“阈值平滑处理”参数为 0.156，“漫射光照明”参数为 1.082，“纹理阈值”参数为 0.899，如图 7.21 所示，即可使画面中人物的皮肤变得更加光滑。

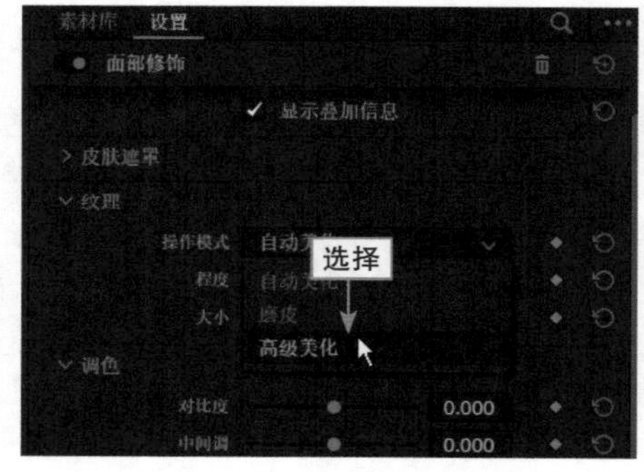

图7.20　选择“高级美化”选项

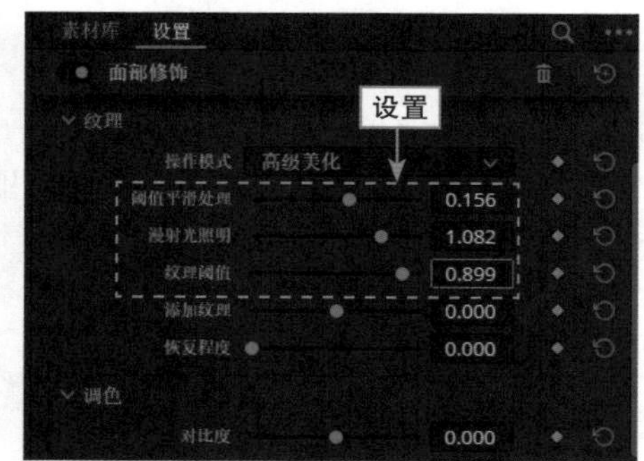

图7.21　设置相应参数

7.2.2 练习实例：暗角滤镜

【效果展示】暗角是一个摄影术语，是指图像画面的中间部分较亮、四个角渐变偏暗的一种“老影像”艺术效果，方便突出画面中心。在达芬奇中，用户可以应用风格化滤镜来实现该效果，调色前后对比效果如图7.22所示。

扫码看效果

扫码看教程

图7.22 调色前后对比效果

下面介绍添加暗角滤镜的操作方法。

步骤 01 打开一个项目文件，进入“剪辑”步骤面板，如图7.23所示。

步骤 02 切换至“调色”步骤面板，展开“特效库”|“素材库”选项卡，在“Resolve FX风格化”滤镜组中选择“暗角”滤镜特效，如图7.24所示。

图7.23 打开一个项目文件

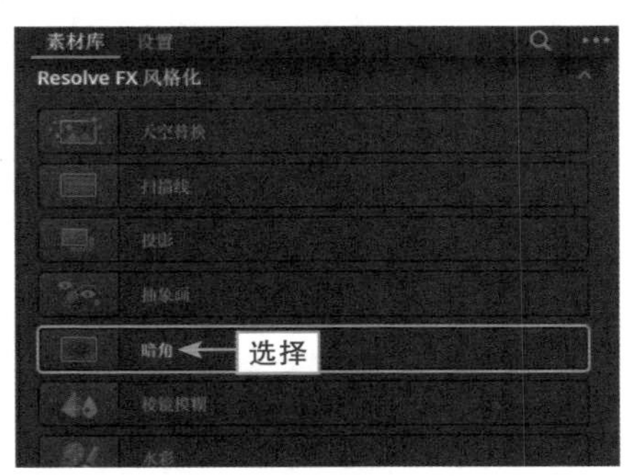

图7.24 选择“暗角”滤镜特效

步骤 03 按住鼠标左键将滤镜拖曳至“节点”面板的01节点上，释放鼠标左键，即可在调色提示区显示一个滤镜图标，表示添加的滤镜特效，如图7.25所示。

步骤 04 切换至“设置”选项卡，在“形状”选项区中，设置“大小”参数为0.655、“变形”参数为1.947；在“外观”选项区中设置“柔化”参数为0.000，如图7.26所示，即可降低画面中的阴影部分。

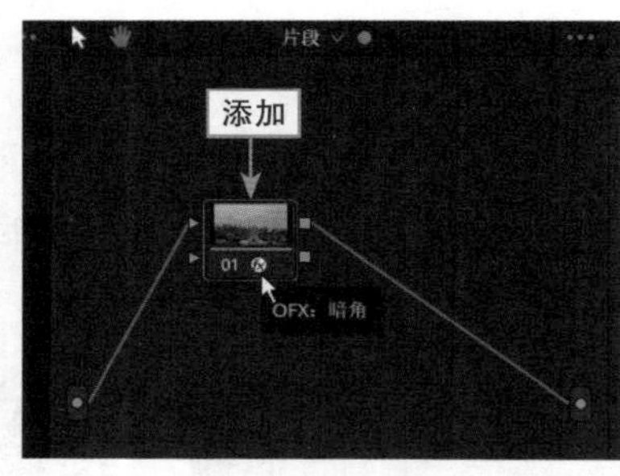

图7.25　在01节点上添加滤镜特效

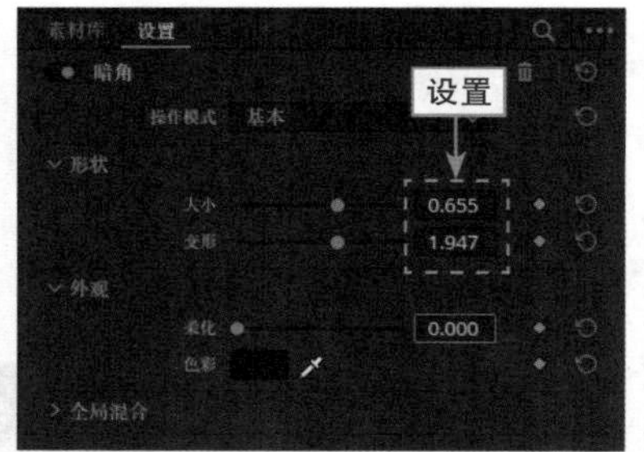

图7.26　设置相应参数

举一反三：镜像滤镜

【效果展示】在达芬奇中也可以制作出电影画面“天空之城”的效果，制作这个效果就是运用了达芬奇中的“滤镜”功能，调色前后对比效果如图7.27所示。

扫码看效果

扫码看教程

图7.27　调色前后对比效果

下面介绍添加镜像滤镜的操作方法。

步骤 01 打开一个项目文件，进入“剪辑”步骤面板，如图7.28所示。

步骤 02 切换至“调色”步骤面板，展开“特效库”|“素材库”选项卡，在“Resolve FX 风格化”滤镜组中选择“镜像”滤镜特效，如图7.29所示。

图7.28　打开一个项目文件

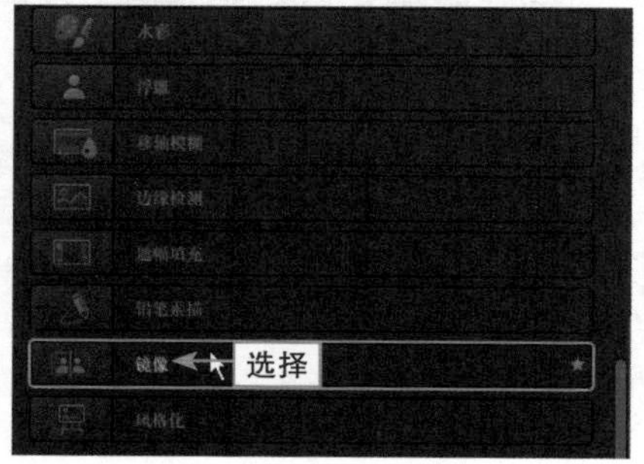

图7.29　选择“镜像”滤镜特效

步骤 03 按住鼠标左键将滤镜拖曳至“节点”面板的01节点上，释放鼠标左键，即可在调色提示区显示一个滤镜图标，表示添加的滤镜特效，如图7.30所示。

步骤 04 展开“设置”|“镜像 1”选项卡，在“镜像 1”选项区中设置“位置”的 X 参数为 0.506、Y 参数为 1.229，设置“角度”参数为 90.0，如图 7.31 所示，即可制作出天空之城的效果。

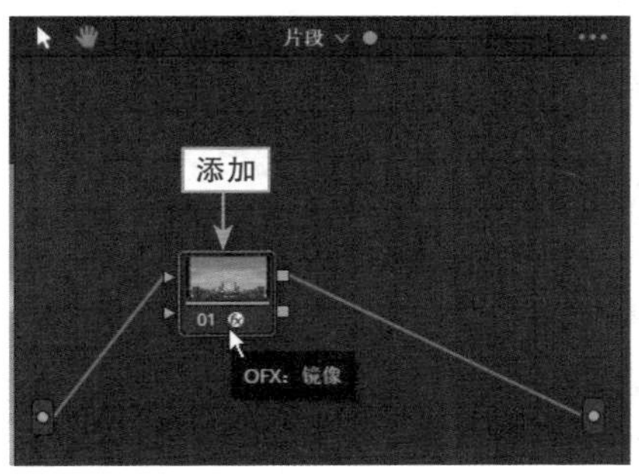

图7.30 添加滤镜特效

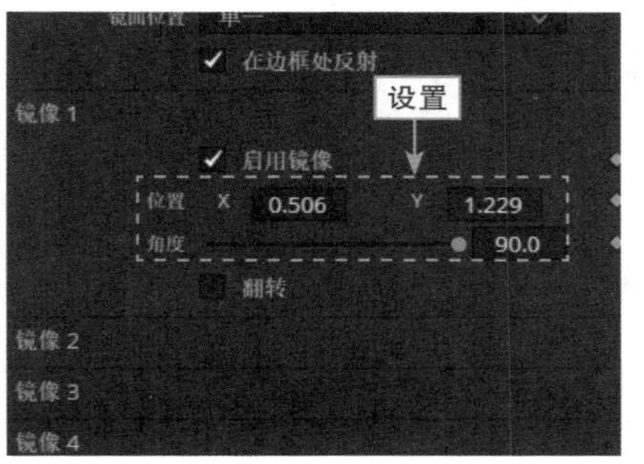

图7.31 设置相应参数

7.3 抖音热门影调风格调色

在影视作品成片中，不同的色调可以传达给观众不一样的视觉感受。通常，可以从影片的色相、明度、冷暖、纯度4个方面来定义它的影调风格。下面介绍通过达芬奇调色软件制作几种抖音热门影调风格的操作方法。

7.3.1 练习实例：调出古风影调

【效果展示】古风人像摄影越来越受年轻人的喜爱，在抖音App上，也经常可以看到各类古风短视频。调色前后对比效果如图 7.32 所示。

扫码看效果

扫码看教程

图7.32 调色前后对比效果

下面介绍调出古风影调的具体操作方法。

步骤 01 打开一个项目文件，进入“剪辑”步骤面板，如图 7.33 所示。

步骤 02 切换至“调色”步骤面板，在“节点”面板中选中 01 节点，如图 7.34 所示。

步骤 03 展开“色轮”|“一级 - 校色轮”面板，设置“色温”参数为 40.0，“色调”参数为 -22.00，如图 7.35 所示，即可使得主题更加突出、鲜明。

步骤 04 设置“亮部”色轮参数均显示为 1.27，设置“饱和度”参数为 75.20，如图 7.36 所示，即可使画面更加清晰有质感。

图7.33　打开一个项目文件

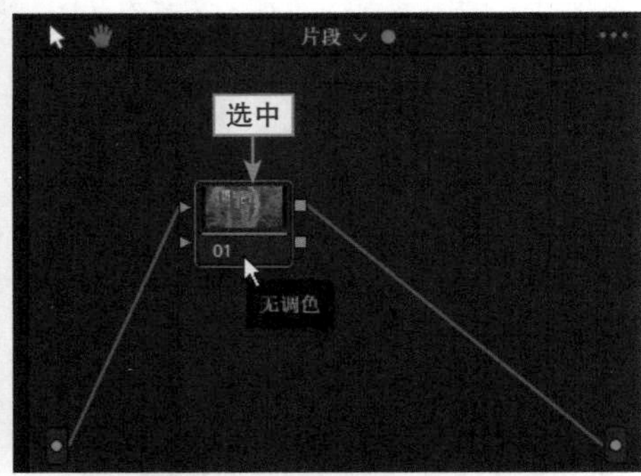

图7.34　选中01节点

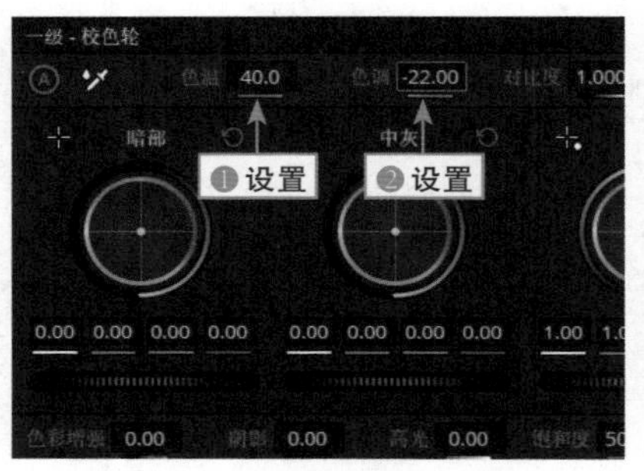

图7.35　设置“色调”参数

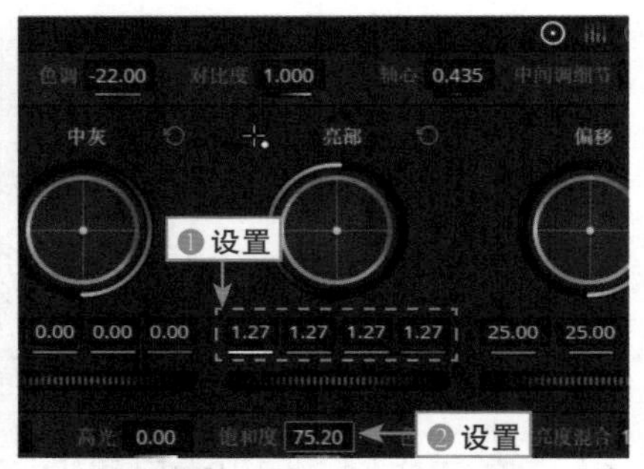

图7.36　设置“饱和度”参数

步骤 05 切换至“曲线 - 色相 对 饱和度”面板，单击绿色色块，在曲线上添加 3 个控制点，选中第 2 个控制点，按住鼠标左键向下拖曳，如图 7.37 所示，直至“输入色相”参数显示为 15.82，“饱和度”参数显示为 1.86，即可确定画面中的整体色调，在预览窗口可查看最终效果。

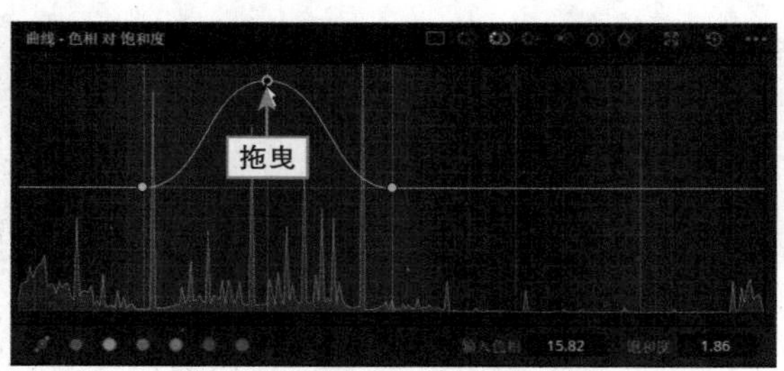

图7.37　拖曳控制点

7.3.2　练习实例：调出青橙色调效果

【效果展示】青橙色调也是抖音上比较热门的影调风格。在达芬奇中，用户只需要使用“RGB 混合器”功能，套用一个简单的公式即可调出青橙色调风格效果。调色前后对比效果如图7.38所示。

图7.38 调色前后对比效果

扫码看效果

扫码看教程

下面介绍调出青橙色调的具体操作方法。

步骤 01 打开一个项目文件，进入“剪辑”步骤面板，如图7.39所示。

步骤 02 切换至“调色”步骤面板，在“节点”面板中选中01节点，如图7.40所示。

图7.39 打开一个项目文件

选中01节点

图7.40 选中01节点

步骤 03 切换至“色轮”面板，设置“饱和度”参数为100.00，如图7.41所示，提升整体画面色彩。

步骤 04 单击“RGB混合器”按钮，展开“RGB混合器”面板，如图7.42所示。

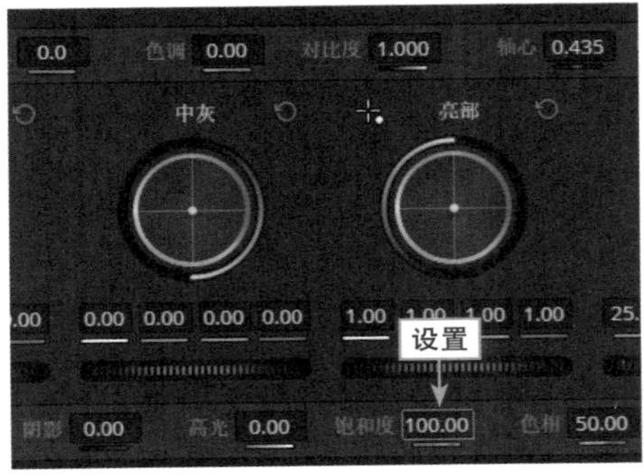

图7.41 设置“饱和度”参数

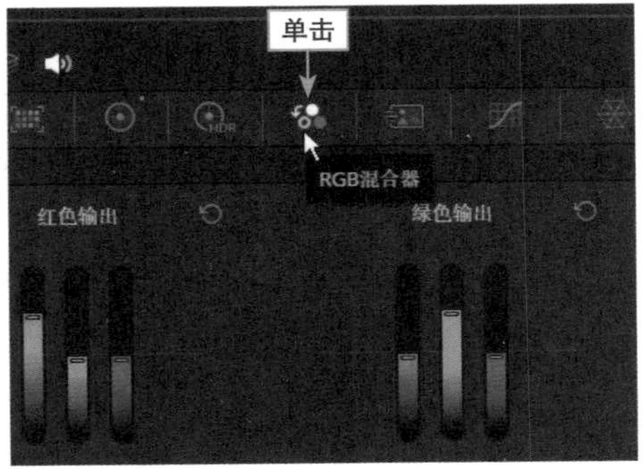

图7.42 单击“RGB混合器”按钮

步骤 05 在“红色输出”通道中，设置控制条参数为 1.53、0.00、0.00，在“绿色输出”通道中设置控制条参数为 0.00、1.58、0.00，在“蓝色输出”通道中，设置控制条参数为 0.00、0.00、1.38，如图 7.43 所示，调整整体画面偏青橙色调，使画面更加有复古韵味。

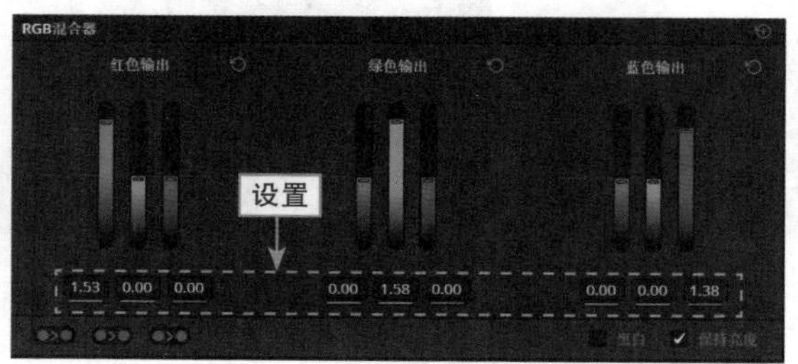

图 7.43　设置相应通道参数

课后习题：调出电影感色调

“电影感”受很多元素影响，如独特的构图、高分辨率的画面、多种运镜方式、景深等。另外，调色也是电影后期制作中必不可少的一部分，好的电影色调能让视频更具“电影感”，也能更方便地诠释电影的主题。本习题练习调整色调，调色前后对比效果如图 7.44 所示。

扫码看效果

扫码看教程

图 7.44　调色前后对比效果

模 拟 考 试

主题：制作丁达尔效果。

要求：

（1）拍一段阴天的视频素材。

（2）尽量让画面简洁，色彩简单。

考查知识点：调色面板、特效库、Resolve FX 光线、射光。

第8章 转场特效

本章要点

在影视后期特效制作中，镜头之间的过渡或者素材之间的转换称为转场，即使用一些特效，在素材与素材之间产生自然、流畅和平滑的过渡。本章主要介绍制作视频转场特效的具体操作方法，希望读者可以熟练掌握本章内容。

8.1 了解转场特效

从某种角度来说，转场就是一种特殊的滤镜效果，可以在两个图像或视频素材之间创建某种过渡效果，使视频更具有吸引力。本节主要介绍硬切换与软切换、“视频转场”选项面板、替换需要的转场特效以及更改转场的位置等内容。

8.1.1 了解硬切换与软切换

在视频后期编辑工作中，素材与素材之间的衔接称为切换。最常用的切换方法是一个素材与另一个素材紧密连接在一起，使其直接过渡，这种方法称为“硬切换”；另一种方法称为“软切换”，即使用一些特殊的视频过渡效果，从而保证了各个镜头片段的视觉连续性，如图8.1所示。

图8.1 “软切换”转场效果

▶ 温馨提示

“转场”是很实用的一种功能，在影视片段中，“软切换”转场方式运用得比较多，希望用户可以熟练掌握此方法。

8.1.2 认识“视频转场”选项面板

在达芬奇软件中，提供了多种转场效果，都存放在“视频转场”面板中，如图8.2所示。合理地运用这些转场效果，可以让素材之间的过渡更加生动、自然，从而制作出绚丽的视频作品。

（a）“叠化”转场组

（b）“光圈”转场组

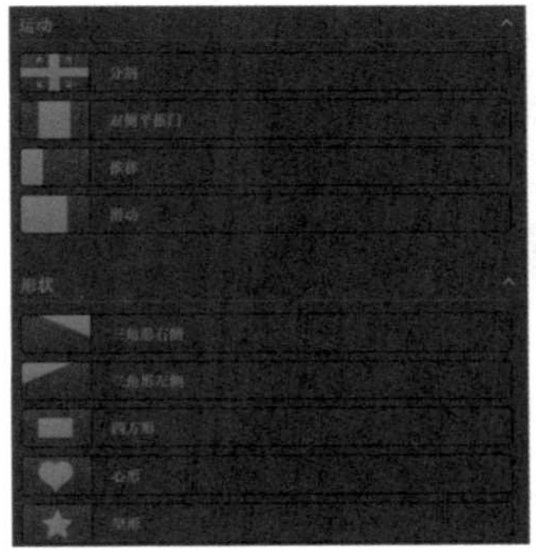

（c）“运动”和“形状”转场组

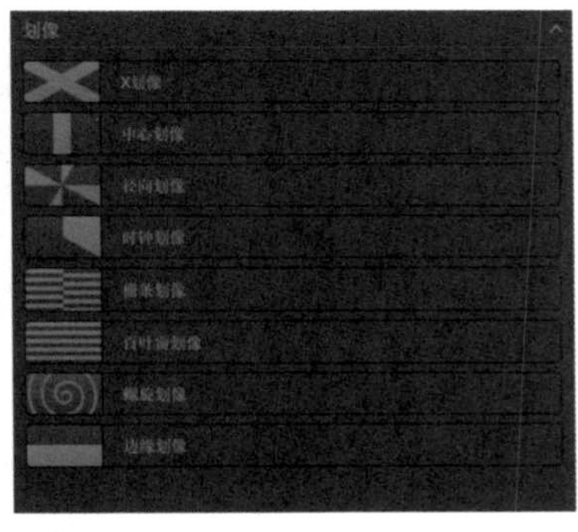

（d）“划像”转场组

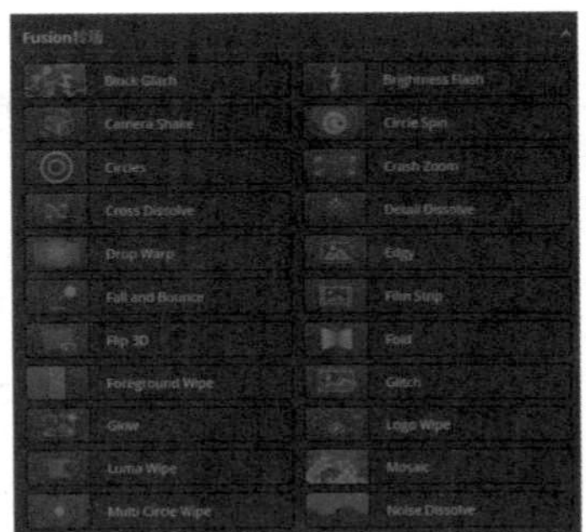

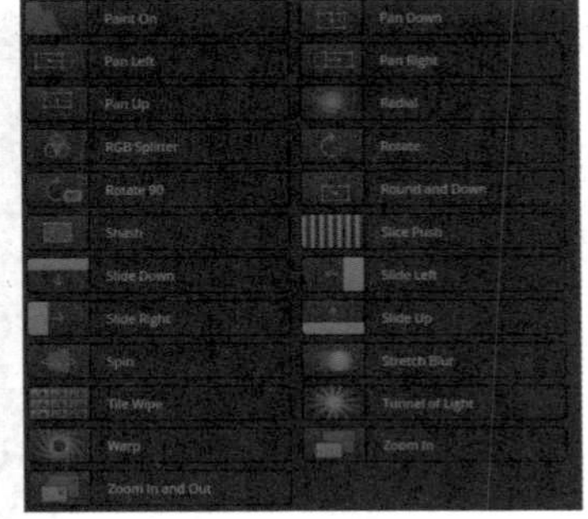

（e）Fusion转场组

图8.2 “视频转场”面板中的转场组

(f) Resolve FX转场组

图 8.2(续)

8.2 替换与移动转场特效

本节主要介绍编辑转场特效的操作方法，包括替换转场以及移动转场特效等内容。

8.2.1 练习实例：替换需要的转场特效

【效果展示】在达芬奇软件中，如果用户对当前添加的转场特效不是很满意，可以对转场效果进行替换操作，使素材画面更加符合用户的需求，效果如图8.3所示。

扫码看效果

扫码看教程

图8.3 效果展示

下面介绍替换需要的转场特效的具体操作方法。

步骤 01 打开一个项目文件，进入“剪辑”步骤面板，如图 8.4 所示。

步骤 02 在“剪辑”步骤面板的左上角单击“特效库”按钮，如图 8.5 所示。

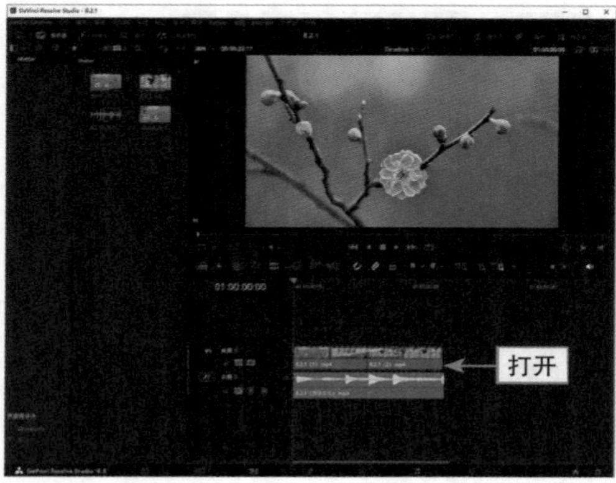

图8.4 打开一个项目文件

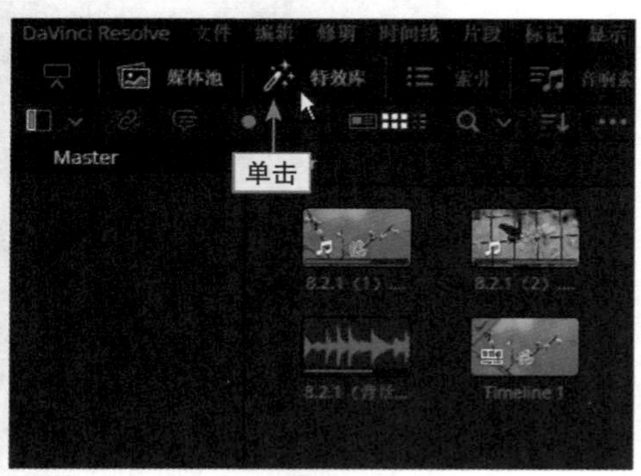

图8.5 单击“特效库”按钮

步骤 03 展开"特效库"面板，单击"工具箱"左侧的下拉按钮，展开"工具箱"选项列表，选择"视频转场"选项，如图 8.6 所示。

步骤 04 在"划像"转场组中选择"中心划像"转场特效，如图 8.7 所示。

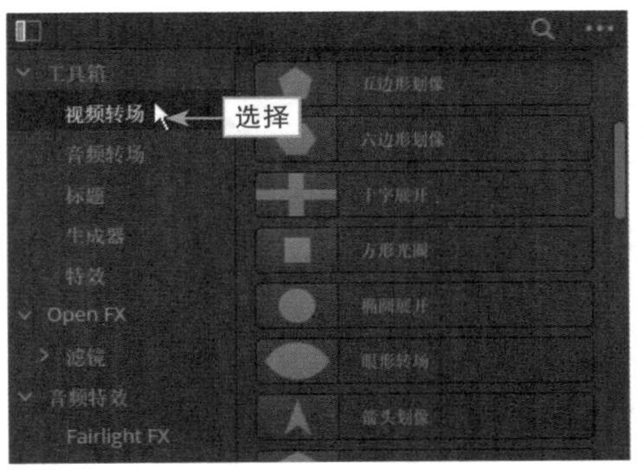

图 8.6 选择"视频转场"选项

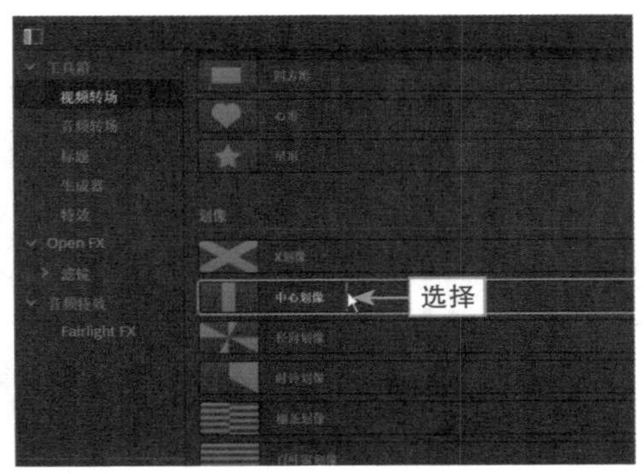

图 8.7 选择"中心划像"转场特效

步骤 05 按住鼠标左键，将选择的转场特效拖曳至"时间线"面板的两个视频素材之间，如图 8.8 所示，释放鼠标左键，即可替换原来的转场特效。

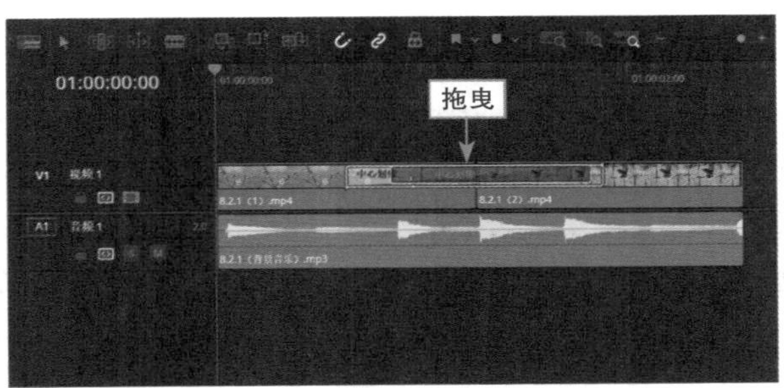

图 8.8 拖曳转场特效

8.2.2 练习实例：移动转场特效的位置

【效果展示】在达芬奇中，用户可以根据实际需要对转场效果进行移动操作，将转场效果放置在合适的位置上，效果展示如图 8.9 所示。

图 8.9 效果展示

扫码看效果

扫码看教程

下面介绍移动转场特效的具体操作方法。

步骤 01 打开一个项目文件，进入“剪辑”步骤面板，如图 8.10 所示。

步骤 02 在“时间线”面板的 V1 轨道上，选中第 1 段视频和第 2 段视频之间的转场，如图 8.11 所示。

图 8.10　打开一个项目文件

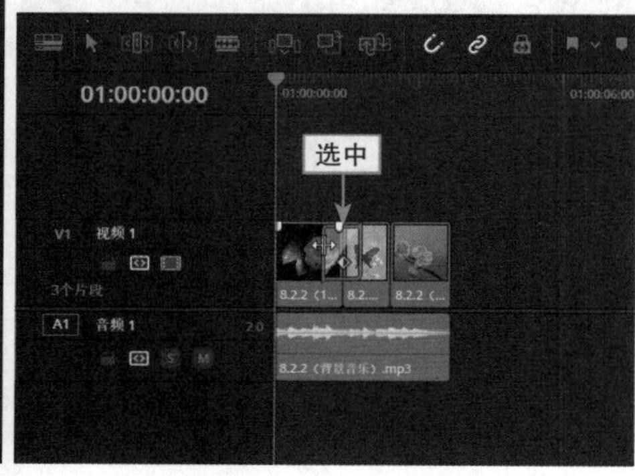

图 8.11　选中转场效果

步骤 03 按住鼠标左键，拖曳转场至第 2 段视频与第 3 段视频之间，如图 8.12 所示，释放鼠标左键，即可移动转场位置。

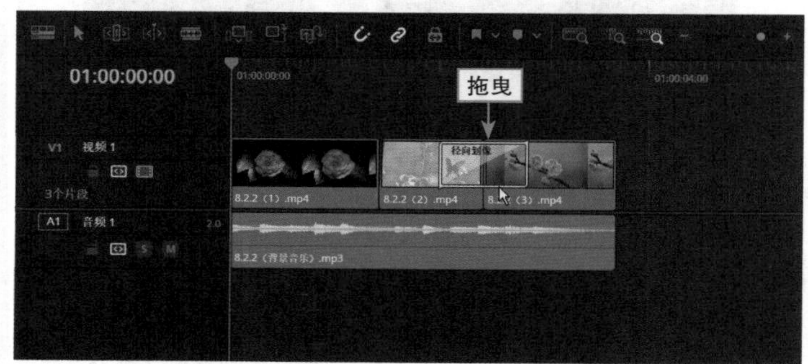

图 8.12　拖曳转场特效

8.3　使用视频转场画面特效

在达芬奇中，提供了多种转场特效，某些转场效果独具特色，可以为视频添加非凡的视觉体验。本节主要介绍转场特效的精彩应用。

8.3.1　练习实例：制作椭圆展开视频特效

【效果展示】在达芬奇中，“光圈”转场组中共有 9 个转场效果，应用其中的“椭圆展开”转场特效，可以从素材 A 画面的中心以圆形光圈过渡展开显示素材 B，效果如图 8.13 所示。

扫码看效果

扫码看教程

图8.13　效果展示

下面介绍添加椭圆展开视频特效的操作方法。

步骤 01 打开一个项目文件，进入“剪辑”步骤面板，如图 8.14 所示。

步骤 02 在“视频转场”|“光圈”选项面板中选择“椭圆展开”转场特效，如图 8.15 所示。

图8.14　打开一个项目文件

图8.15　选择“椭圆展开”转场特效

步骤 03 按住鼠标左键，将选择的转场特效拖曳至视频轨中的两个素材之间，如图 8.16 所示。

步骤 04 释放鼠标左键，即可添加“椭圆展开”转场特效，用鼠标左键双击转场特效，展开“检查器”面板，在“转场”选项面板中设置“时长”为 4.5 秒 136 帧数，如图 8.17 所示，即可调整“椭圆展开”转场特效的长度。

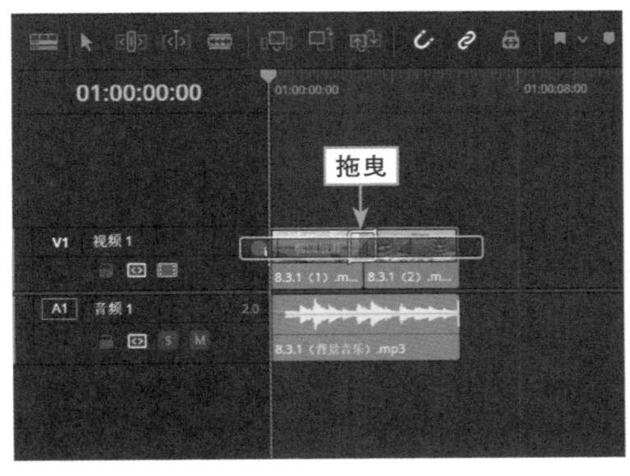

图8.16　拖曳转场效果

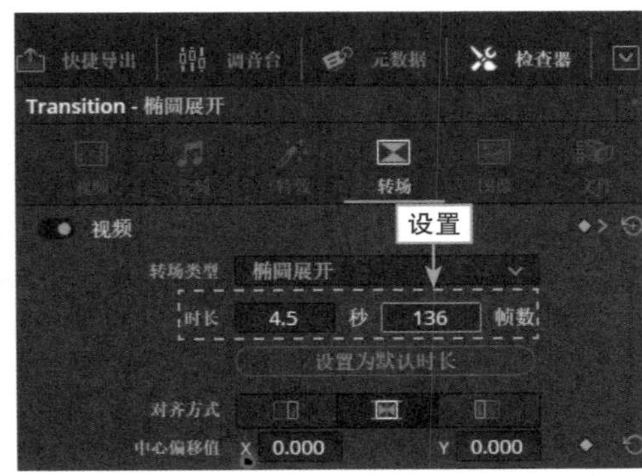

图8.17　设置“时长”参数

8.3.2 练习实例：制作百叶窗视频特效

【效果展示】 在达芬奇中，“百叶窗划像”转场特效是“划像”转场类型中最常用的一种，即素材以百叶窗翻转的方式进行过渡，效果如图 8.18 所示。

扫码看效果

扫码看教程

图 8.18 效果展示

下面介绍添加百叶窗转场特效的操作方法。

步骤 01 打开一个项目文件，进入“剪辑”步骤面板，如图 8.19 所示。

步骤 02 在“视频转场”|“划像”选项面板中，选择“百叶窗划像”转场特效，如图 8.20 所示。

图 8.19 打开一个项目文件

图 8.20 选择“百叶窗划像”转场特效

步骤 03 按住鼠标左键，将选择的转场特效拖曳至视频轨道中素材的前端，如图 8.21 所示，释放鼠标左键，即可添加“百叶窗划像”转场特效。

步骤 04 选择添加的转场，将鼠标指针移至转场右边的边缘线上，当鼠标指针呈左右双向箭头形状时，按住鼠标左键并向右拖曳，如图 8.22 所示，至合适位置后释放鼠标左键，即可增加转场时长。

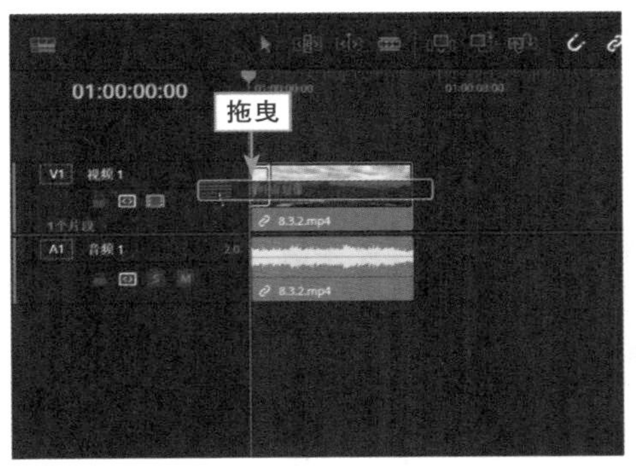

图8.21 拖曳转场特效

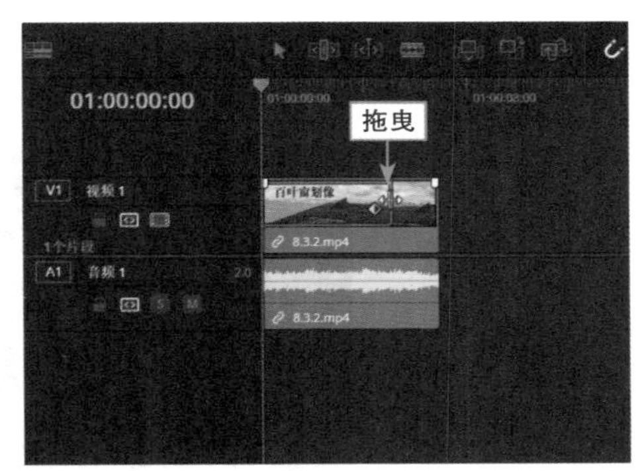

图8.22 向右拖曳

8.3.3 练习实例：制作交叉叠化视频特效

【效果展示】 在达芬奇中，“交叉叠化”转场特效是指素材A的透明度由100%转变到0%，素材B的透明度由0%转变到100%的过程，效果展示如图8.23所示。

图8.23 效果展示

扫码看效果

扫码看教程

下面介绍添加交叉叠化转场特效的操作方法。

步骤 01 打开一个项目文件，进入“剪辑”步骤面板，如图8.24所示。

步骤 02 在“视频转场”|“叠化”选项面板中选择“交叉叠化”转场特效，如图8.25所示。

图8.24 打开一个项目文件

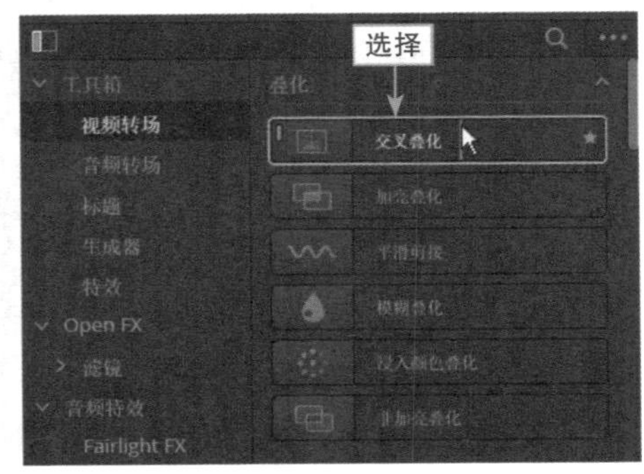

图8.25 选择“交叉叠化”转场特效

步骤 03 按住鼠标左键，将选择的转场拖曳至视频轨道中的两个素材之间，释放鼠标左键，即可添加“交叉叠化”转场效果，并调整转场时长，如图 8.26 所示。

图 8.26　调整转场时长

举一反三：制作单向滑动视频特效

【效果展示】 在达芬奇中，应用“运动”转场组中的“滑动”转场特效，即可制作单向滑动转场视频特效，效果如图 8.27 所示。

扫码看效果

扫码看教程

图 8.27　效果展示

下面介绍添加单向滑动转场特效的操作方法。

步骤 01 打开一个项目文件，进入“剪辑”步骤面板，如图 8.28 所示。

步骤 02 在“视频转场”|“运动”选项面板中选择“滑动”转场特效，如图 8.29 所示。

图 8.28　打开一个项目文件

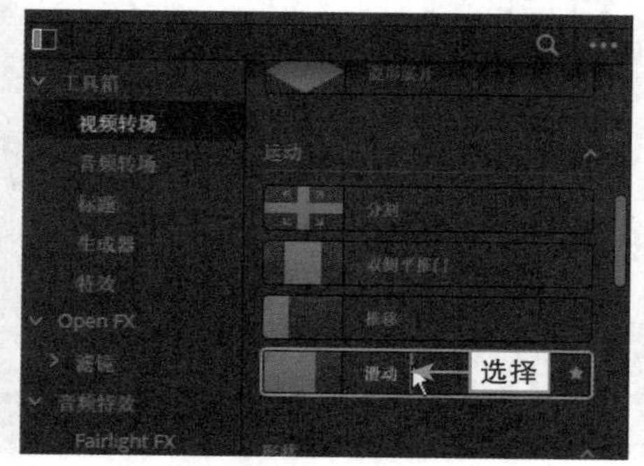

图 8.29　选择“滑动”转场特效

步骤 03 按住鼠标左键，将选择的转场拖曳至视频轨道中的两个素材之间，如图 8.30 所示，释放鼠标左键，即可添加“滑动”转场特效。

步骤 04 双击转场特效，展开“检查器”面板，在“滑动”选项面板中单击“预设”下拉按钮，如图 8.31 所示。

图 8.30　拖曳转场特效

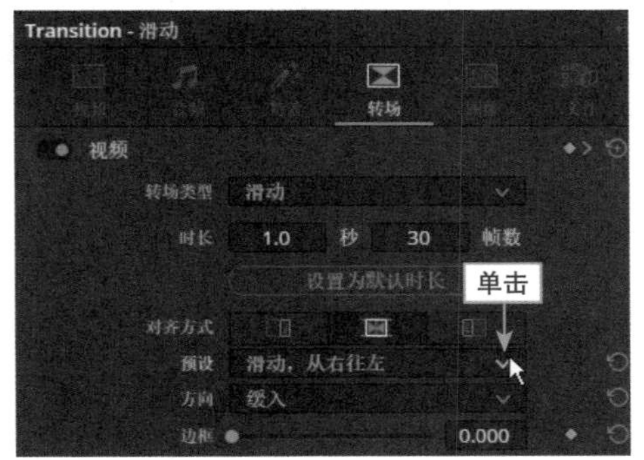

图 8.31　单击“预设”下拉按钮

步骤 05 在弹出的下拉列表框中选择“滑动，从左往右”选项，如图 8.32 所示。执行操作后，即可使素材 A 从左往右滑动过渡显示素材 B。

步骤 06 在“滑动”选项面板中设置“时长”为 3.4 秒 102 帧数，如图 8.33 所示，即可调整“滑动”转场特效的长度。

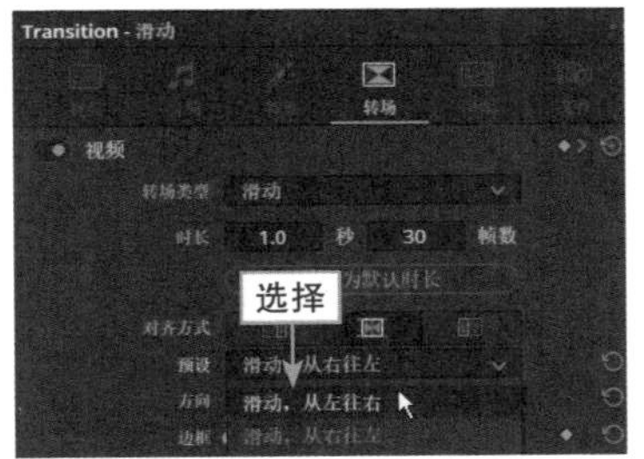

图 8.32　选择“滑动，从左往右”选项

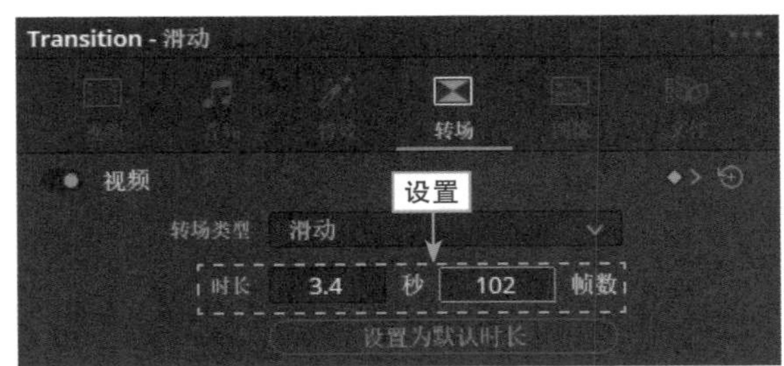

图 8.33　设置“时长”参数

课后习题：制作爱心形状视频特效

本习题需要利用达芬奇中“形状”转场组中的“心形”转场特效，制作爱心形状转场效果，效果展示如图 8.34 所示。

扫码看效果

扫码看教程

图8.34 效果展示

模拟考试

主题：为视频添加时钟划像转场。

要求：

（1）自行准备两段素材。

（2）对视频进行调色处理。

考查知识点：调色面板、特效库、视频转场、时钟转场。

字幕特效　第9章

本章要点

字幕在视频编辑中是不可缺少的，它是影片的重要组成部分。在影片中加入一些说明性的文字，能够有效地帮助观众理解影片的含义。本章主要介绍制作视频字幕特效的各种方法，帮助读者轻松制作出各种精美的字幕特效。

9.1 了解标题简介与面板

标题在视频编辑中是一种重要的艺术手段，好的标题字幕不仅可以传达画面以外的信息，还可以增强影片的艺术效果。达芬奇提供了便捷的字幕编辑功能，可以使用户在短时间内制作出专业的标题字幕。

9.1.1 标题简介

标题可以以各种字体、样式和动画等形式出现在影视画面中，如电视或电影的片头、演员表、对白以及片尾字幕等，标题设计与书写是影视造型的艺术手段之一。在通过实例学习创建标题之前，首先看看制作的标题字幕效果，如图9.1所示。

图9.1 标题字幕效果

9.1.2 “标题”选项面板

在达芬奇“剪辑”步骤面板中，打开“特效库”|“标题”选项面板，面板中为用户提供了多种“字幕”和“Fusion标题”文本样式，如图9.2所示。用户可以通过拖曳文本样式，添加到“时间线”面板的视频轨上，为项目文件添加Fusion标题文本和字幕文本，双击添加的两种文本将弹出两种不同的设置面板，“检查器”|“标题”设置面板如图9.3所示。

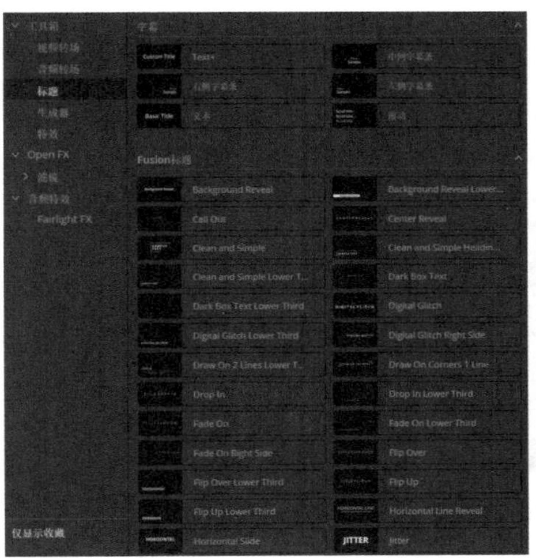

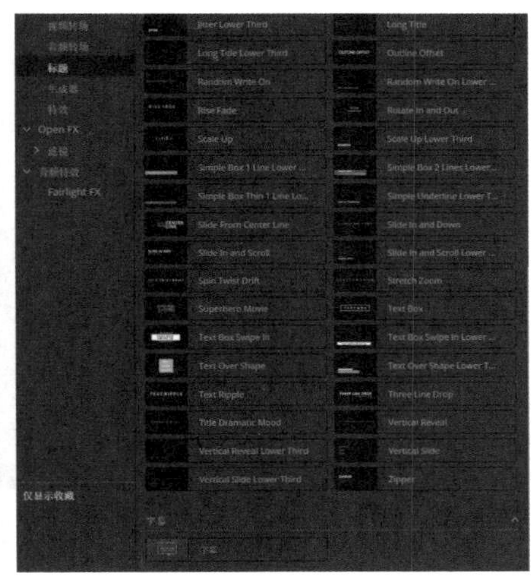

图 9.2 “特效库”|“标题”选项面板

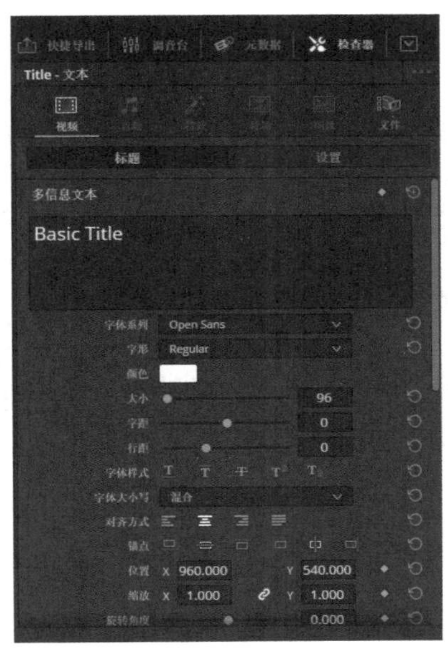

（a）字幕文本设置

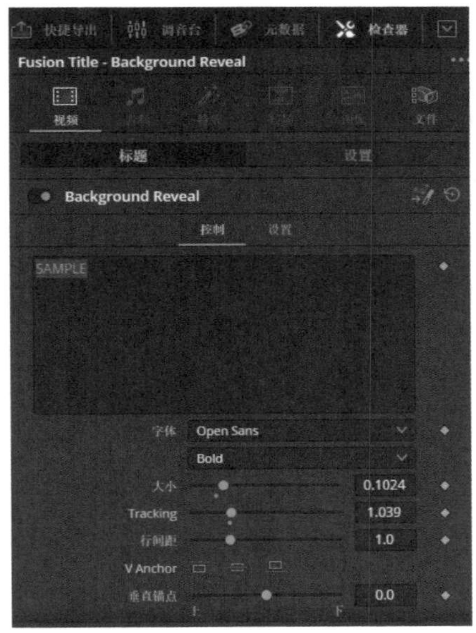

（b）Fusion 标题文本设置

图 9.3 “检查器”|“标题”设置面板

9.2 设置标题属性

为了让标题的整体效果更加具有吸引力和感染力，需要用户对标题属性进行精心调整。本节将介绍标题属性的作用及其调整的技巧。

9.2.1 练习实例：设置标题长度

【效果展示】在达芬奇中，当用户在轨道面板中添加相应的标题字幕后，可以调整标题的时间长度，也可以控制标题文本的播放时间，效果展示如图9.4所示。

扫码看效果

扫码看教程

图9.4 标题长度效果展示

下面介绍设置标题长度的具体操作方法。

步骤 01 打开一个项目文件，进入“剪辑”步骤面板，如图9.5所示。

步骤 02 在“剪辑”步骤面板的左上角单击“特效库”按钮，如图9.6所示。

图9.5 打开一个项目文件

图9.6 单击“特效库”按钮

步骤 03 在“媒体池”面板下方展开“特效库”面板，单击“工具箱”左侧的下拉按钮，展开“工具箱”选项列表，选择“标题”选项，如图9.7所示。

步骤 04 展开“标题”选项面板，在选项面板的“字幕”选项区中选择“文本”选项，如图9.8所示。

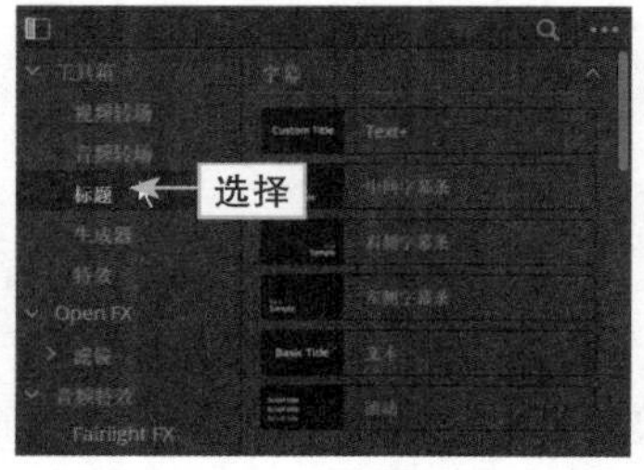

图9.7 选择“标题”选项

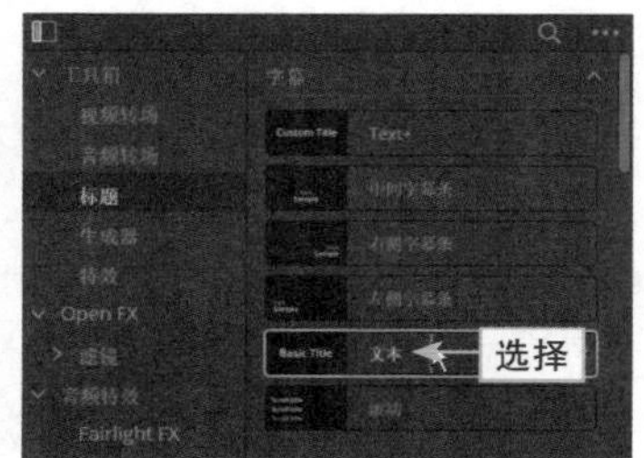

图9.8 选择“文本”选项

步骤 05 按住鼠标左键将“文本”字幕样式拖曳至 V1 轨道上方，“时间线”面板中会自动添加一条 V2 轨道，在合适位置处释放鼠标左键，即可在 V2 轨道上添加一个标题字幕文件，如图 9.9 所示。

图 9.9　添加一个标题字幕文件

步骤 06 双击添加的“文本”字幕，展开“检查器”|“视频”|“标题”选项卡，如图 9.10 所示。

步骤 07 在“多信息文本”下方的编辑框中输入文字，并设置相应字体，设置“大小”参数为 149，如图 9.11 所示。

步骤 08 在面板下方设置“位置”的 X 参数为 1664.000、Y 参数为 652.000，如图 9.12 所示。

步骤 09 选中 V2 轨道中的字幕文件，将鼠标指针移至字幕文件的末端，按住鼠标左键并向左拖曳至合适位置后释放鼠标左键，即可设置标题长度，如图 9.13 所示。

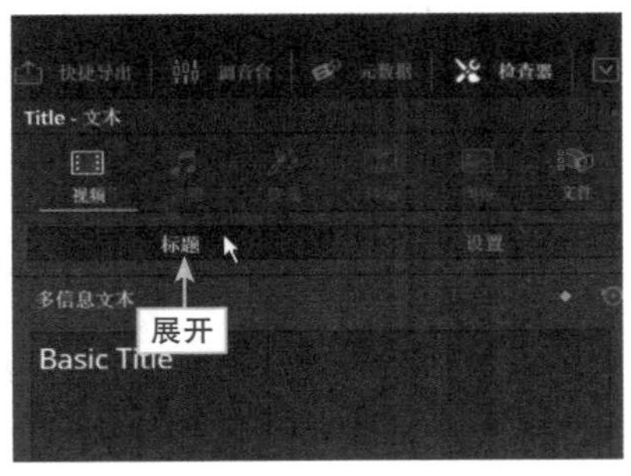

图 9.10　展开“标题”选项卡

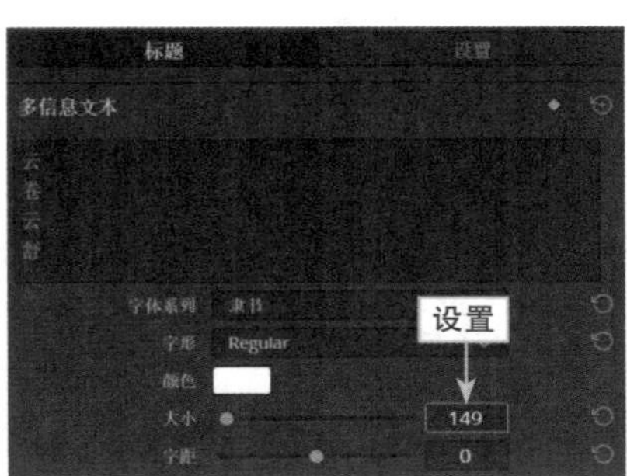

图 9.11　设置“大小”参数

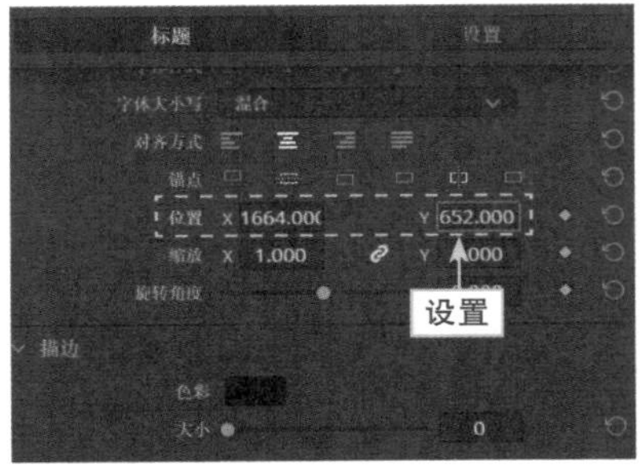

图 9.12　设置“位置”参数

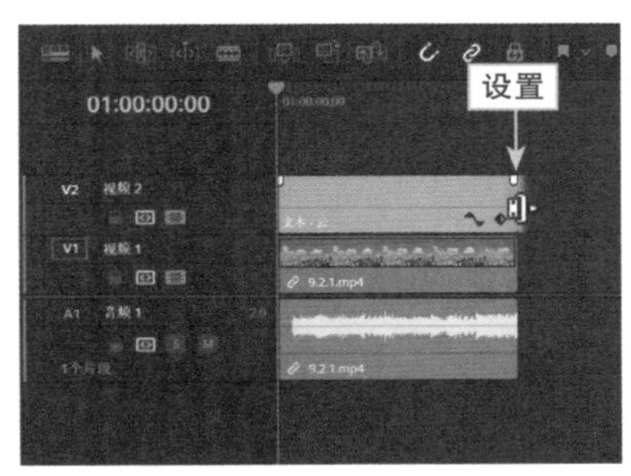

图 9.13　设置标题长度

9.2.2 练习实例：设置字体大小

【效果展示】字号是指字体的大小，不同的字体大小对视频的美观程度有一定的影响。设置字体大小前后对比效果如图9.14所示。

扫码看效果

扫码看教程

图9.14 设置字体大小前后对比效果

下面介绍在达芬奇中设置标题字体大小的操作方法。

步骤 01 打开一个项目文件，进入"剪辑"步骤面板，如图9.15所示。

步骤 02 双击V2轨道中的字幕文件，展开"检查器"|"标题"选项卡，设置"大小"参数为155，如图9.16所示，即可设置字体大小，在预览窗口中可以查看设置字体大小的效果。

图9.15 打开一个项目文件

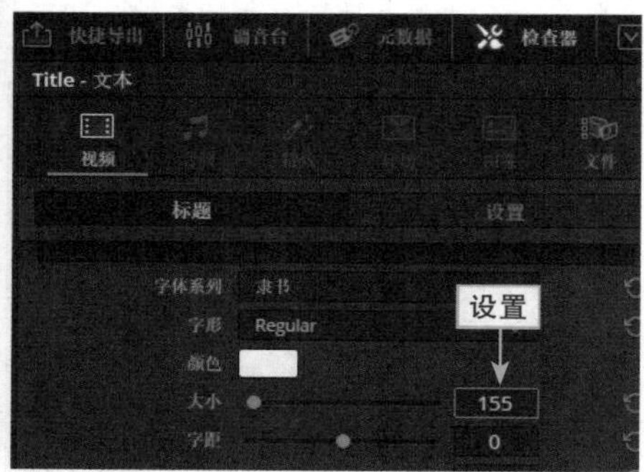

图9.16 设置"大小"参数

举一反三：设置标题颜色

【效果展示】在达芬奇中，用户可根据素材与标题字幕的匹配程度，更改标题字体的颜色，使制作的影片更加具有观赏性。设置标题颜色前后对比效果如图9.17所示。

下面介绍设置标题颜色的操作方法。

步骤 01 打开一个项目文件，进入"剪辑"步骤面板，如图9.18所示。

步骤 02 双击V2轨道中的字幕文件，展开"检查器"|"视频"|"标题"选项卡，单击"颜色"右侧的色块，如图9.19所示。

扫码看效果

扫码看教程

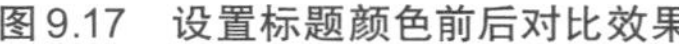
图 9.17　设置标题颜色前后对比效果

图 9.18　打开一个项目文件

图 9.19　单击“颜色”右侧的色块

步骤 03 弹出“选择颜色”对话框，在“基本颜色”选项区中，选择第 4 排第 4 个颜色色块，如图 9.20 所示。

步骤 04 单击 OK 按钮，如图 9.21 所示，返回“标题”选项卡，更改标题字幕的字体颜色后，在预览窗口中可以查看设置字体颜色的效果。

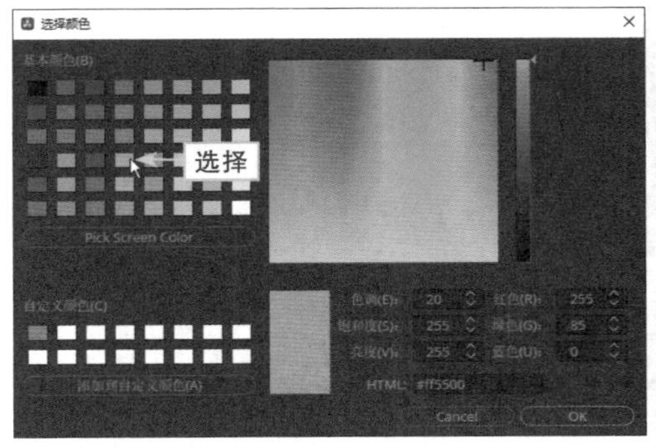

图 9.20　选择相应色块

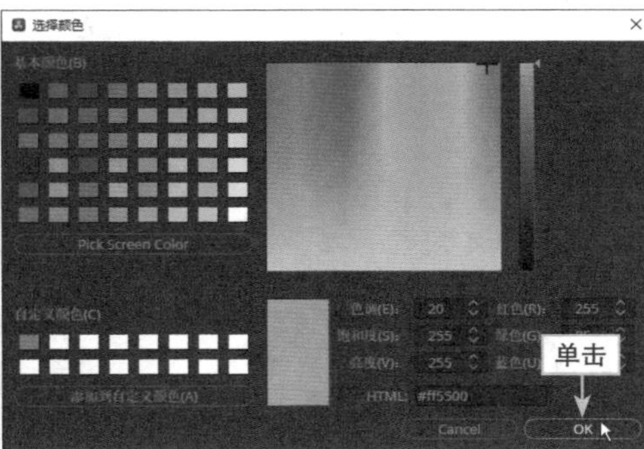

图 9.21　单击 OK 按钮

9.3 制作动态标题字幕特效

在影片中创建标题后，在达芬奇中还可以为标题制作字幕运动特效，从而使影片更具有吸引力和感染力。本节主要介绍制作多种字幕动态特效的操作方法，增强字幕的艺术效果。

9.3.1 练习实例：制作字幕淡入淡出特效

【效果展示】淡入淡出是指标题字幕逐渐显示或消失的动画特效，效果如图9.22所示。

扫码看效果

扫码看教程

图9.22 效果展示

下面介绍制作淡入淡出运动特效的操作方法。

步骤 01 打开一个项目文件，进入“剪辑”步骤面板，在“时间线”面板中选择V2轨道中添加的字幕文件，如图9.23所示。

步骤 02 展开“检查器”|“视频”|“标题”面板，切换至“设置”选项卡，如图9.24所示。

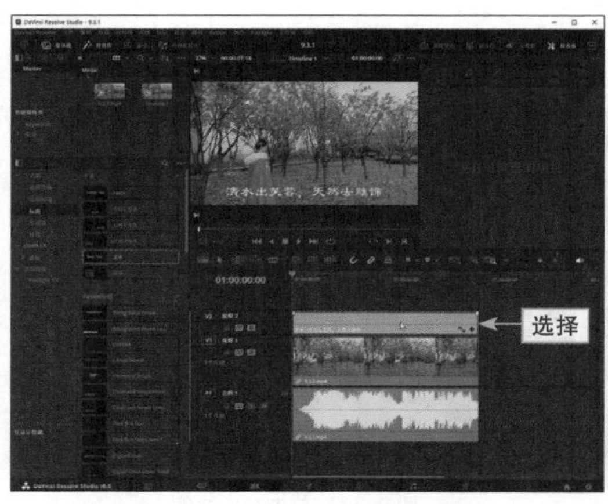

图9.23 选择V2轨道中添加的字幕文件

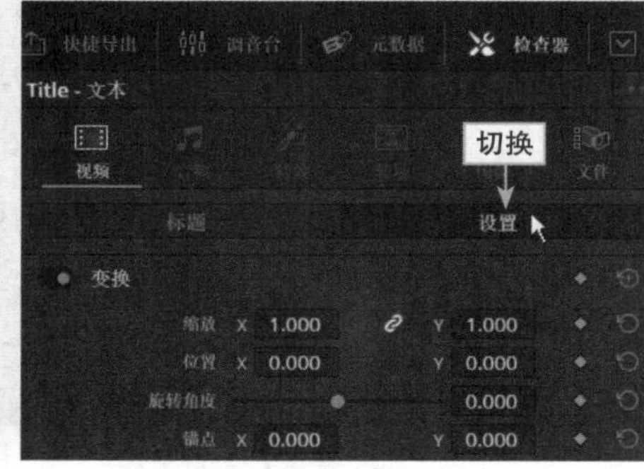

图9.24 切换至“设置”选项卡

步骤 03 在“合成”选项区中拖曳“不透明度”右侧的滑块，如图9.25所示，直至参数显示为0.00。

步骤 04 单击“不透明度”参数右侧的关键帧按钮◆，添加第1个关键帧，如图9.26所示。

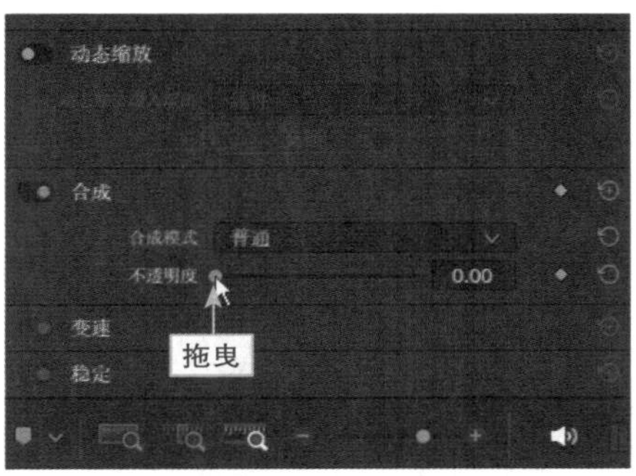

图9.25 拖曳“不透明度”右侧的滑块

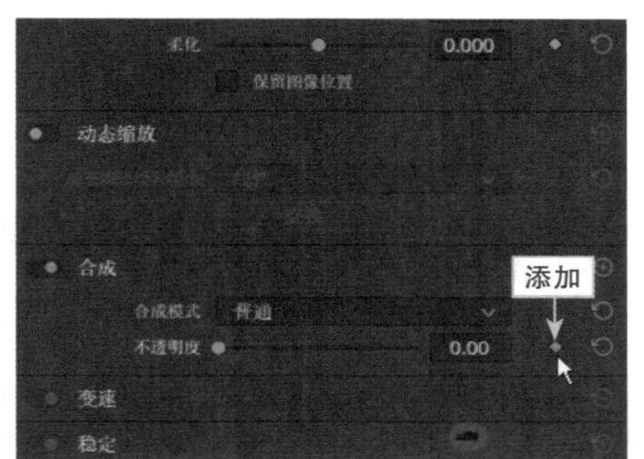

图9.26 添加第1个关键帧

步骤 05 在“时间线”面板中将“时间指示器”拖曳至01:00:02:15位置处，如图9.27所示。

步骤 06 在“检查器”|“视频”|“设置”选项卡中设置“不透明度”参数为100.00，如图9.28所示，即可自动添加第2个关键帧。

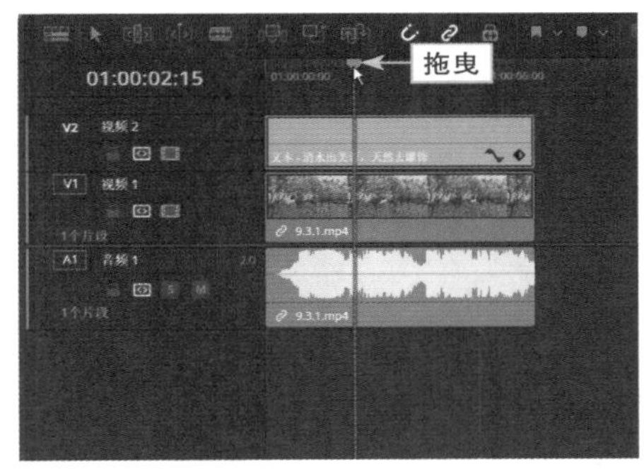

图9.27 拖曳“时间指示器”至合适位置（1）

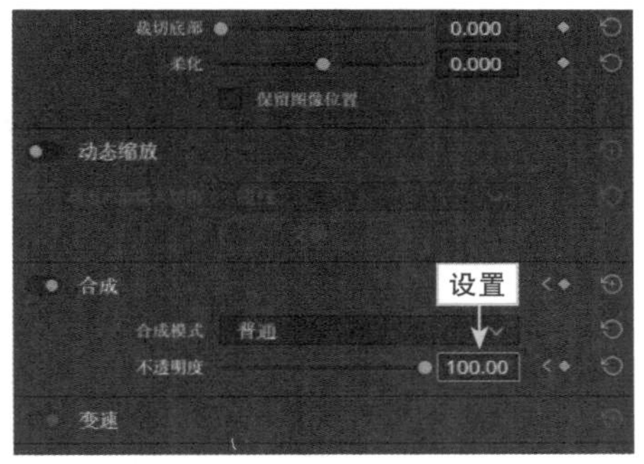

图9.28 设置“不透明度”参数

步骤 07 在“时间线”面板中将“时间指示器”拖曳至01:00:06:09位置处，如图9.29所示。

步骤 08 在“检查器”|“视频”|“设置”选项卡中单击“不透明度”右侧的关键帧按钮，添加第3个关键帧，如图9.30所示。

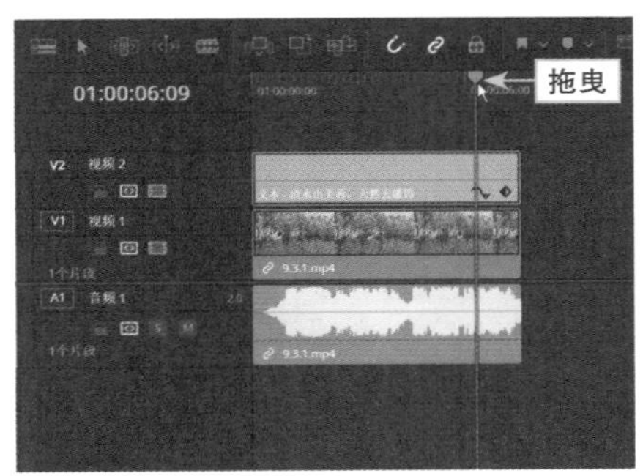

图9.29 拖曳“时间指示器”至合适位置（2）

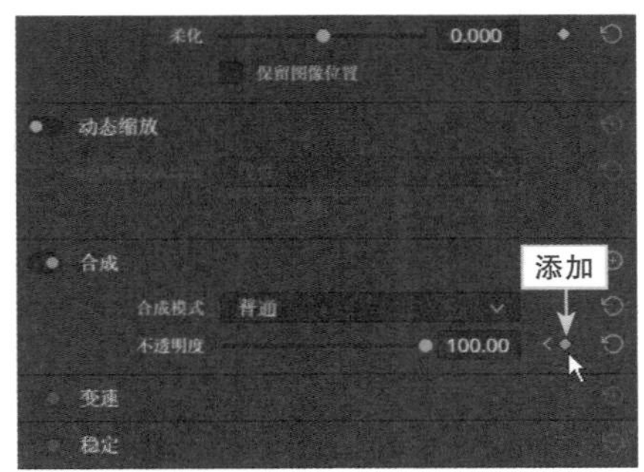

图9.30 添加第3个关键帧

步骤 09 在“时间线”面板中将“时间指示器”拖曳至01:00:06:29位置处，如图9.31所示。

步骤 10 在“检查器”|“视频”|“设置”选项卡中再次向左拖曳“不透明度”滑块，设置“不透明度”参数为 0.00，即可自动添加第 4 个关键帧，如图 9.32 所示，在预览窗口查看最终效果。

图9.31　拖曳“时间指示器”至合适位置（3）

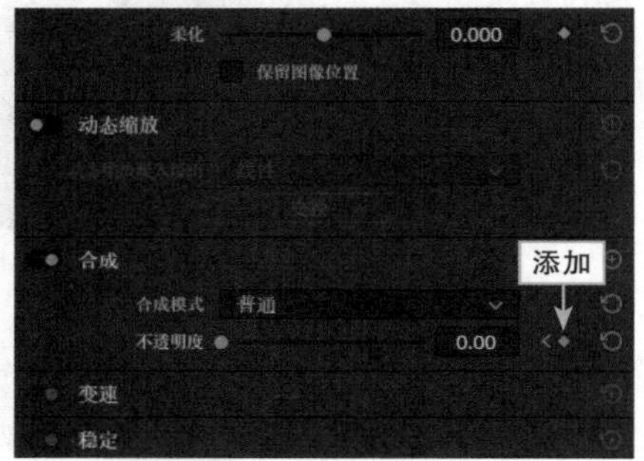

图9.32　添加第4个关键帧

9.3.2　练习实例：制作字幕缩放动画特效

【效果展示】在达芬奇的“检查器”|“视频”选项卡中开启“动态缩放”功能，可以为“时间线”面板中的素材画面设置放大或缩小的运动特效。“动态缩放”功能在默认状态下为缩小运动特效，用户可以通过单击“切换”按钮，转换为放大运动特效，效果如图 9.33 所示。

扫码看效果

扫码看教程

图9.33　效果展示

下面介绍制作字幕缩放动画特效的操作方法。

步骤 01 打开一个项目文件，进入“剪辑”步骤面板，如图 9.34 所示。

步骤 02 在“时间线”面板中选择 V2 轨道中添加的字幕文件，如图 9.35 所示。

步骤 03 展开“检查器”|“视频”|“设置”选项卡单击“动态缩放”按钮，如图 9.36 所示，即可开启“动态缩放”的功能区域。

步骤 04 在“动态缩放缓入缓出”右侧的列表框中选择“缓入与缓出”选项，如图 9.37 所示，即可查看字幕放大突出的动画特效。

图9.34　打开一个项目文件

图9.35　选择V2轨道中添加的字幕文件

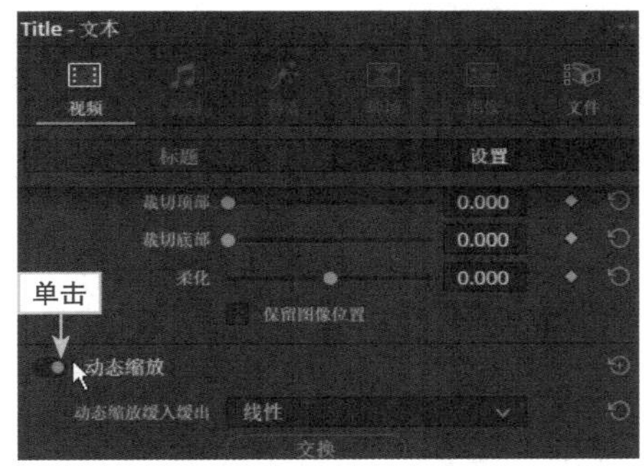

图9.36　单击"动态缩放"按钮

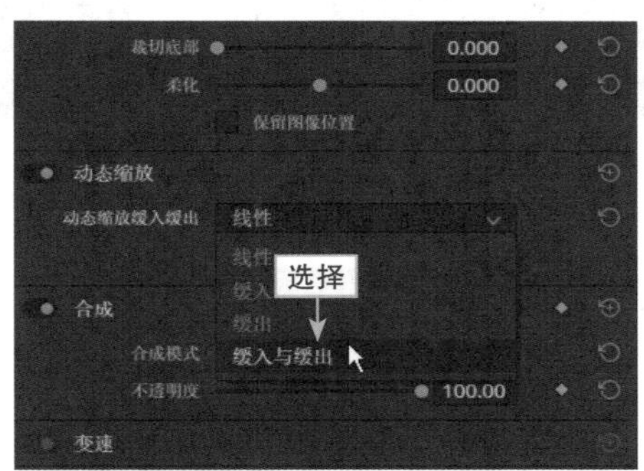

图9.37　选择"缓入与缓出"选项

9.3.3　练习实例：制作字幕裁切动画特效

【效果展示】在达芬奇的"检查器"|"视频"选项卡中，用户可以在"裁切"选项区中通过调整相应参数制作字幕逐字显示的动画特效，效果如图9.38所示。

扫码看效果

扫码看教程

图9.38　效果展示

下面介绍制作字幕裁切动画特效的操作方法。

步骤 01　打开一个项目文件，进入"剪辑"步骤面板，如图9.39所示。

步骤 02　在"时间线"面板中选择V2轨道中添加的字幕文件，如图9.40所示。

步骤 03 展开“检查器”|“视频”|“设置”选项卡，在“裁切”选项区中拖曳“裁切左侧”滑块至最右端，如图 9.41 所示，设置“裁切左侧”参数为最大值。

步骤 04 单击“裁切左侧”关键帧按钮◆，如图 9.42 所示，添加第 1 个关键帧。

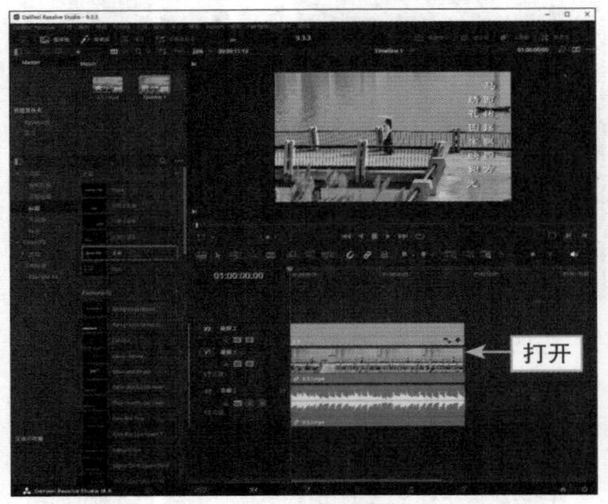

图 9.39 打开一个项目文件

图 9.40 选择 V2 轨道中添加的字幕文件

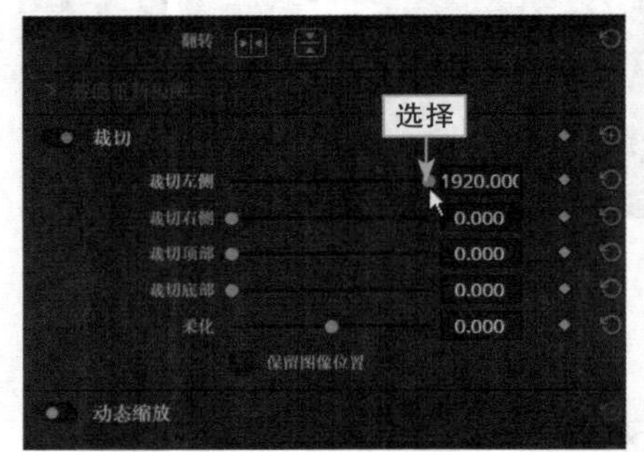

图 9.41 拖曳“裁切左侧”滑块至最右端

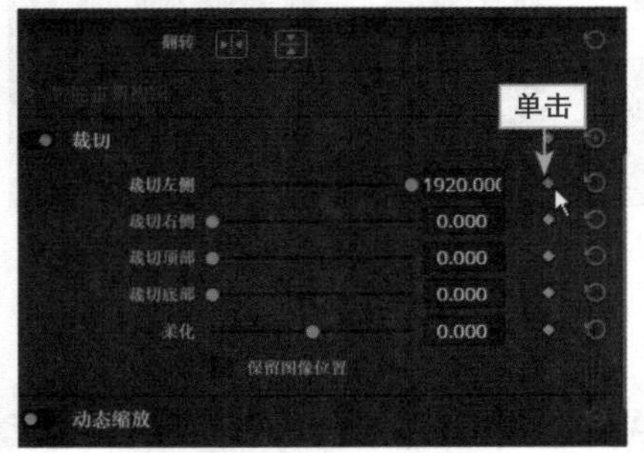

图 9.42 单击“裁切左侧”关键帧按钮

步骤 05 在“时间线”面板中将“时间指示器”拖曳至 01:00:05:25 位置处，如图 9.43 所示。

步骤 06 展开“检查器”|“视频”|“设置”选项卡中的“裁切”选项区，拖曳“裁切左侧”滑块至最左端，如图 9.44 所示，设置“裁切左侧”参数为最小值，即可自动添加第 2 个关键帧。

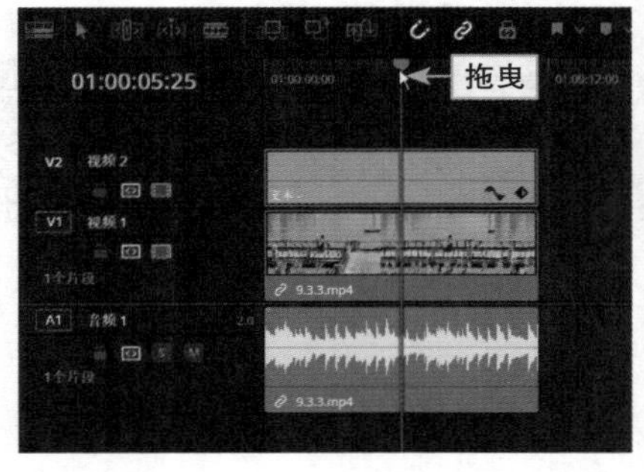

图 9.43 拖曳“时间指示器”至合适位置

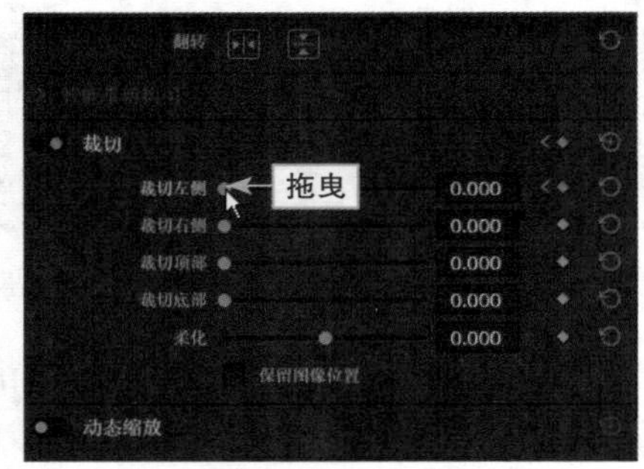

图 9.44 拖曳“裁切左侧”滑块至最左端

课后习题：制作电影落幕视频特效

本习题练习在达芬奇中制作电影落幕视频特效。当一部影片播放完毕后，在片尾将播放这部影片的演员、制片人、导演等信息，效果展示如图9.45所示。

图9.45 效果展示

扫码看效果

扫码看教程

模拟考试

主题：为视频添加字幕特效。

要求：

（1）自行准备一段素材。

（2）对视频进行简单调色处理。

考查知识点：剪辑面板、特效库、标题、字幕。

第10章 音频与渲染

本章要点

影视作品是一门声画艺术，声音是影片中不可或缺的元素。在影视制作中，如果声音运用得恰到好处，往往会给观众带来耳目一新的感觉。当用户完成一段影视内容的编辑后，可以将其输出成不同格式的文件。本章主要介绍编辑与修整音频素材、为音频添加特效以及渲染与导出成品视频的操作方法。

10.1 编辑与修整音频素材

如果一部影片缺少了声音，那么再优美的画面也将黯然失色，优美动听的背景音乐和款款深情的配音不仅可以起到锦上添花的作用，更能增强影片的感染力，使影片效果更上一个台阶。本节主要介绍编辑修整音频素材的操作方法。

10.1.1 练习实例：断开音频链接

【效果展示】默认状态下，“时间线”面板中视频轨道和音频轨道中的素材是绑定链接的状态，当用户需要单独对视频或音频文件进行剪辑操作时，可以通过断开链接，分离视频和音频文件，从而分别执行操作。视频素材效果如图10.1所示。

扫码看教程

图10.1 视频素材效果

下面介绍断开视频与音频链接的操作方法。

步骤 01 打开一个项目文件，进入“剪辑”步骤面板，如图10.2所示。

步骤 02 选择“时间线”面板中的视频素材并移动位置时，可以发现视频和音频呈链接状态，且缩略图上显示了链接的图标，如图10.3所示。

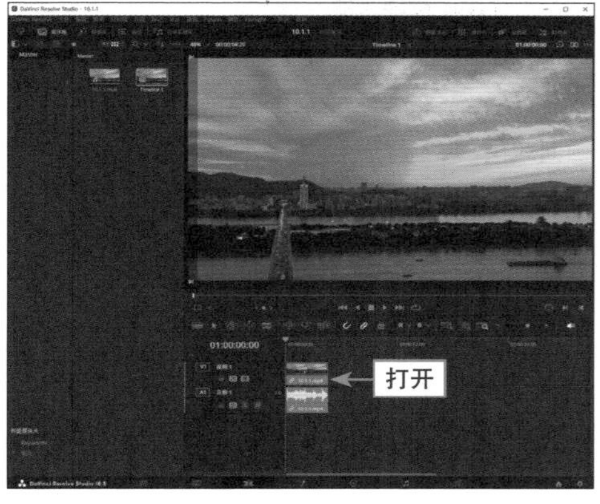

图10.2 打开一个项目文件

图10.3 缩略图上显示链接的图标

步骤 03 选择“时间线”面板中的素材文件，右击，在弹出的快捷菜单中取消选择“链接片段”命令，如图 10.4 所示。

步骤 04 此时可断开视频和音频的链接，缩略图上不再显示链接图标。选择音频轨中的音频素材，按住鼠标左键并左右拖曳，如图 10.5 所示，即可单独对音频文件执行操作。

图 10.4 取消选择“链接片段”命令

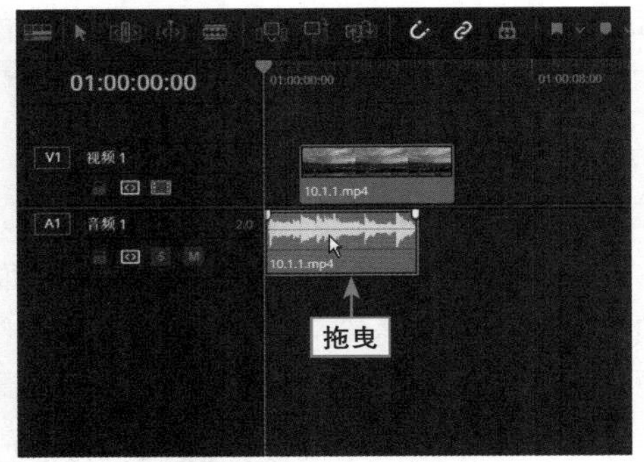

图 10.5 拖曳音频素材

10.1.2 练习实例：替换背景音乐

【效果展示】当用户对视频原来的背景音乐不满意时，可以在达芬奇中替换视频的背景音乐，视频画面效果如图 10.6 所示。

扫码看效果

扫码看教程

图 10.6 视频画面效果

下面介绍替换背景音乐的操作方法。

步骤 01 打开一个项目文件，进入“剪辑”步骤面板，如图 10.7 所示。

步骤 02 在“媒体池”面板中的空白位置处右击，在弹出的快捷菜单中选择“导入媒体”命令，如图 10.8 所示。

步骤 03 弹出“导入媒体”对话框，在其中选择需要导入的音频素材，单击“打开”按钮，如图 10.9 所示，即可将音频素材导入“媒体池”面板中。

步骤 04 在“媒体池”面板中选择音频素材，如图 10.10 所示。

图10.7 打开一个项目文件

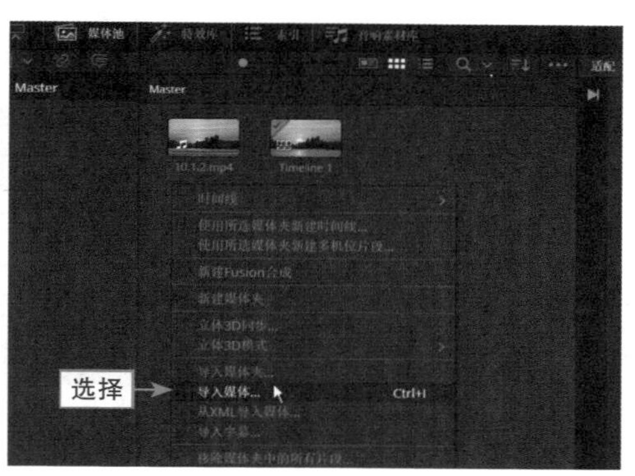

图10.8 选择“导入媒体”命令

图10.9 单击“打开”按钮

图10.10 选择音频素材

步骤 05 在“时间线”面板中选中视频素材，单击鼠标右键，在弹出的快捷菜单中选择“链接片段”命令，如图10.11所示，即可取消视频和音频的链接。

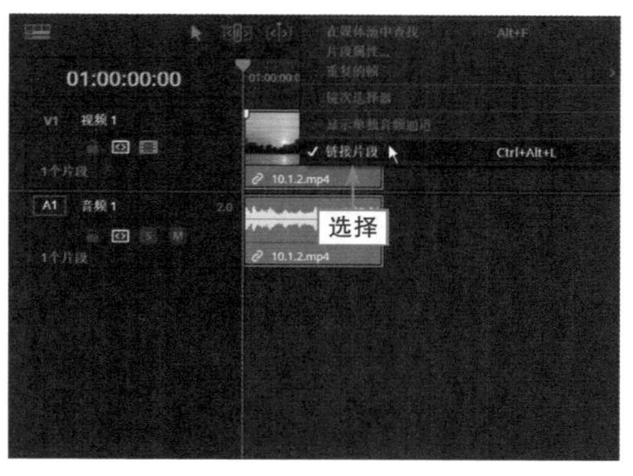

图10.11 选择“链接片段”命令

步骤 06 选中A1轨道上的音频素材，在“时间线”面板的工具栏上单击“替换片段”按钮，如图10.12所示，即可替换视频的背景音乐。

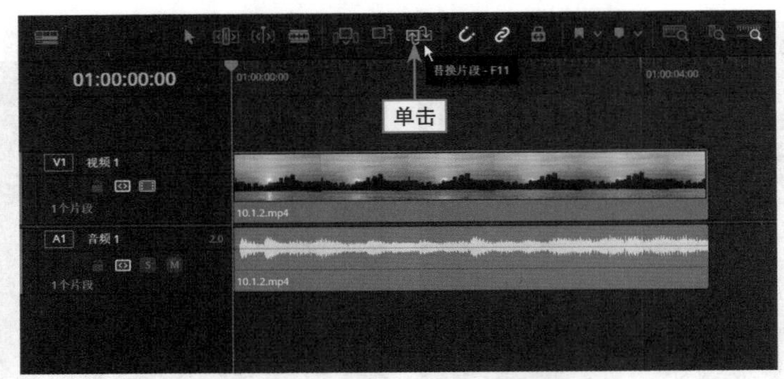

图10.12 单击“替换片段”按钮

10.2 为音频添加特效

在达芬奇中，可以将音频滤镜添加到音频轨道中的音频素材上，如淡入淡出以及回声特效等。本节主要介绍为音频添加特效的操作方法。

10.2.1 练习实例：制作淡入淡出声音特效

【效果展示】为音频添加淡入淡出的音频效果，可以避免音乐突然出现和突然消失，使音乐能够有一种自然的过渡效果。视频画面效果如图10.13所示。

扫码看效果

扫码看教程

图10.13 视频画面效果

下面介绍制作淡入淡出声音特效的操作方法。

步骤 01 打开一个项目文件，进入 Fairlight（音频）步骤面板，如图 10.14 所示。按空格键可以试听音频素材。

步骤 02 将鼠标指针移至音频素材的上方，此时，音频素材的左上角和右上角均出现白色标记，如图 10.15 所示。

图 10.14　打开一个项目文件

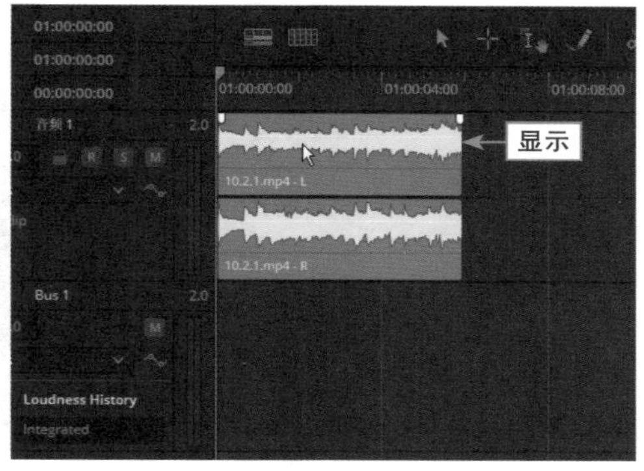

图 10.15　将鼠标指针移至音频素材的上方

步骤 03 选中左上角的标记，按住鼠标左键并向右拖曳，如图 10.16 所示，至合适位置释放鼠标左键，即可为音频素材添加淡入特效。

步骤 04 用同样的方法向左拖曳音频右上角的标记，如图 10.17 所示，至合适位置释放鼠标左键，即可为音频素材添加淡出特效，按空格键可以聆听制作的淡入淡出声音特效。

图 10.16　拖曳左上角的标记

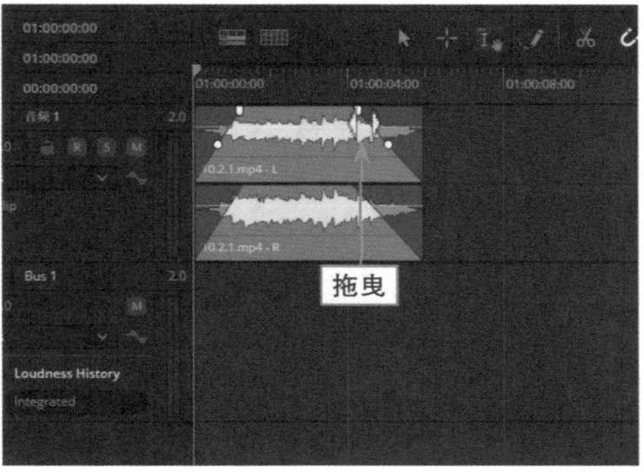

图 10.17　拖曳右上角的标记

10.2.2　练习实例：制作背景声音的回声特效

【效果展示】在达芬奇中，使用回声音频滤镜样式可以为音频文件添加回声效果，该滤镜样式适合放在比较唯美梦幻的视频素材中，视频画面效果如图 10.18 所示。

下面介绍制作背景声音的回声效果的具体操作方法。

步骤 01 打开一个项目文件，进入 Fairlight（音频）步骤面板，如图 10.19 所示。按空格键可以试听音频素材。

步骤 02 在界面左上角单击“特效库”按钮，如图 10.20 所示。

扫码看效果

扫码看教程

图10.18　视频画面效果

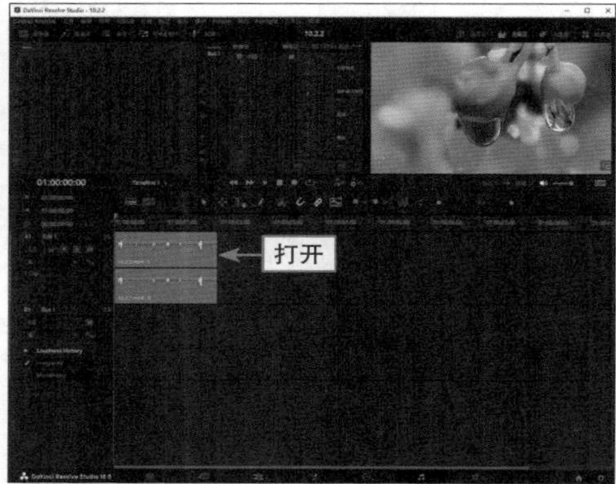

图10.19　打开一个项目文件

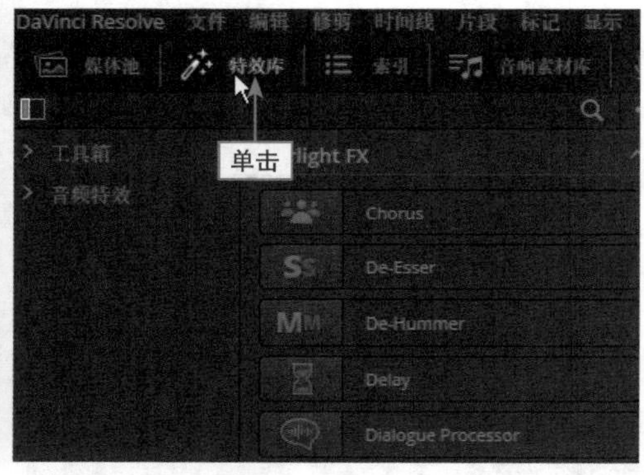

图10.20　单击“特效库”按钮

步骤 03 展开“音频特效”面板，选择 Echo（回声）选项，如图 10.21 所示。

步骤 04 按住鼠标左键的同时将选择的音频特效拖曳至 A1 轨道上的音频素材上，如图 10.22 所示。

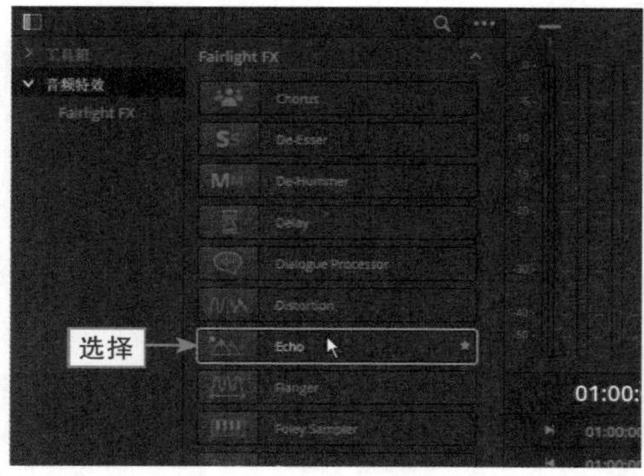

图10.21　选择 Echo（回声）选项

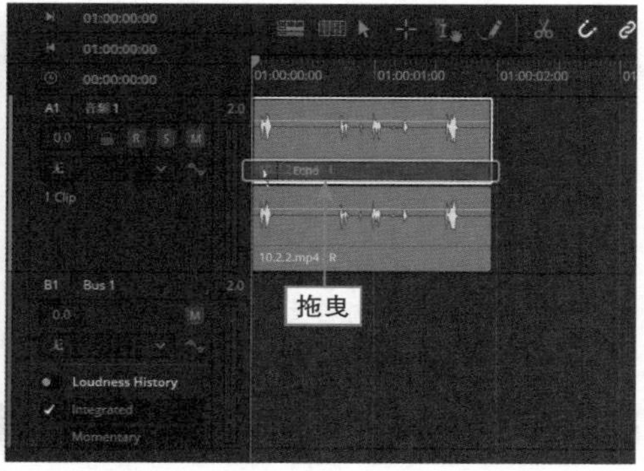

图10.22　拖曳至 A1 轨道上的音频素材上

步骤 05 释放鼠标左键，自动弹出相应对话框，如图 10.23 所示，在其中可以设置 Echo（回声）特效的属性参数。

步骤 06 单击对话框左上角的“关闭”按钮，返回步骤面板，此时 A1 轨道中的音频素材上显示了特效图标，如图 10.24 所示，表示已添加音频特效，按空格键播放音频，聆听制作的背景声音回声特效。

图10.23 弹出相应对话框

图10.24 显示了特效图标

举一反三：去除视频中的杂音

【效果展示】在DaVinci Resolve 18.5中，使用De-Esser（咝声消除器）音频特效可以对音频文件进行噪声处理，该特效适合用在有噪声的音频文件中。视频画面效果如图 10.25所示。

扫码看效果

扫码看教程

图10.25 视频画面效果

下面介绍去除视频中杂音的操作方法。

步骤 01 打开一个项目文件，进入 Fairlight（音频）步骤面板，如图 10.26 所示。按空格键可以试听音频素材。

步骤 02 单击“特效库”按钮，展开“音频特效”面板，选择 De-Esser（咝声消除器）选项，如图 10.27 所示。

图10.26　打开一个项目文件

图10.27　选择 De-Esser 选项

步骤 03 按住鼠标左键的同时，将选择的音频特效拖曳至 A1 轨道上的音频素材上，如图 10.28 所示。

步骤 04 释放鼠标左键，自动弹出相应对话框，如图 10.29 所示。

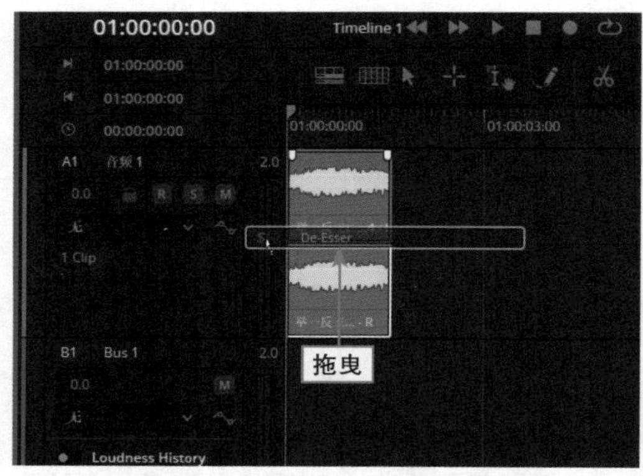

图10.28　拖曳音频特效

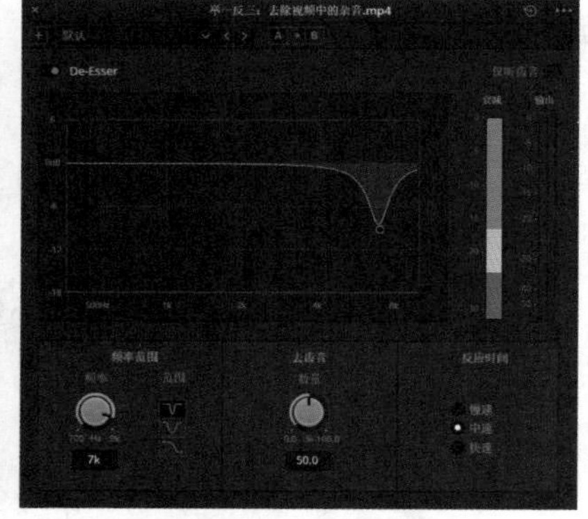

图10.29　弹出相应对话框

步骤 05 在对话框下方的“反应时间”选项区中选中“快速”单选按钮，如图 10.30 所示，提高去除杂音的反应速度。

步骤 06 单击对话框左上角的“关闭”按钮，返回步骤面板，此时 A1 轨道中的音频素材上显示了特效图标，表示已添加音频特效，如图 10.31 所示，按空格键播放音频，聆听去除咝咝背景杂音后的声音。

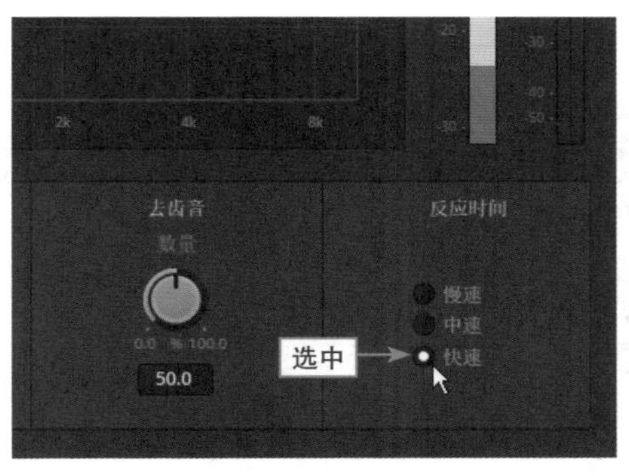

图10.30 选中“快速”单选按钮

图10.31 显示音频特效图标

10.3 渲染与导出成品视频

在达芬奇中，视频素材编辑完成后，可以切换至“交付”步骤面板，然后在“渲染设置”面板中将成品视频渲染输出为不同格式的视频文件。本节将介绍在达芬奇的“交付”步骤面板中渲染与输出视频文件的操作方法。

10.3.1 练习实例：渲染单个片段

【效果展示】在达芬奇的“交付”步骤面板中，用户可以将编辑完成的一个或多个素材片段渲染输出为一个完整的视频文件，效果如图10.32所示。

扫码看效果

扫码看教程

图10.32 视频画面效果

下面介绍将视频渲染成单个片段的操作方法。

步骤 01 打开一个项目文件，切换至“交付”步骤面板，如图10.33所示。

步骤 02 在左上角的“渲染设置”|“渲染设置 -Custom Export”选项面板的“文件名”文本框中输入文件名，如图10.34所示，即可设置渲染的文件名称。

图10.33 切换至“交付”步骤面板

图10.34 输入文件名

步骤 03 单击“位置”右侧的“浏览”按钮，如图 10.35 所示。

步骤 04 弹出“文件目标”对话框，在其中设置文件的保存位置，单击“保存”按钮，如图 10.36 所示。

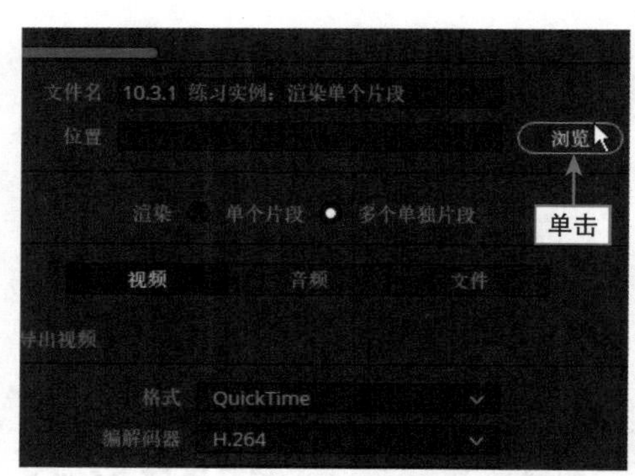

图10.35 单击“浏览”按钮

图10.36 单击“保存”按钮

步骤 05 在“位置”右侧的文本框中显示保存路径，在下方选中“单个片段”单选按钮，如图 10.37 所示，表示将所选时间线范围渲染为单个片段。

步骤 06 单击“添加到渲染队列”按钮，如图 10.38 所示。

步骤 07 将视频文件添加到右上角的“渲染队列”面板中后，单击面板下方的“渲染所有”按钮，如图 10.39 所示。

步骤 08 开始渲染视频文件，并显示了视频渲染进度，如图 10.40 所示。待渲染完成后，在渲染列表上会显示完成用时，表示渲染成功，在视频渲染保存的文件夹中可以查看渲染输出的视频。

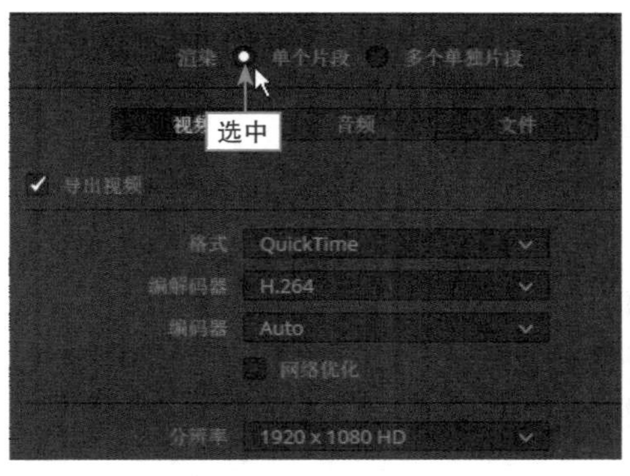

图10.37　选中“单个片段”单选按钮

图10.38　单击“添加到渲染队列”按钮

图10.39　单击“渲染所有”按钮

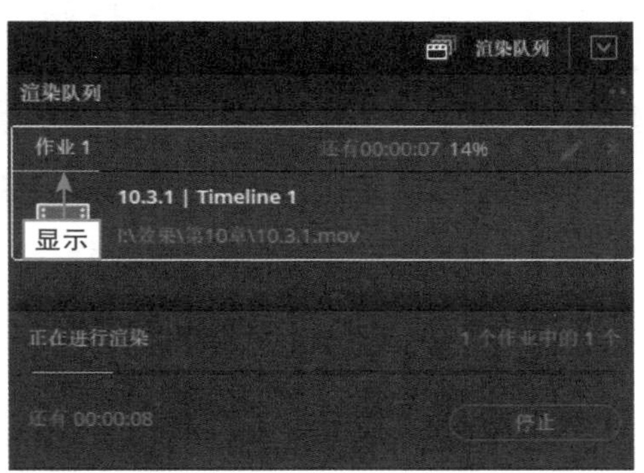

图10.40　显示视频渲染进度

10.3.2　练习实例：导出MP4视频

【效果展示】MP4全称为MPEG-4 Part 14，是一种使用MPEG-4编码标准的多媒体电脑档案格式，文件扩展名为.mp4。MP4格式的优点是应用广泛，这种格式的文件在大多数播放软件、非线性编辑软件以及智能手机中都能播放。视频画面效果如图10.41所示。

扫码看效果

扫码看教程

图10.41　视频画面效果

下面介绍导出MP4视频文件的操作方法。

步骤 01 打开一个项目文件，切换至“交付”步骤面板，如图 10.42 所示。

步骤 02 在“渲染设置”|“渲染设置 -Custom Export”选项面板中设置文件名称和保存位置，如图 10.43 所示。

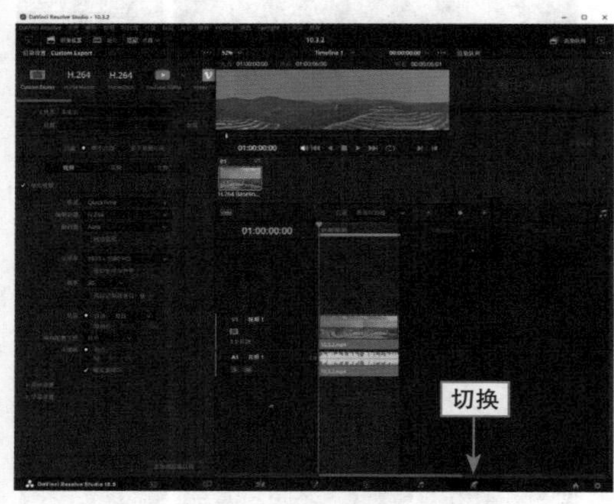

图10.42　切换至“交付”步骤面板

图10.43　设置文件名称和保存位置

步骤 03 在“导出视频”选项区中单击“格式”右侧的下拉按钮，在弹出的下拉列表框中选择 MP4 选项，如图 10.44 所示。

步骤 04 单击“添加到渲染队列”按钮，如图 10.45 所示。

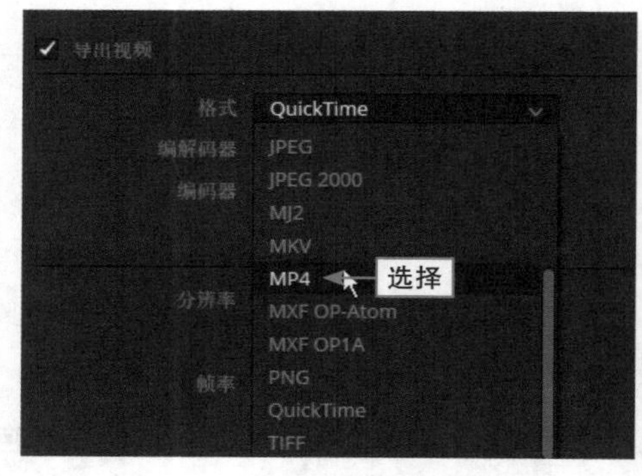

图10.44　选择MP4选项

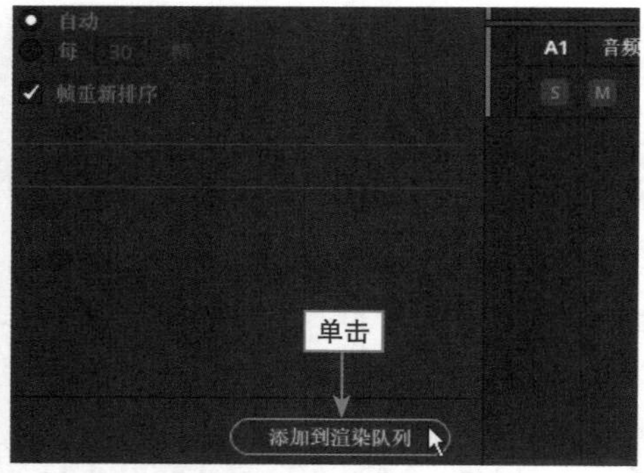

图10.45　单击“添加到渲染队列”按钮

步骤 05 将视频文件添加到右上角的“渲染队列”面板中，单击面板下方的“渲染所有”按钮，如图 10.46 所示。

步骤 06 开始渲染视频文件，并显示视频渲染进度，待渲染完成后，在渲染列表上会显示完成用时，如图 10.47 所示，表示渲染成功。在视频渲染保存的文件夹中，可以查看渲染输出的视频。

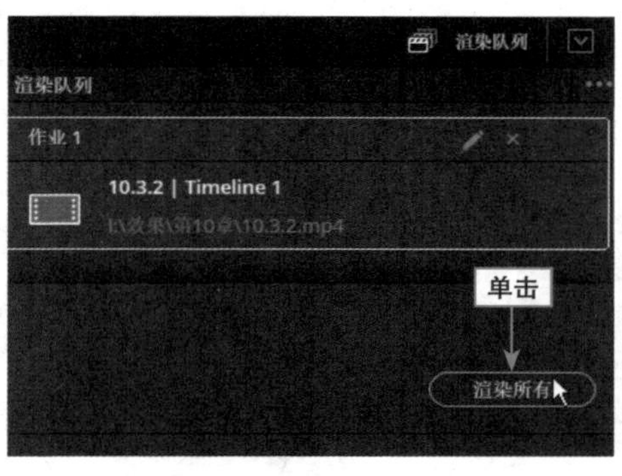

图10.46　单击"渲染所有"按钮

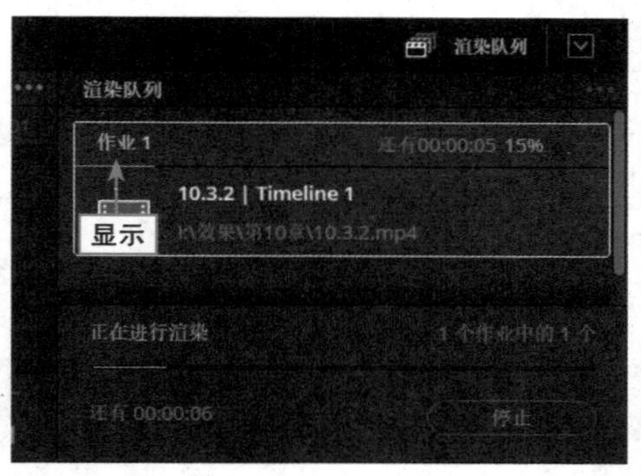

图10.47　显示视频渲染进度

课后习题：导出音频文件

本习题练习在达芬奇中渲染输出视频文件，在"交付"步骤面板中设置渲染输出选项，单独导出与视频文件链接的音频文件。视频画面效果如图10.48所示。

图10.48　视频画面效果

扫码看效果

扫码看教程

模 拟 考 试

主题：为音频素材添加相应的音频效果。

要求：

(1)自行准备一段音频素材。

(2)自己也可以录一段音频。

考查知识点：Fairlight面板、音频特效、Fairlight FX。

烟花视频调色 第11章

本章要点

本章以烟花为主要的素材，展现浓烈的“年味”。在制作视频的时候，需要先确定主题，根据主题选取素材，这样才能保证内容不脱离主题，突出重点。同时，可以把视频素材和照片素材结合起来，“有动有静”，更有层次感。

11.1 欣赏视频效果

烟花视频是由多个视频片段组合在一起的长视频，因此在制作时要挑选素材，在制作时还要根据视频片段的逻辑关系和分类排序，之后再导出制作效果。在介绍制作方法之前，先欣赏一下视频的效果，然后再导入素材。

11.1.1 效果赏析

扫码看效果

这个夜景视频是由8个视频片段和6组照片组合在一起的，因此在视频开头要介绍视频的主题，内容主要介绍每个视频的拍摄方法，结尾则主要起着承上启下的作用，如图11.1所示。

图11.1 烟花视频调色——《烟花盛宴》效果欣赏

11.1.2　技术提炼

在达芬奇中，用户可以先建立一个项目文件，然后在“剪辑”步骤面板中，将烟花视频素材导入“时间线”面板。根据需要在“时间线”面板中对素材文件进行时长剪辑，切换至“调色”步骤面板，依次对“时间线”面板中的视频片段进行调色操作，待画面色调调整完成后，为烟花视频添加标题字幕以及背景音乐，并将制作好的成品输出。

11.2　制作视频过程

本节主要介绍烟花视频的制作过程，包括导入烟花视频素材，对视频进行合成、剪辑操作，调整视频画面的色彩与风格，为视频添加动态缩放、添加片头片尾、添加字幕、添加背景音乐以及输出制作的视频等内容，希望大家可以熟练掌握风景视频的各种制作方法。

11.2.1　导入烟花视频素材

扫码看教程

在为视频调色之前，首先需要将视频素材导入“时间线”面板的视频轨中。下面介绍具体的操作方法。

步骤 01 启动达芬奇软件，进入项目管理器面板，在“本地”选项卡中单击“新建项目”按钮，如图 11.2 所示。

步骤 02 弹出“新建项目”对话框，输入相应名称，单击“创建”按钮，如图 11.3 所示，进入达芬奇的工作界面。

图 11.2　单击“新建项目”按钮

图 11.3　单击“创建”按钮

步骤 03 在计算机文件夹中，选择需要导入的烟花视频素材，如图 11.4 所示，即可将选择的多段烟花视频素材，拖曳至“媒体池”面板中。

步骤 04 选择“媒体池”面板中的视频素材，将其拖曳至“时间线”面板中的视频轨上，即可完成导入视频素材的操作，如图 11.5 所示。

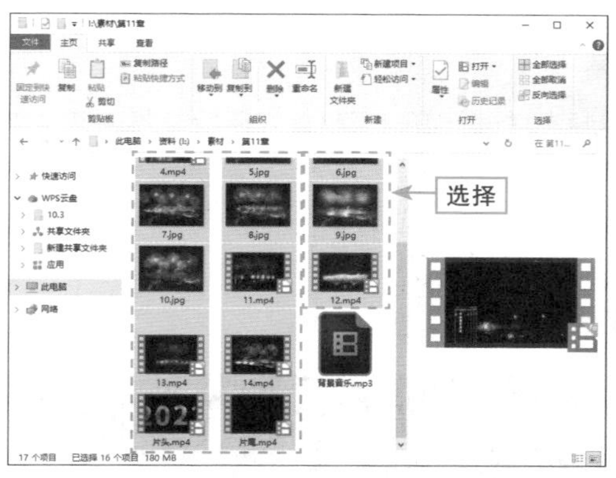

图 11.4　选择需要导入的烟花视频素材

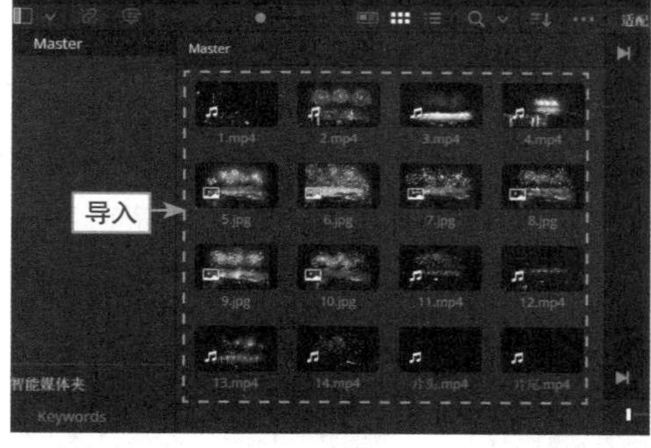

图 11.5　导入视频素材

> ▶ 温馨提示
>
> 导入照片时，第 5 ~ 10 张照片素材需要一张张导入或者拖曳到媒体池面板中，不能全选导入或者拖曳至媒体池面板，如果全选导入或者拖曳就会成为一段视频。

步骤 05　在预览窗口中查看导入的视频素材，如图 11.6 所示。

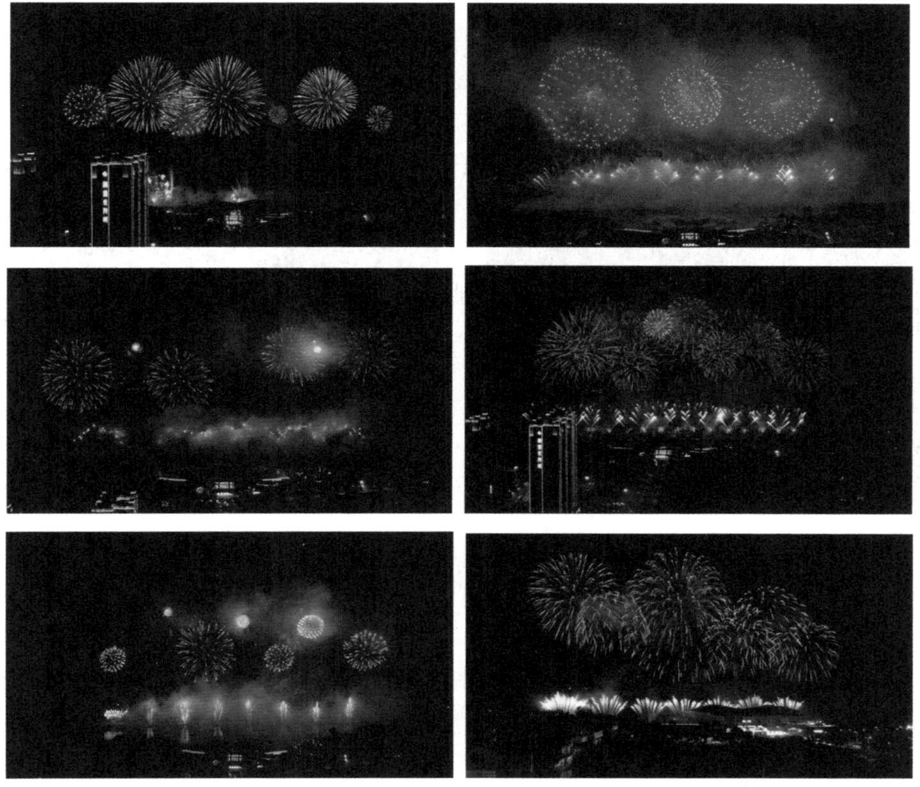

图 11.6　查看导入的视频素材

11.2.2　对视频进行合成、剪辑操作

扫码看教程

导入视频素材后，需要对视频素材进行剪辑调整，方便后续调色等操作。下面介绍具体的操作方法。

步骤 01　在达芬奇的“时间线”面板上方的工具栏中，单击“刀片编辑模式”按钮，如图 11.7 所示。

步骤 02　将“时间指示器”拖曳至 01:00:13:13 位置处，如图 11.8 所示。

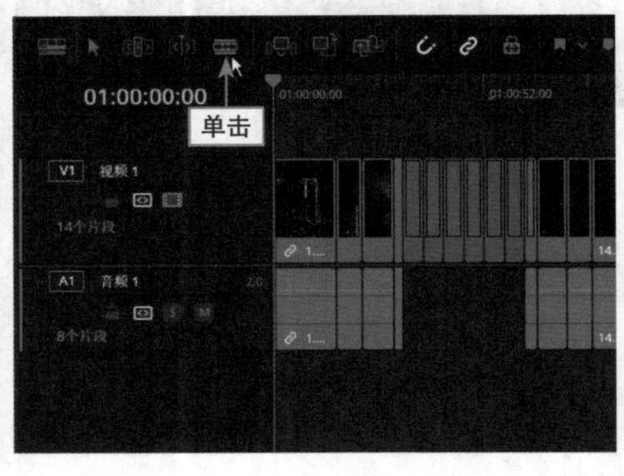

图 11.7　单击“刀片编辑模式”按钮

图 11.8　拖曳至相应位置

步骤 03　在视频 1 轨道的素材文件上单击，将素材 1 分割为两段，如图 11.9 所示。

步骤 04　继续将“时间指示器”拖曳至 01:00:17:06 位置处，单击，将素材 2 分割为两段，如图 11.10 所示。

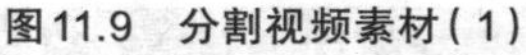

图 11.9　分割视频素材（1）

图 11.10　分割视频素材（2）

步骤 05　用同样的方法，在合适的位置处对视频 1 轨道上的视频素材进行分割剪辑操作，效果如图 11.11 所示。

步骤 06　在“时间线”面板的工具栏中，单击“选择模式”按钮，在视频轨道上按住 Ctrl 键的同时，选中分割出来的小片段，按 Delete 键，将小片段删除，效果如图 11.12 所示。

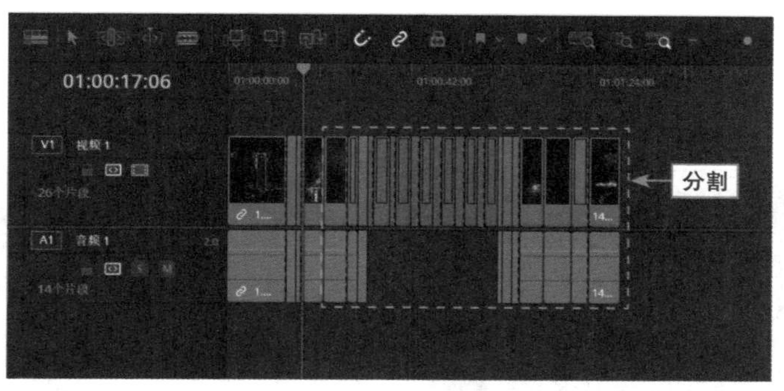

图11.11 分割视频素材效果

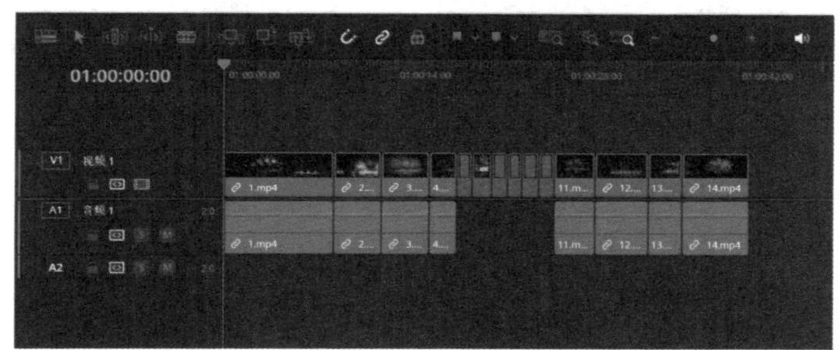

图11.12 删除相应片段

11.2.3 调整视频画面的色彩与风格

扫码看教程

剪辑完视频素材后，即可在"调色"步骤面板中，为视频素材调整画面的色彩风格、色调等。下面介绍具体的操作步骤。

步骤 01 切换至"调色"步骤面板，在"片段"面板中选中01视频片段，如图11.13所示。

步骤 02 在"示波器"面板中可以查看素材分量图的效果，如图11.14所示。

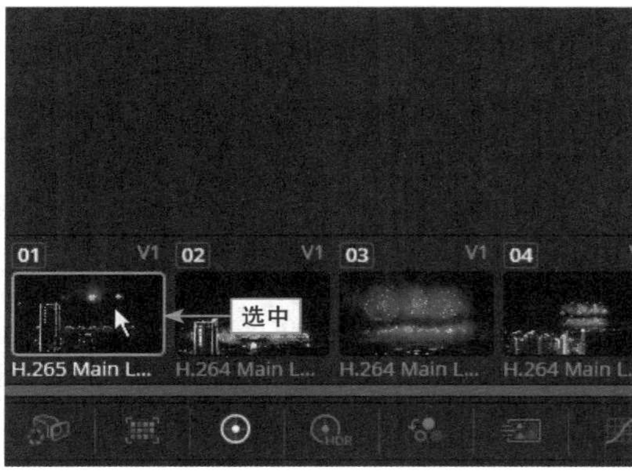

图11.13 选中01视频片段

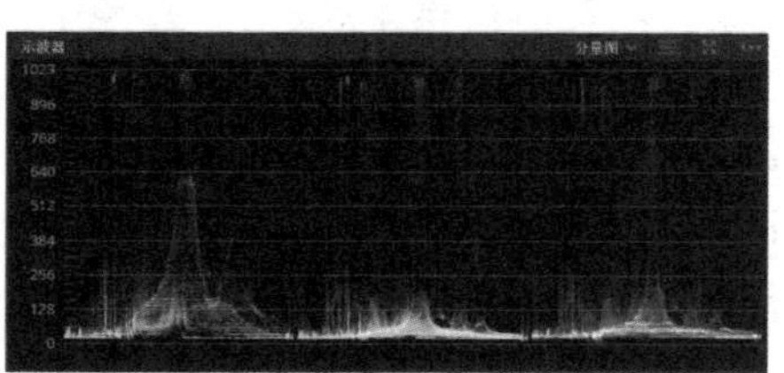

图11.14 查看素材分量图效果

步骤 03 在预览器窗口的图像素材上右击，在弹出的快捷菜单中选择“抓取静帧”命令，如图 11.15 所示。

步骤 04 在“画廊”面板中可以查看抓取的静帧缩略图，如图 11.16 所示。

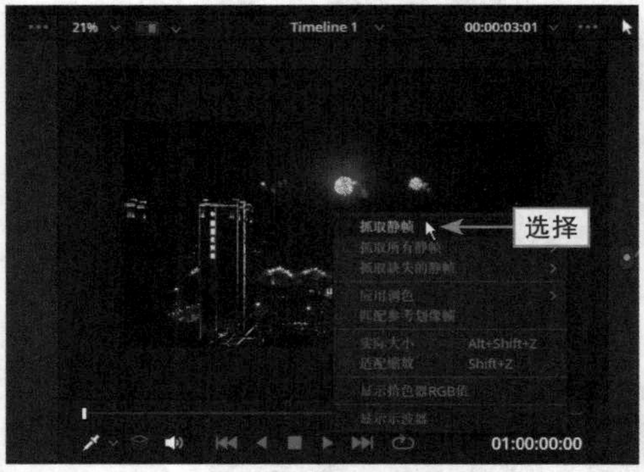

图 11.15 选择“抓取静帧”命令

图 11.16 查看抓取的静帧缩略图

步骤 05 展开“一级 - 校色轮”面板，设置“亮部”参数均显示为 1.06，设置“饱和度”参数为 100.00，如图 11.17 所示，提高画面的整体色调。

步骤 06 在“示波器”面板中查看分量图显示效果，如图 11.18 所示。

图 11.17 设置“饱和度”参数（1）

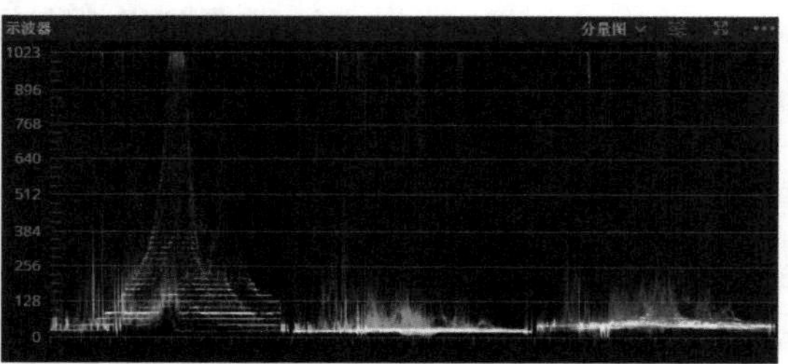

图 11.18 查看分量图显示效果

步骤 07 在“检查器”面板上方单击“划像”按钮，如图 11.19 所示。

步骤 08 在预览窗口中，划像查看静帧与调色后的对比效果，如图 11.20 所示。

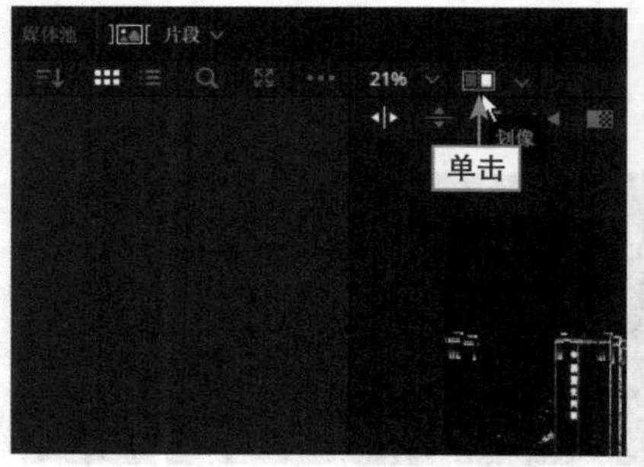

图 11.19 单击“划像”按钮（1）

图 11.20 划像查看静帧与调色后的对比效果（1）

步骤 09 取消划像对比，在“片段”面板中选中 02 视频片段，如图 11.21 所示。

步骤 10 在“示波器”面板中可以查看 02 分量图。在预览窗口中选择“抓取静帧”选项，展开“画廊”面板，在其中查看抓取的 02 静帧图像缩略图，如图 11.22 所示。

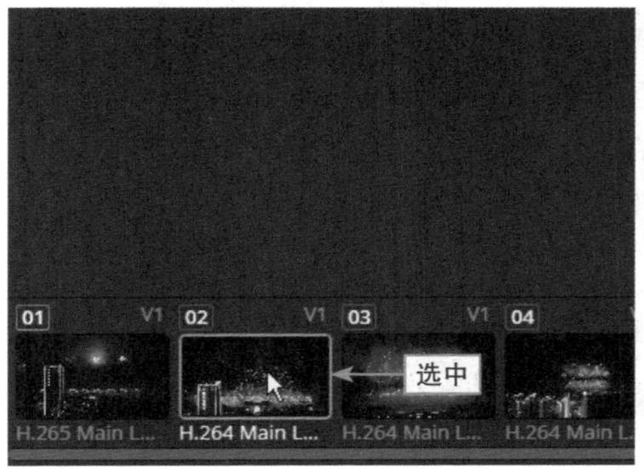

图11.21 选中02视频片段

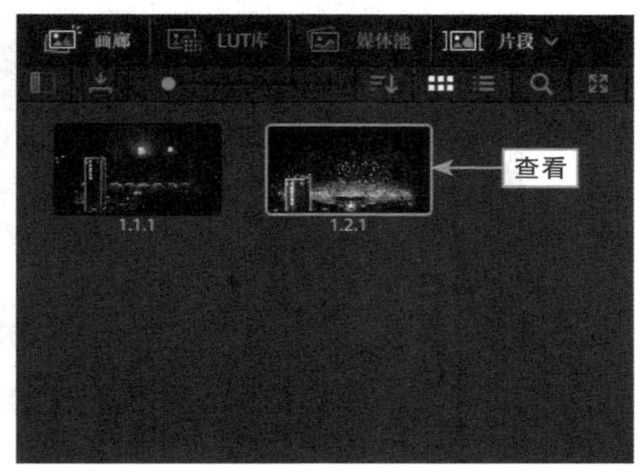

图11.22 查看02静帧图像缩略图

步骤 11 展开“一级 - 校色轮”面板，设置“亮部”参数均显示为 1.06；设置“饱和度”参数为 100.00，如图 11.23 所示，提高画面的整体色调。

步骤 12 在“示波器”面板中查看 02 分量图显示效果，在“检查器”面板上方单击“划像”按钮，如图 11.24 所示。

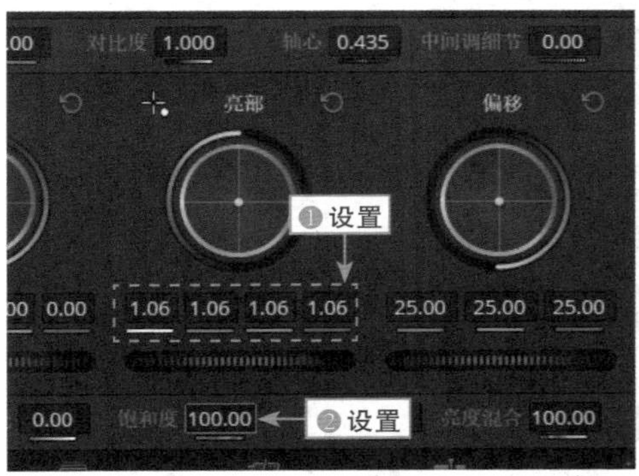

图11.23 设置“饱和度”参数（2）

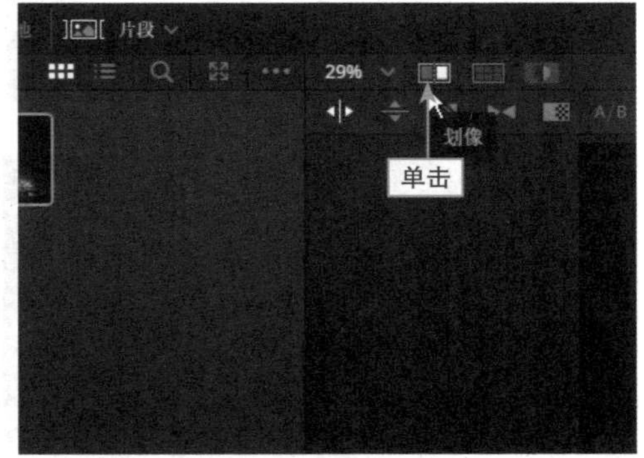

图11.24 单击“划像”按钮（2）

> **▶ 温馨提示**
>
> 这里的第 5 ~ 10 张照片素材已经在 Photoshop 软件中进行了处理，不需要再调色，只需对视频素材进行调色。

步骤 13 在预览窗口中划像查看静帧与调色后的对比效果，如图 11.25 所示。

步骤 14 用同样的方法，对其他视频进行划像查看静帧与调色后的对比效果，如图 11.26 所示。

图 11.25　划像查看静帧与调色后的对比效果（2）

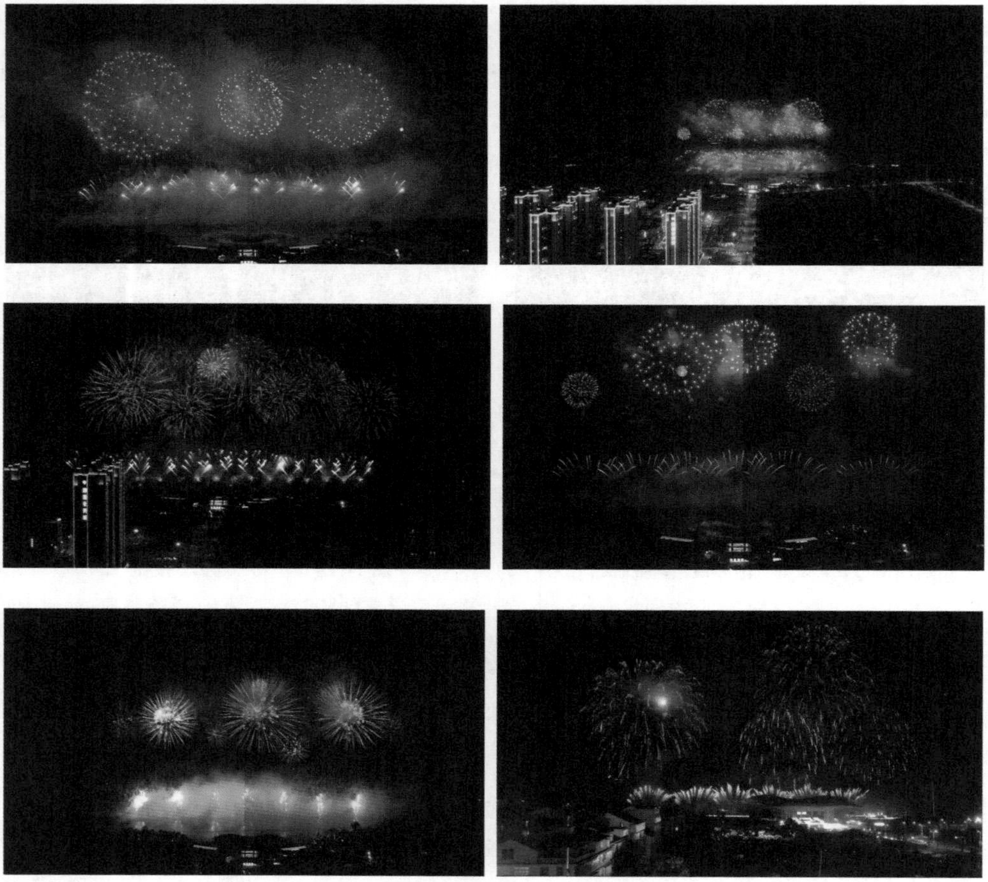

图 11.26　划像查看静帧与调色后的对比效果（3）

11.2.4 为视频添加动态缩放

扫码看教程

调色完成后，接下来还需要为烟花照片素材添加动态缩放效果，使照片更有动感。下面介绍具体的操作方法。

步骤 01 按住 Ctrl 键，同时选择第 5 张和第 6 张照片素材，展开“检查器”|“视频”选项卡，如图 11.27 所示。

步骤 02 单击“动态缩放”按钮，如图 11.28 所示，即可开启“动态缩放”的功能区域。

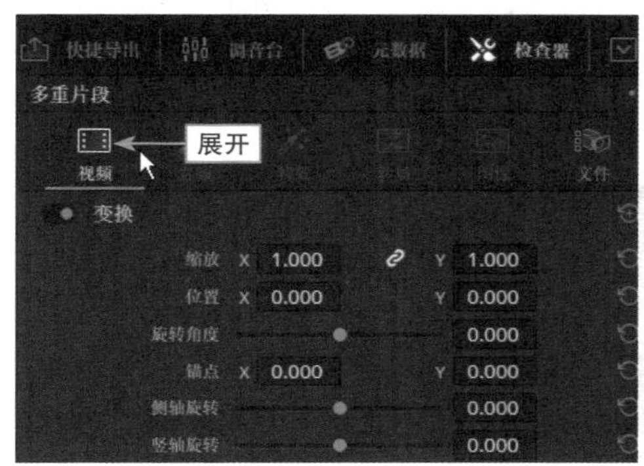

图 11.27 展开“视频”选项卡

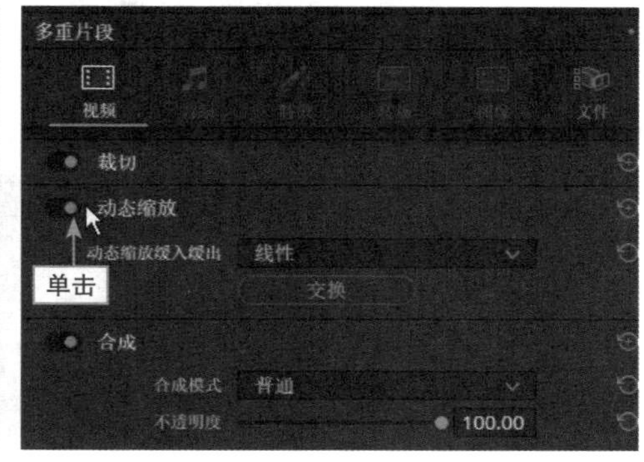

图 11.28 单击“动态缩放”按钮（1）

步骤 03 在“动态缩放缓入缓出”下拉列表框中选择“缓出”选项，如图 11.29 所示，即可查看放大突出的动画特效。

步骤 04 用同样的方法选择第 7 张和第 8 张照片素材，展开“检查器”|“视频”选项卡，单击“动态缩放”按钮，如图 11.30 所示，即可开启“动态缩放”的功能区域。

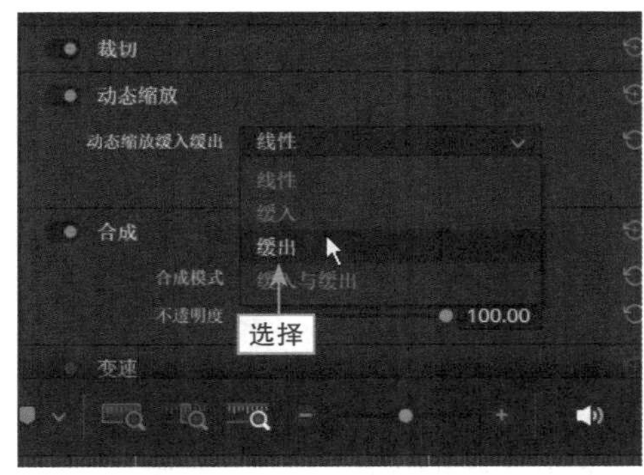

图 11.29 选择“缓出”选项

图 11.30 单击“动态缩放”按钮（2）

步骤 05 在“动态缩放缓入缓出”下拉列表框中选择“缓入”选项，如图 11.31 所示，即可查看缩放动画特效。

步骤 06 用同样的方法选择第 9 张和第 10 张照片素材，展开“检查器”|“视频”选项卡，单击“动态缩放”按钮，如图 11.32 所示，即可开启“动态缩放”的功能区域。

步骤 07 在“动态缩放缓入缓出”下拉列表框中选择“缓入与缓出”选项，如图 11.33 所示，即可查看缩小放大的动画特效，在预览窗口中可查看最终效果。

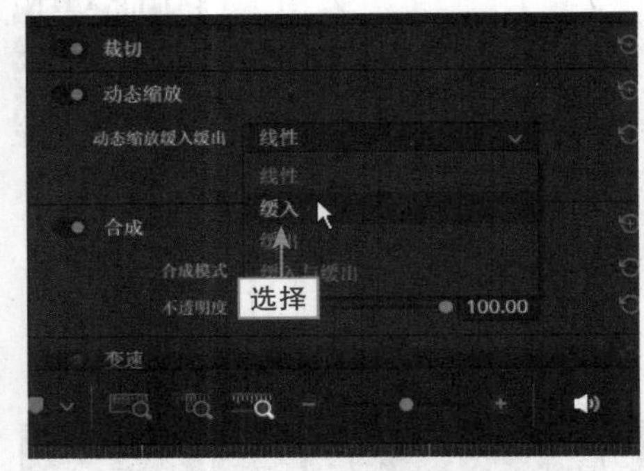

图 11.31　选择“缓入”选项

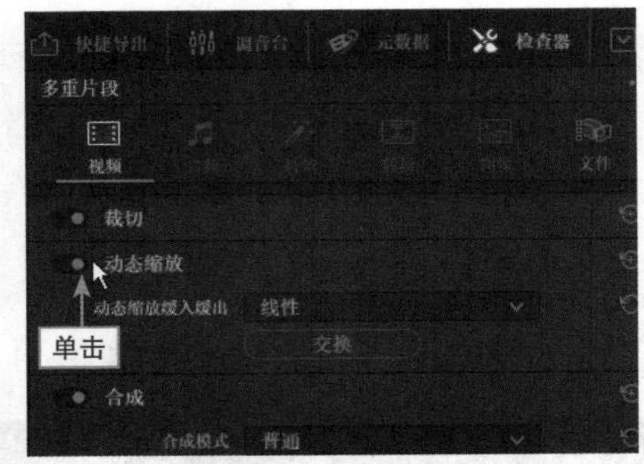

图 11.32　单击“动态缩放”按钮（3）

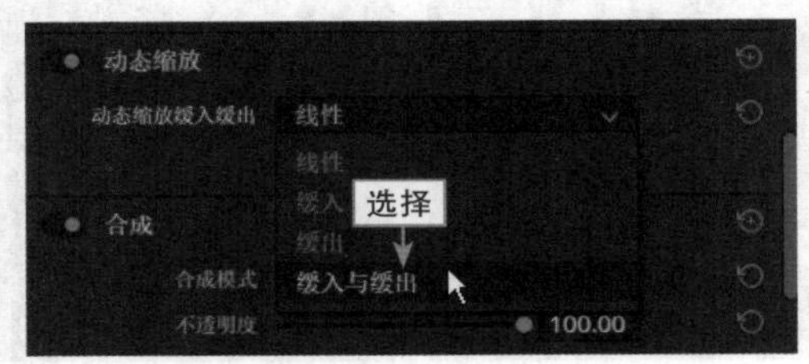

图 11.33　选择“缓入与缓出”选项

11.2.5　为视频添加片头片尾

扫码看教程

视频剪辑后，接下来还需要为烟花视频添加片头和片尾，使视频更加完美。下面介绍具体的操作方法。

步骤 01　在“媒体池”面板中选择片头素材，如图 11.34 所示。

步骤 02　按住鼠标左键将片头素材拖曳至 V1 轨道上，在合适位置处释放鼠标左键，如图 11.35 所示。

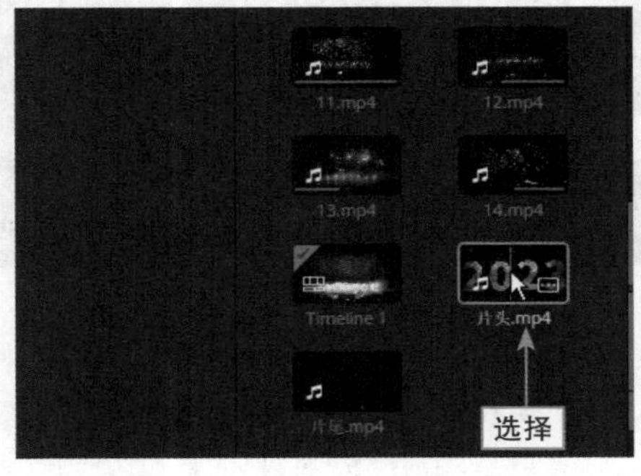

图 11.34　选择片头素材

图 11.35　拖曳片头至合适位置

步骤 03　将“时间指示器”拖曳至 01:00:49:21 位置处，如图 11.36 所示。

步骤 04　在“媒体池”面板中选择片尾素材，如图 11.37 所示。

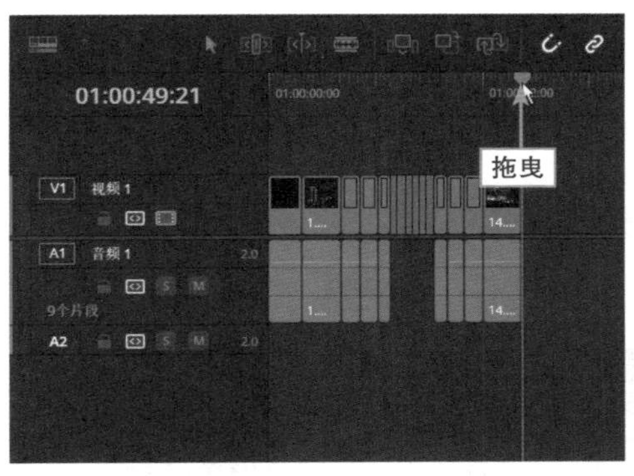

图11.36　拖曳“时间指示器”至相应位置

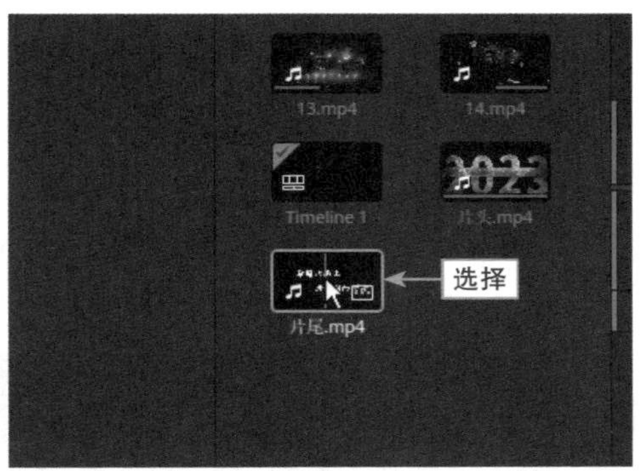

图11.37　选择片尾素材

步骤 05　按住鼠标左键将片尾素材拖曳至 V1 轨道上，在合适位置处释放鼠标左键，如图 11.38 所示。

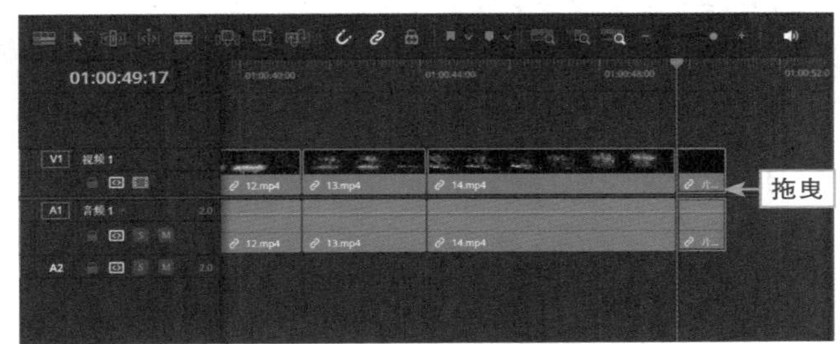

图11.38　拖曳片尾至合适位置

步骤 06　在预览窗口上查看添加的片头片尾效果，如图 11.39 所示。

图11.39　添加片头片尾效果

11.2.6 为烟花视频添加字幕

扫码看教程

添加片头片尾后，接下来还需要为烟花视频添加标题字幕文件，增强视频的艺术效果。下面介绍具体的操作方法。

步骤 01 拖曳“时间指示器”至01:00:03:22位置处，如图11.40所示。

步骤 02 在“剪辑”步骤面板中单击“特效库”按钮，如图11.41所示。

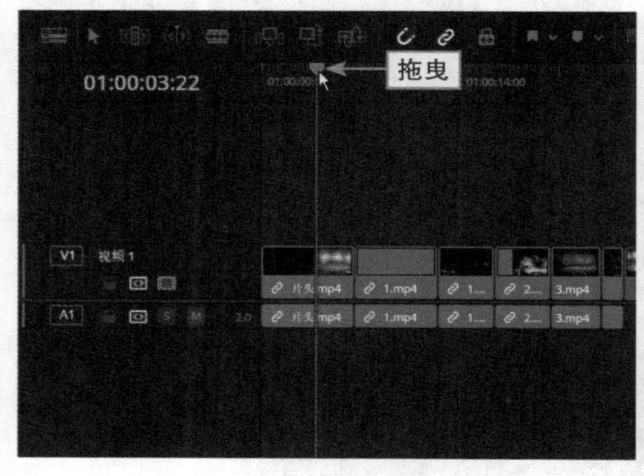

图11.40 拖曳“时间指示器”(1)

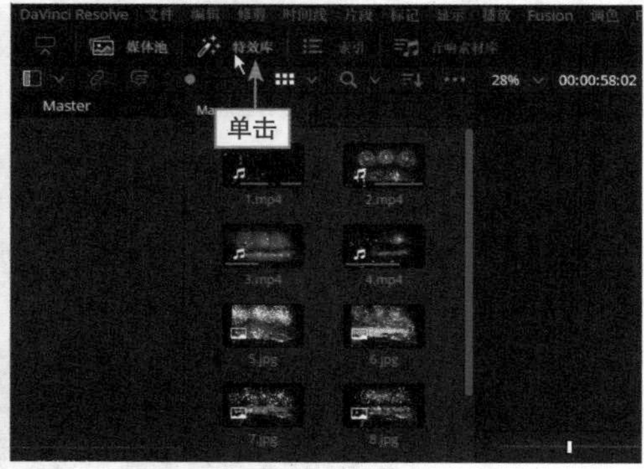

图11.41 单击“特效库”按钮

步骤 03 在“媒体池”面板下方展开“特效库”面板，单击“工具箱”下拉按钮，展开选项列表，选择“标题”|“文本”选项，如图11.42所示。

步骤 04 按住鼠标左键将“文本”字幕样式拖曳至V1轨道上方，“时间线”面板会自动添加一条V2轨道，在合适位置处释放鼠标左键，即可在V2轨道上添加一个标题字幕文件，并调整文本时长，如图11.43所示。

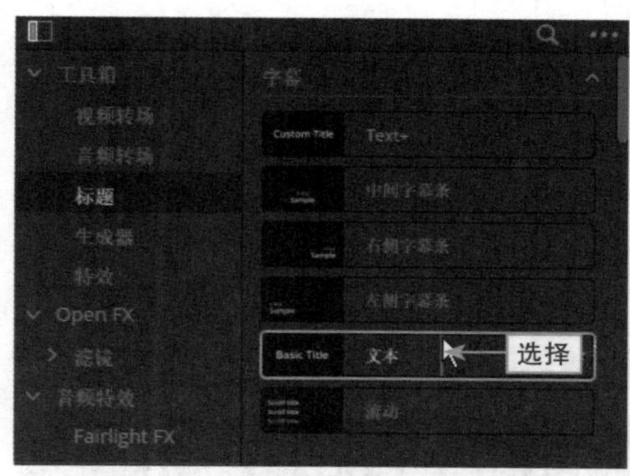

图11.42 选择“文本”选项

图11.43 调整文本时长

步骤 05 双击添加的“文本”字幕，展开“检查器”|“视频”|“标题”选项卡，如图11.44所示。

步骤 06 在“多信息文本”下方的编辑框中输入相应文字，如图11.45所示。

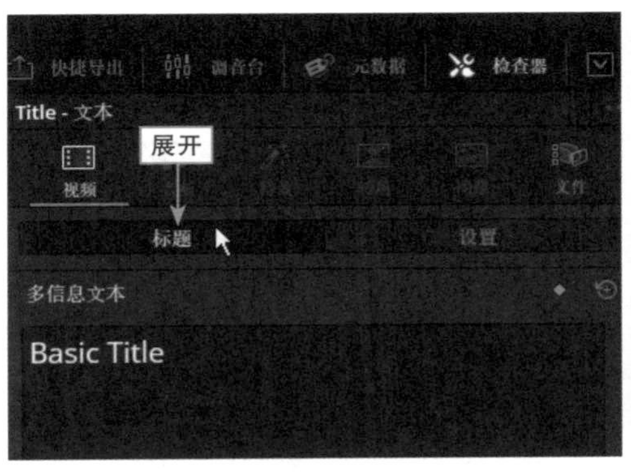

图11.44　展开“标题”选项卡

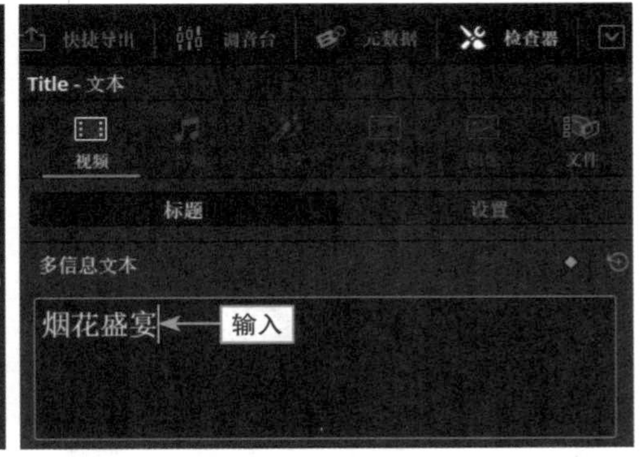

图11.45　输入相应文字（1）

步骤 07　在面板下方设置相应字体，单击“颜色”色块，如图 11.46 所示。

步骤 08　弹出“选择颜色”对话框，在“基本颜色”选项区中选择第 4 排第 2 个颜色色块，如图 11.47 所示。

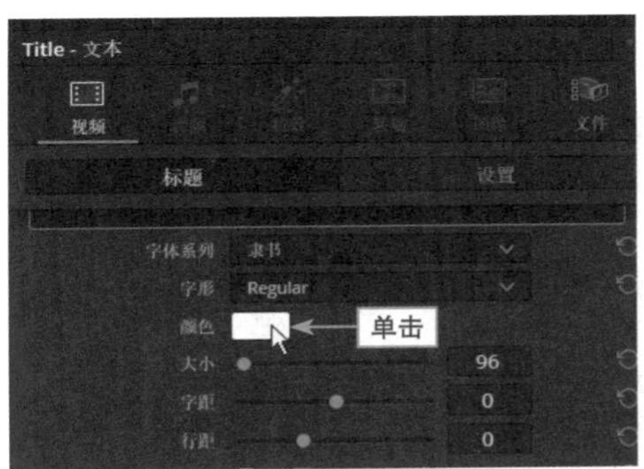

图11.46　单击“颜色”色块（1）

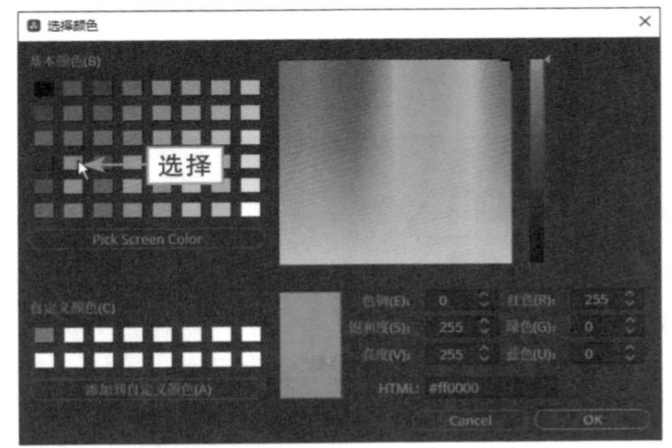

图11.47　选择第 4 排第 2 个颜色色块

步骤 09　单击 OK 按钮，如图 11.48 所示，返回“标题”选项卡，更改标题字幕的字体颜色后，在预览窗口中可以查看设置字体颜色的效果。

步骤 10　在“标题”选项区中设置“大小”参数为 369，设置“字距”参数为 29，如图 11.49 所示。

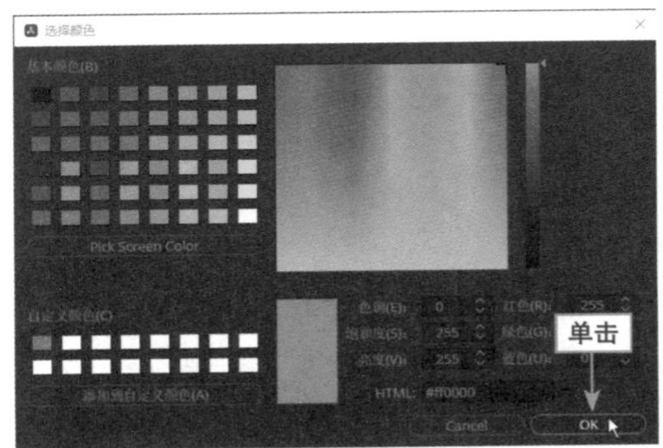

图11.48　单击 OK 按钮（1）

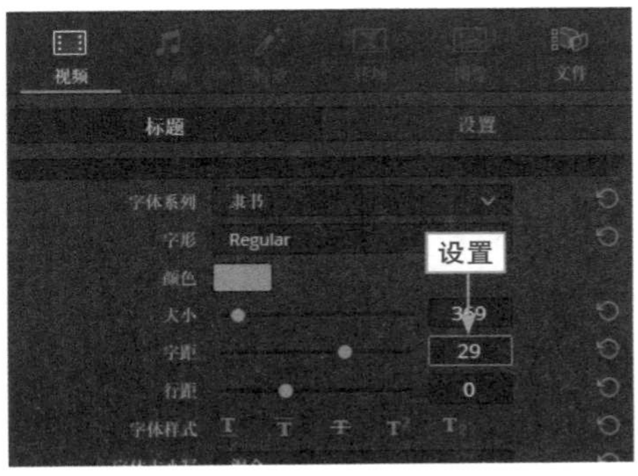

图11.49　设置“字距”参数

步骤 11 设置“位置”的 X 参数为 986.000、Y 参数为 718.000，如图 11.50 所示。

步骤 12 在“描边”选项区中单击“色彩”色块，如图 11.51 所示。

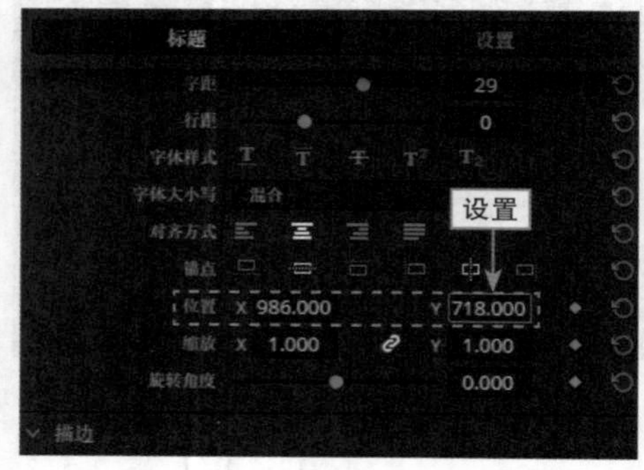

图 11.50 设置“位置”参数（1）

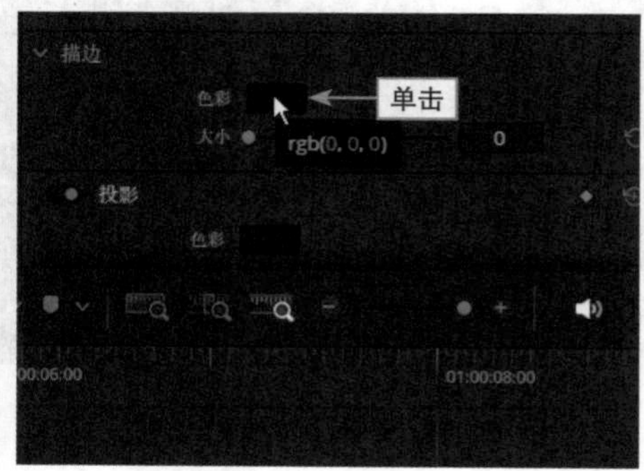

图 11.51 单击“色彩”色块

步骤 13 弹出“选择颜色”对话框，在“基本颜色”选项区中选择白色色块，单击 OK 按钮，如图 11.52 所示。

步骤 14 在“描边”选项区中设置“大小”参数为 5，如图 11.53 所示。

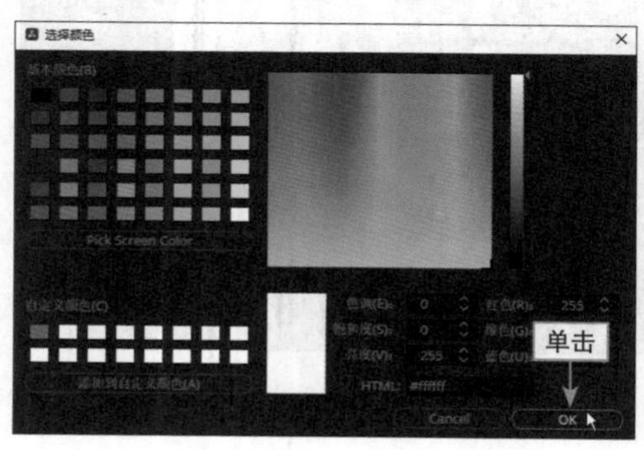

图 11.52 单击 OK 按钮（2）

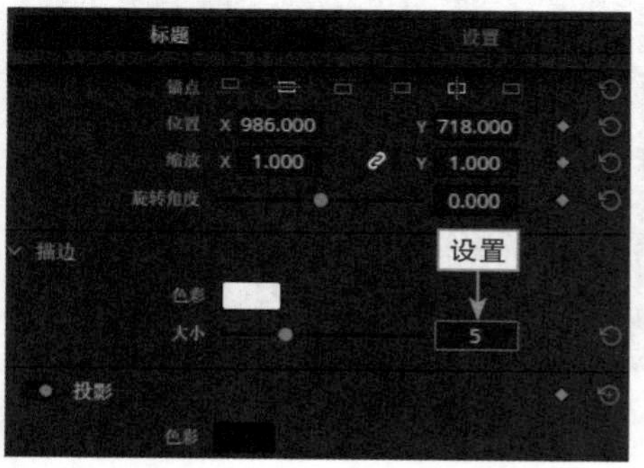

图 11.53 设置“大小”参数（1）

步骤 15 在“投影”选项区中设置“偏移”的 X 参数为 15.000、Y 参数为 2.000，如图 11.54 所示。

步骤 16 展开“检查器”|“视频”|“设置”选项卡，如图 11.55 所示。

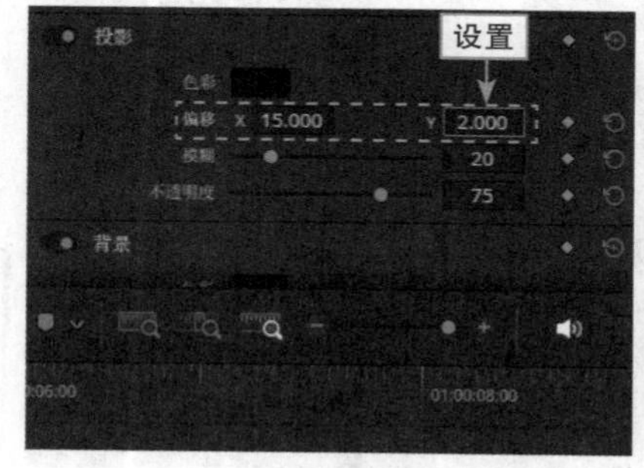

图 11.54 设置“偏移”参数

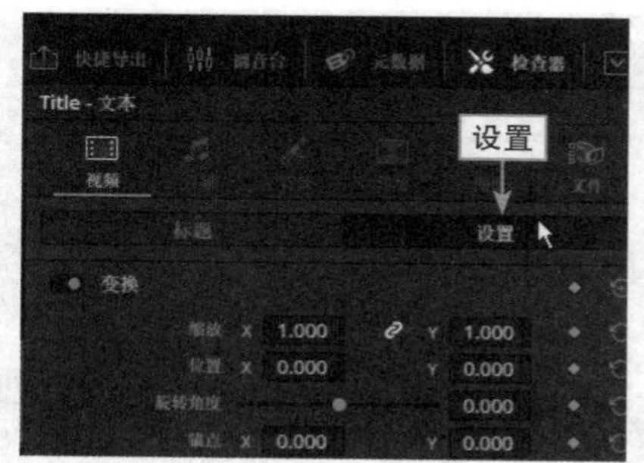

图 11.55 展开“设置”选项卡

步骤 17 在"裁切"选项区中拖曳"裁切右侧"滑块至最右端，如图 11.56 所示，设置"裁切右侧"参数为最大值。

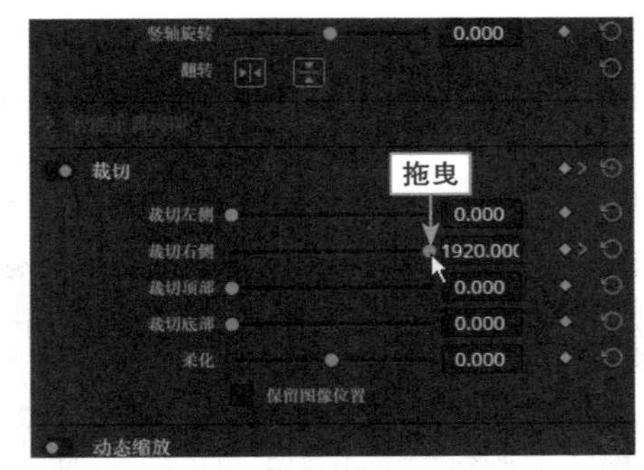

图 11.56 拖曳"裁切右侧"滑块至最右端

步骤 18 单击"裁切右侧"关键帧按钮◆，如图 11.57 所示，添加第 1 个关键帧。

步骤 19 拖曳"时间指示器"至 01:00:04:14 位置处，如图 11.58 所示。

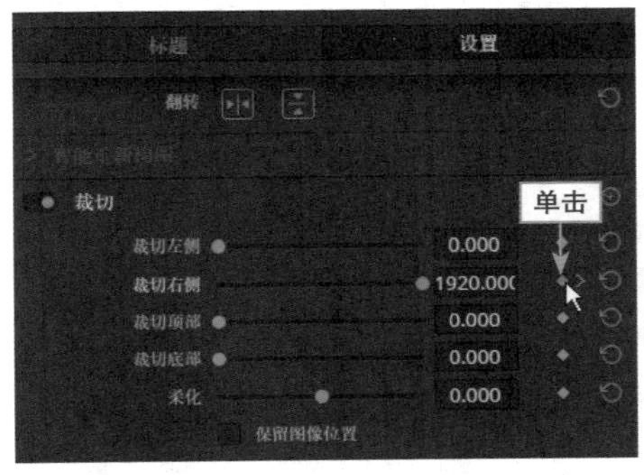

图 11.57 单击"裁切右侧"关键帧按钮

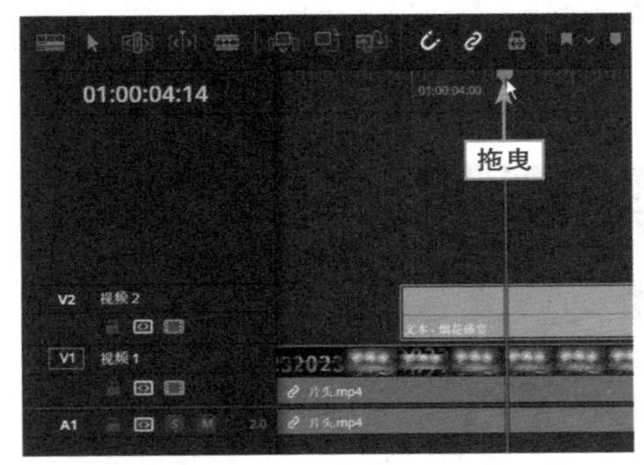

图 11.58 拖曳"时间指示器"(2)

步骤 20 展开"检查器"|"视频"|"设置"选项卡，如图 11.59 所示。

步骤 21 在"裁切"选项区中拖曳"裁切右侧"滑块至最左端，设置"裁切右侧"参数为最小值，即可自动添加第 2 个关键帧，如图 11.60 所示。

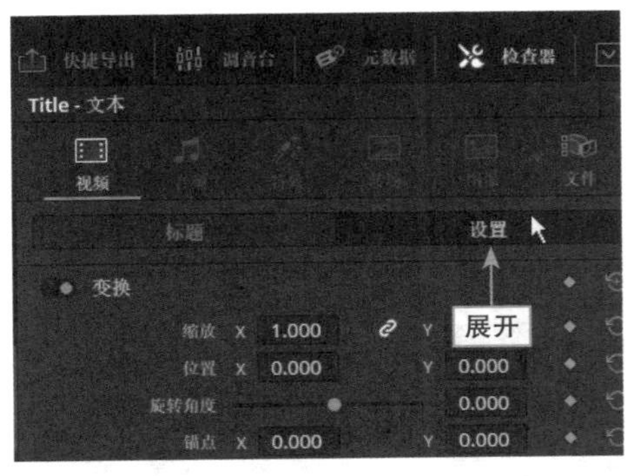

图 11.59 展开"设置"选项卡

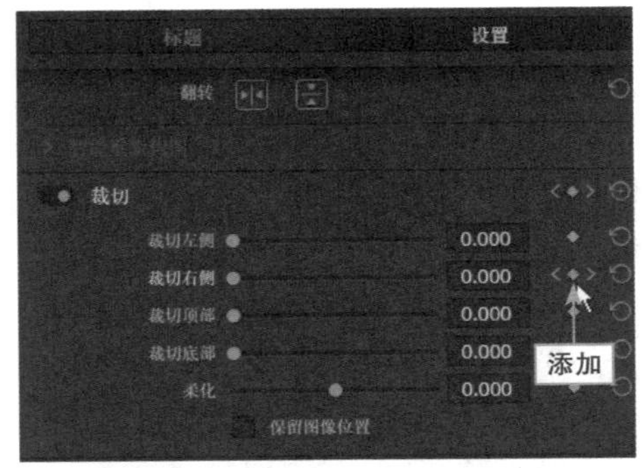

图 11.60 自动添加第 2 个关键帧

步骤 22 拖曳"时间指示器"至 01:00:06:14 位置处，如图 11.61 所示。

步骤 23 选中添加的第一个文本字幕，单击鼠标右键，在弹出的快捷菜单中选择"复制"命令，

如图 11.62 所示。

步骤 24 再次在相应位置单击鼠标右键，在弹出的快捷菜单中选择“粘贴”命令，如图 11.63 所示，即可粘贴至相应位置。

步骤 25 选中第 2 个文本字幕，拖曳至 V2 轨道的上方，如图 11.64 所示，即可添加 V3 轨道。

图 11.61　拖曳“时间指示器”(3)

图 11.62　选择“复制”命令

图 11.63　选择“粘贴”命令

图 11.64　拖曳至 V2 轨道的上方

步骤 26 双击第 2 个文本字幕，展开“检查器”|“视频”|“标题”选项卡，输入相应文字，如图 11.65 所示。

步骤 27 在面板下方设置相应字体，单击“颜色”色块，如图 11.66 所示。

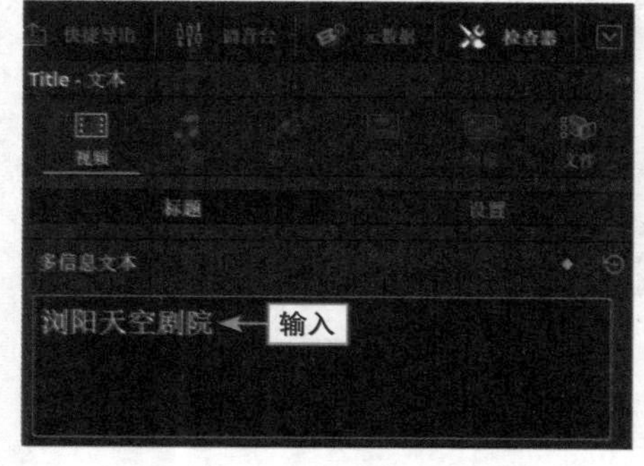

图 11.65　输入相应文字(2)

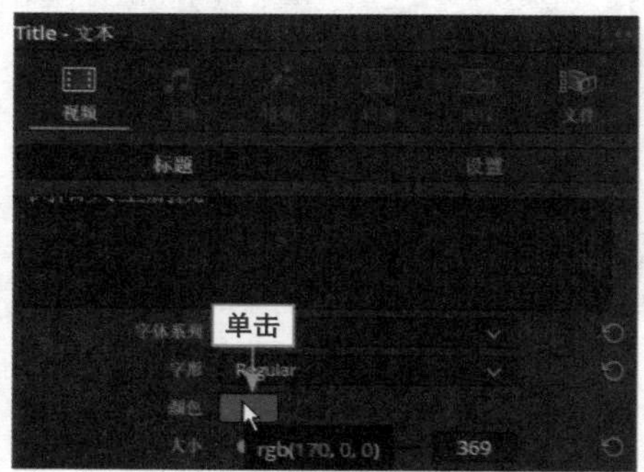

图 11.66　单击“颜色”色块(2)

步骤 28 弹出“选择颜色”对话框，在“基本颜色”选项区中选择第6排第7个颜色色块，如图11.67所示。

步骤 29 单击OK按钮，如图11.68所示，返回“标题”选项卡，更改标题字幕的字体颜色后，在预览窗口中可以查看设置的字体颜色效果。

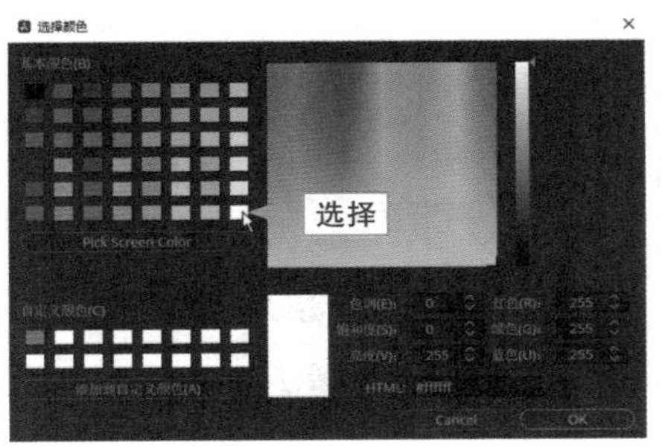

图11.67　选择相应颜色色块

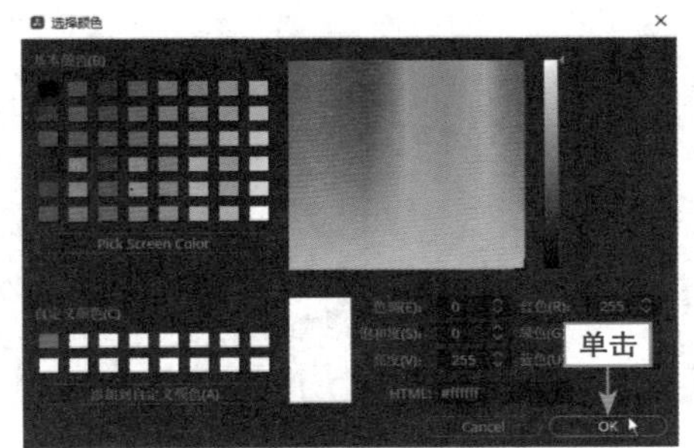

图11.68　单击OK按钮（3）

步骤 30 在“标题”选项区中设置“大小”参数为176，如图11.69所示。

步骤 31 设置“位置”的X参数为978.000、Y参数为396.000，如图11.70所示。

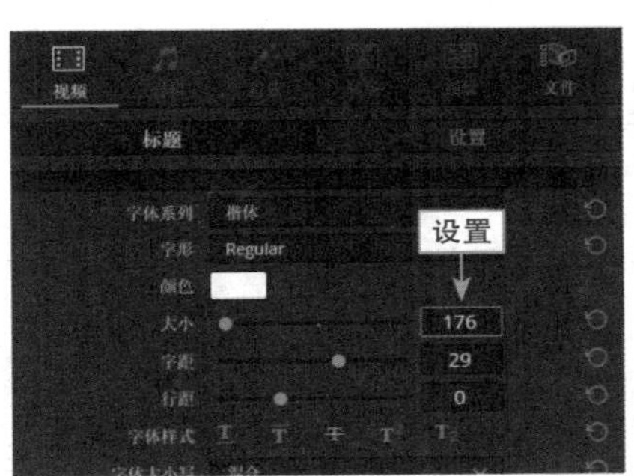

图11.69　设置“大小”参数（2）

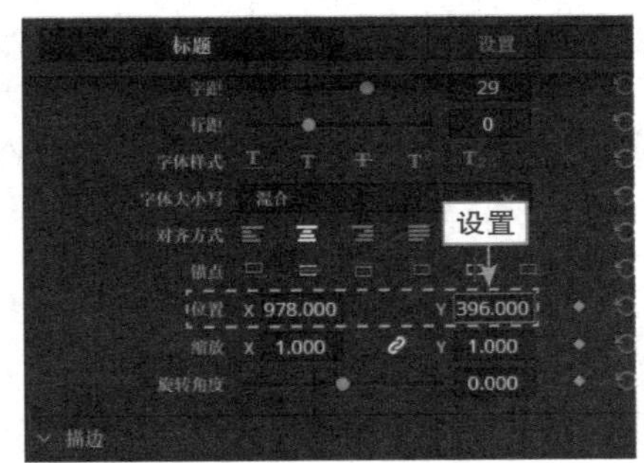

图11.70　设置“位置”参数（2）

步骤 32 用同样的方法添加第3个文本字幕，如图11.71所示。

步骤 33 双击第3个文本字幕，展开“检查器”|“视频”|“标题”选项卡，输入相应文字，如图11.72所示。

图11.71　添加第3个文本字幕

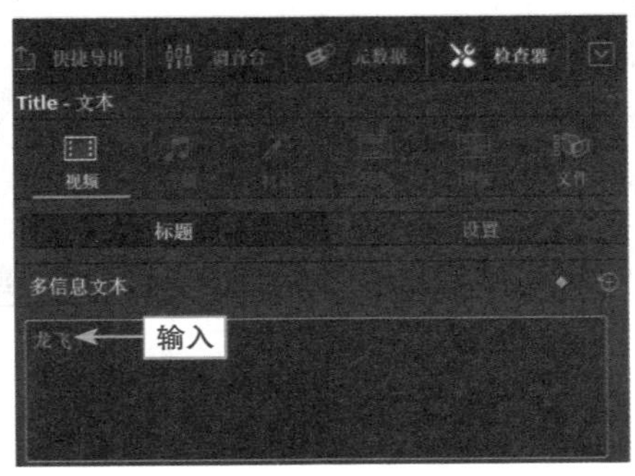

图11.72　输入相应文字（3）

步骤 34 在“标题”选项区中设置相应字体，如图 11.73 所示。

步骤 35 设置“大小”参数为 85，如图 11.74 所示。

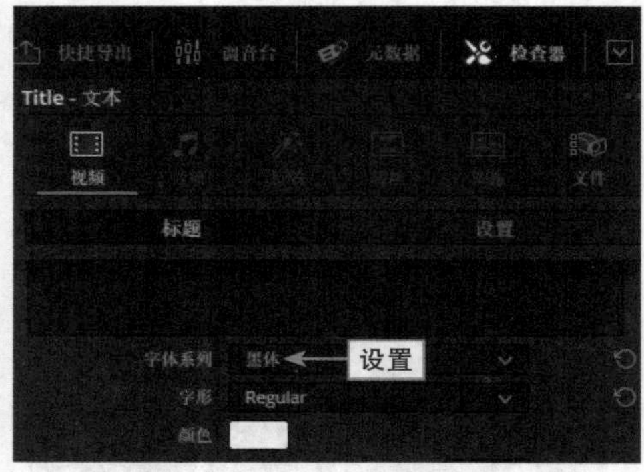

图 11.73　设置相应字体

图 11.74　设置“大小”参数（3）

步骤 36 设置“位置”的 X 参数为 966.000、Y 参数为 219.000，如图 11.75 所示。

步骤 37 在“描边”选项区中设置“大小”参数为 0，如图 11.76 所示。

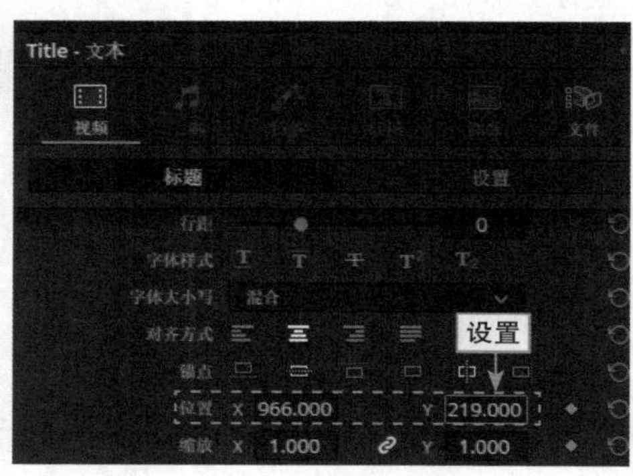

图 11.75　设置“位置”参数（3）

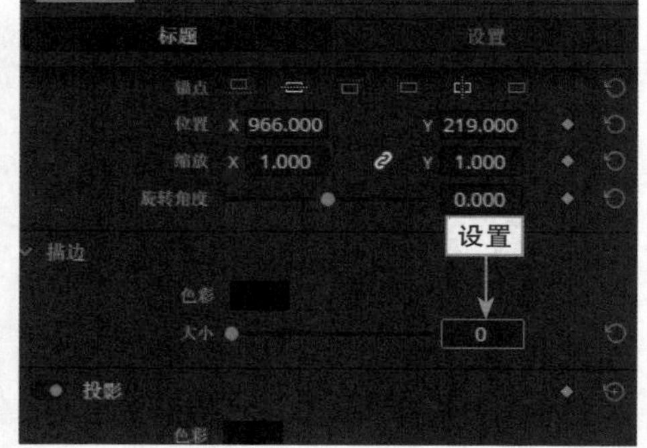

图 11.76　设置“大小”参数（4）

步骤 38 在预览窗口中即可查看添加的字幕效果，如图 11.77 所示。

图 11.77　查看添加的字幕效果

11.2.7 为视频匹配背景音乐

扫码看教程

标题字幕制作完成后，可以为视频添加一个完整的背景音乐，使影片更加具有感染力。下面介绍具体的操作方法。

步骤 01 在“媒体池”面板中的空白位置处右击，在弹出的快捷菜单中选择“导入媒体”命令，如图 11.78 所示。

步骤 02 弹出“导入媒体”对话框，在其中选择需要导入的音频素材，如图 11.79 所示。

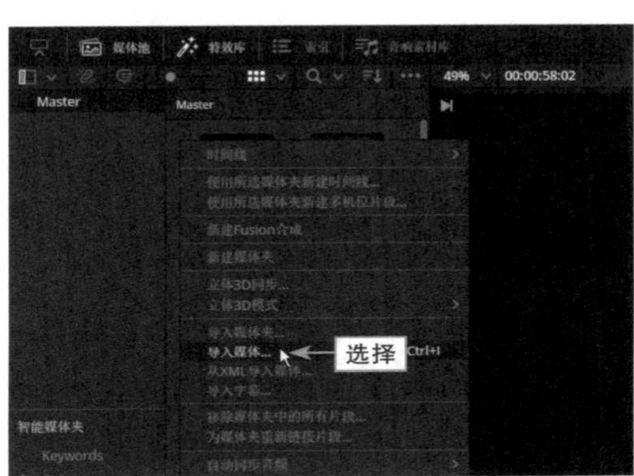

图 11.78 选择“导入媒体”命令

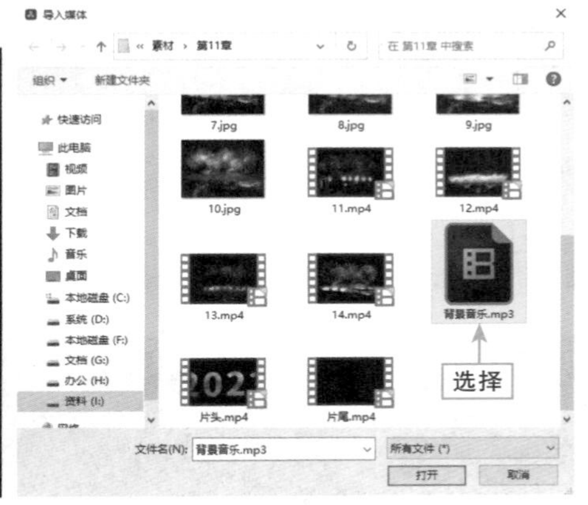

图 11.79 选择需要导入的音频素材

步骤 03 单击“打开”按钮，即可将选择的音频素材导入“媒体池”面板中，如图 11.80 所示。

步骤 04 选择背景音乐，按住鼠标左键向右拖曳，至合适位置后释放鼠标左键，如图 11.81 所示。

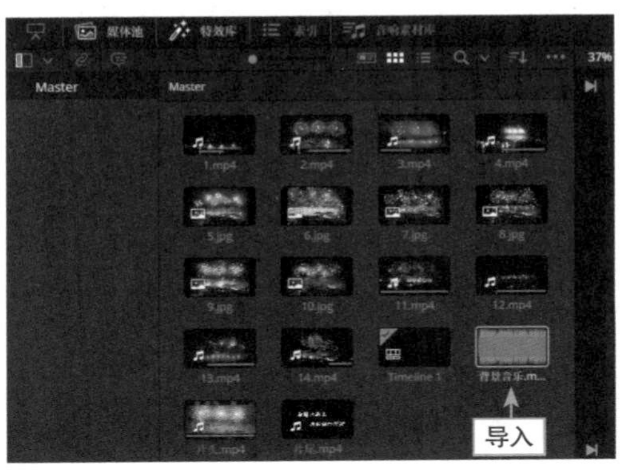

图 11.80 导入“媒体池”面板

图 11.81 拖曳背景音乐

步骤 05 在达芬奇的“时间线”面板上方的工具栏中，单击“刀片编辑模式”按钮，如图 11.82 所示。

步骤 06 执行操作后，即可将“时间指示器”移至相应位置处，如图 11.83 所示。

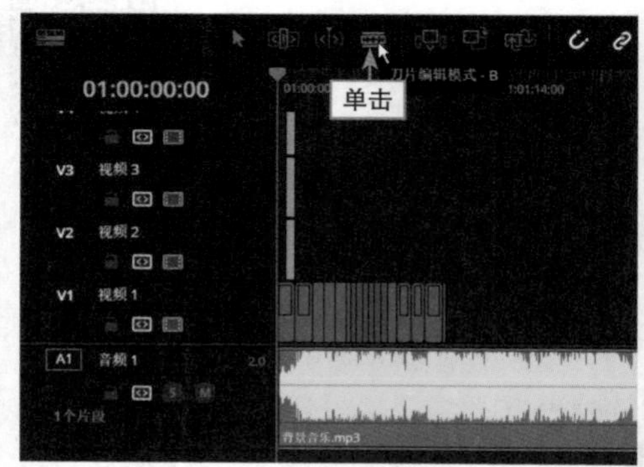

图11.82　单击“刀片编辑模式”按钮

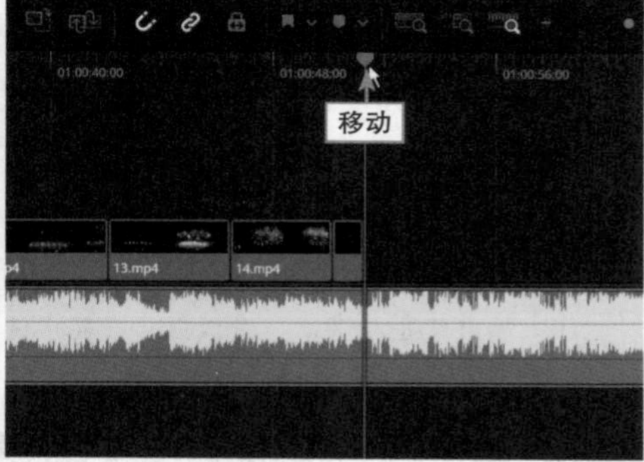

图11.83　移动“时间指示器”至相应位置

步骤 07 在音频 1 轨道上单击鼠标左键，将音频分割为两段，如图 11.84 所示。

步骤 08 选择多余的音频，单击鼠标右键，在弹出的快捷菜单中选择“删除所选”命令，如图 11.85 所示，即可删除多余的音频，在预览窗口可查看最终效果。

图11.84　分割音频素材

图11.85　选择“删除所选”命令

11.2.8　输出制作的视频

扫码看教程

待视频剪辑完成后，即可切换至“交付”面板中，将制作的成品输出为一个完整的视频文件。下面介绍具体的操作方法。

步骤 01 切换至“交付”步骤面板，在“渲染设置”|“渲染设置 -Custom Export”选项面板中，设置文件名称和保存位置，如图 11.86 所示。

步骤 02 在“导出视频”选项区中单击“格式”右侧的下拉按钮，在弹出的下拉列表中选择 MP4 选项，如图 11.87 所示。

步骤 03 单击“添加到渲染队列”按钮，如图 11.88 所示。

步骤 04 将视频文件添加到右上角的“渲染队列”面板中，单击“渲染所有”按钮，如图 11.89 所示。

步骤 05 此时开始渲染视频文件，并显示视频渲染进度，待渲染完成后，在渲染列表上会显示完成用时，表示渲染成功，如图 11.90 所示。在保存视频渲染文件的文件夹中，可以查看渲染输出的视频。

图11.86　设置文件名称和保存位置

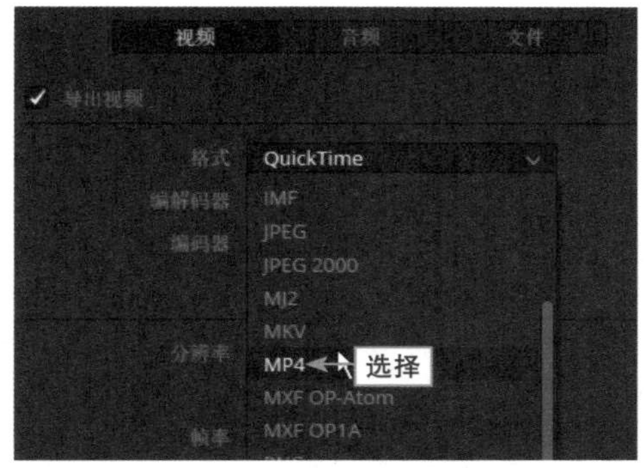

图11.87　选择MP4选项

图11.88　单击“添加到渲染队列”按钮

图11.89　单击“渲染所有”按钮

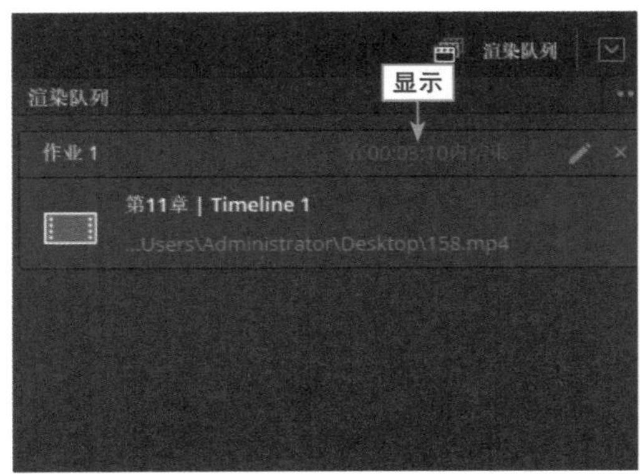

图11.90　显示完成用时

人像视频制作

第 12 章

本章要点

宣传视频主要是指对某个具体的对象进行讲述、介绍，从而达到推广、宣传的目的，这里主要是指为摄影馆进行宣传，而最好的宣传广告就是摄影馆拍摄的照片或者视频，所以《青春之旅》这一宣传视频的所有素材，都是该摄影馆拍摄的。

12.1 欣赏视频效果

制作摄影馆宣传视频，要格外注重素材的选取，首先要选取由该摄影馆拍摄的照片或者视频，其次要选择画面精美度较高的素材。另外，最好选择画面区别较大的素材（不同的运镜拍摄），这样才能更大限度地展示摄影馆拍摄的内容题材，吸引更多的观众前来摄影。

扫码看效果

12.1.1 效果赏析

《青春之旅》宣传视频的画面效果如图12.1所示。

图12.1 人像视频宣传——《青春之旅》效果欣赏

12.1.2 技术提炼

在达芬奇软件中，用户可以先建立一个项目文件，然后在“剪辑”步骤面板中将人像视频素材导入“时间线”面板，根据需要在“时间线”面板中对素材文件进行时长剪辑，为人像视频添加标题字幕以及背景音乐，将制作好的成品输出。

12.2 制作视频过程

本节主要介绍人像视频宣传片的制作过程，包括导入视频素材、添加标题字幕、添加背景音乐以及输出制作的视频等内容，希望用户可以熟练掌握人像视频宣传片的各种制作方法。

12.2.1 导入视频素材

扫码看教程

要想对素材进行编辑，首先要创建一个项目，并完成素材的导入。下面介绍在达芬奇中导入素材的操作方法。

步骤 01 启动达芬奇软件，进入项目管理器面板，在“本地”选项卡中单击“新建项目”按钮，如图 12.2 所示。

图 12.2 单击“新建项目”按钮

步骤 02 弹出“新建项目”对话框，输入相应名称，单击“创建”按钮，如图 12.3 所示。

步骤 03 进入达芬奇的工作界面，选择“文件”|“导入”|“媒体”命令，如图 12.4 所示。

步骤 04 弹出“导入媒体”对话框，在文件夹中显示了多段人像视频素材，选择需要导入的视频素材，如图 12.5 所示。

图 12.3　单击“创建”按钮

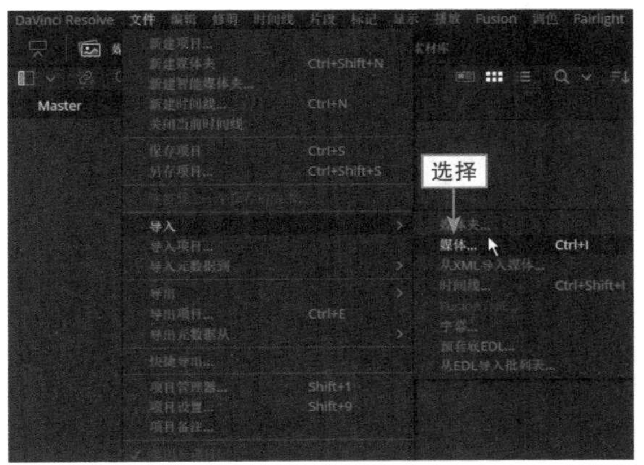

图 12.4　选择“媒体”命令

图 12.5　选择需要导入的视频素材

> ▶ 温馨提示
>
> 在“剪辑”步骤面板中，可以按 Ctrl + I 组合键调出“导入媒体”对话框，进行素材的导入；还可以直接将素材从文件夹中拖曳至“媒体池”面板中。

步骤 05 单击“打开”按钮，即可将选择的多段人像视频素材导入“媒体池”面板中，如图 12.6 所示。

步骤 06 选择“媒体池”面板中的视频素材，将其拖曳至“时间线”面板中的视频轨道上，即可完成导入视频素材的操作，如图 12.7 所示。

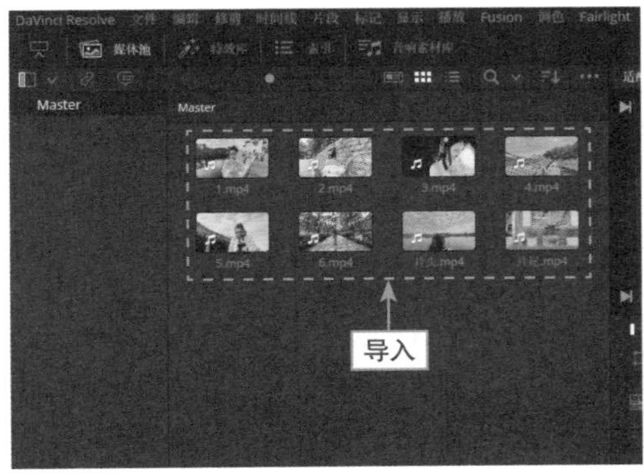

图 12.6　素材导入“媒体池”面板

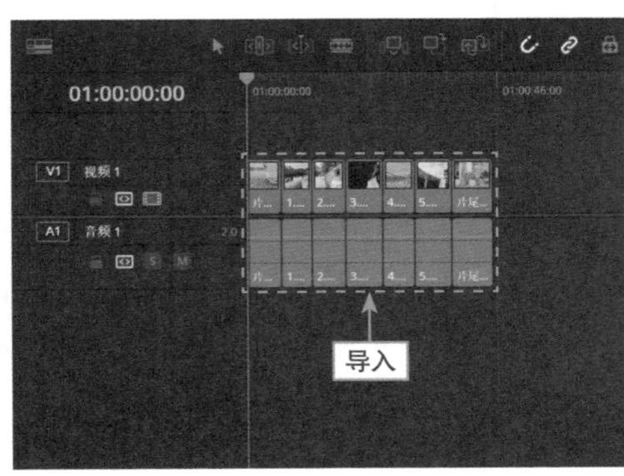

图 12.7　导入视频素材

步骤 07 在预览窗口中查看导入的视频素材，如图 12.8 所示。

图12.8　查看导入的视频素材

12.2.2　添加标题字幕

扫码看教程

这里的视频是调过色的，接下来只需要为人像视频添加标题字幕文件，增强视频的艺术效果。下面介绍具体的操作方法。

步骤 01 在“剪辑”步骤面板中展开“特效库”面板，在“工具箱”选项列表中选择“标题”选项，展开“标题”选项面板，在“标题”选项面板中选择“文本”选项，如图 12.9 所示。

步骤 02 将“时间指示器”拖曳至 01:00:03:28 位置处，如图 12.10 所示。

步骤 03 按住鼠标左键将“文本”字幕样式拖曳至 V1 轨道上方，“时间线”面板中会自动添加一条 V2 轨道，在合适位置处释放鼠标左键，即可在 V2 轨道上添加一个标题字幕文件，如图 12.11 所示。

步骤 04 选中 V2 轨道中的字幕文件，并调整字幕区间时长，如图 12.12 所示。

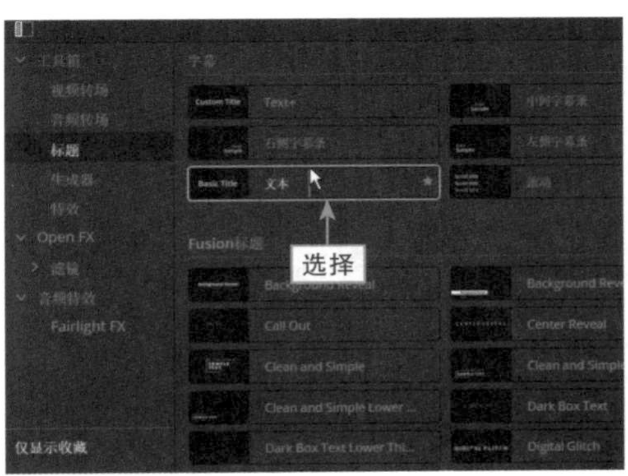

图12.9 选择“文本”选项

图12.10 拖曳“时间指示器”至相应位置

图12.11 添加一个标题字幕文件

图12.12 调整字幕区间时长

步骤 05 双击添加的“文本”字幕，展开“检查器”|“视频”|“标题”选项卡，在“多信息文本”编辑框中输入文字“青春之旅”，如图12.13所示。

步骤 06 单击“字体系列”右侧的下拉按钮，设置相应字体，设置“大小”参数为214，设置“字距”参数为18，设置“行距”参数为-5，如图12.14所示。

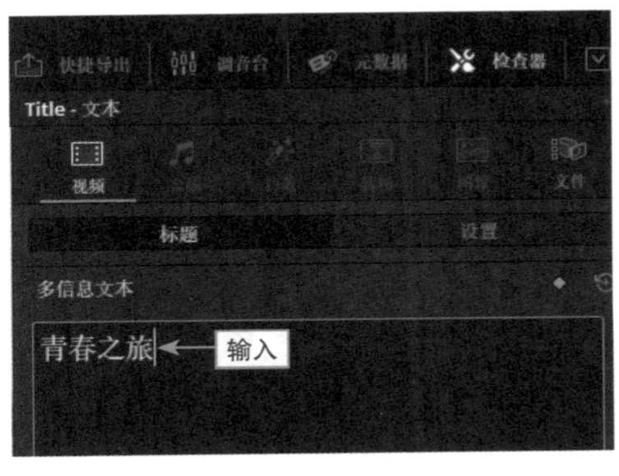

图12.13 输入文字

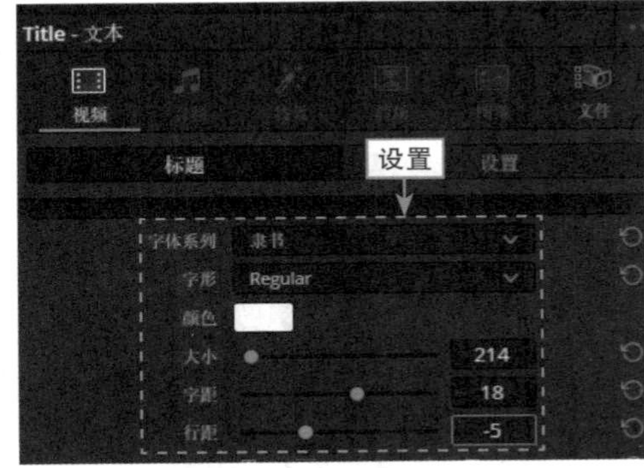

图12.14 设置相应参数(1)

步骤 07 设置“位置”的X参数为960.000、Y参数为827.000，如图12.15所示。

步骤 08 在“描边”选项区中设置“色彩”为绿色，设置“大小”参数为4，如图12.16所示。

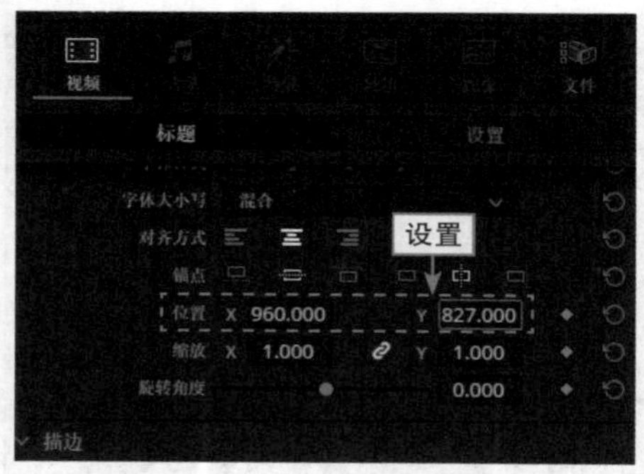

图12.15 设置“位置”参数(1)

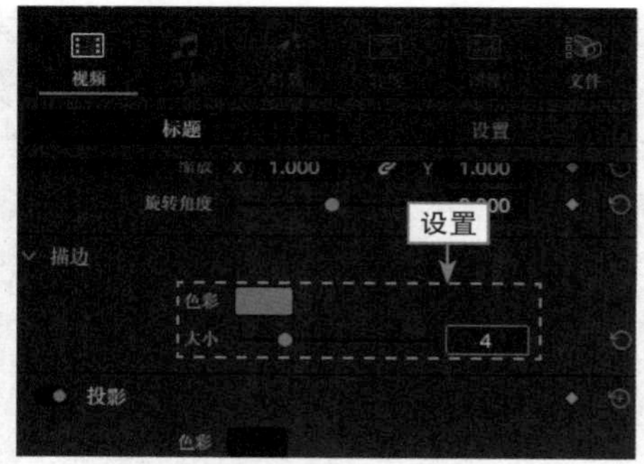

图12.16 设置“大小”参数(1)

步骤 09 展开“检查器”|“视频”|“设置”选项卡，在“裁切”选项区中拖曳“裁切右侧”滑块至最右端，设置“裁切右侧”参数为最大值，单击“裁切右侧”关键帧按钮，如图12.17所示，添加第1个关键帧。

步骤 10 在“时间线”面板中将“时间指示器”拖曳至01:00:05:14位置处，如图12.18所示。

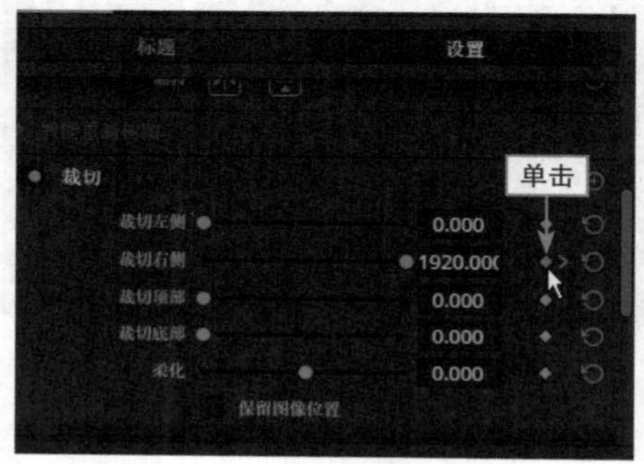

图12.17 单击“裁切右侧”关键帧按钮(1)

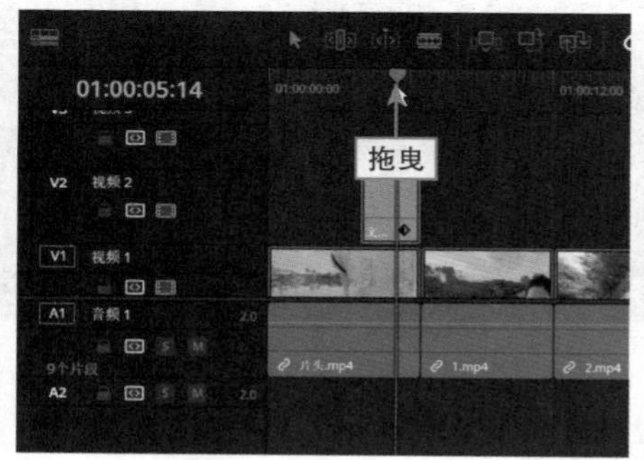

图12.18 拖曳至01:00:05:14位置

步骤 11 展开“检查器”|“视频”|“设置”选项卡的“裁切”选项区，拖曳“裁切右侧”滑块至最左端，设置“裁切右侧”参数为最小值，即可自动添加第2个关键帧，如图12.19所示。

步骤 12 单击“动态缩放”按钮，在“动态缩放缓入缓出”下拉列表框中选择“缓入与缓出”选项，如图12.20所示，即可制作字幕放大突出的动画特效。

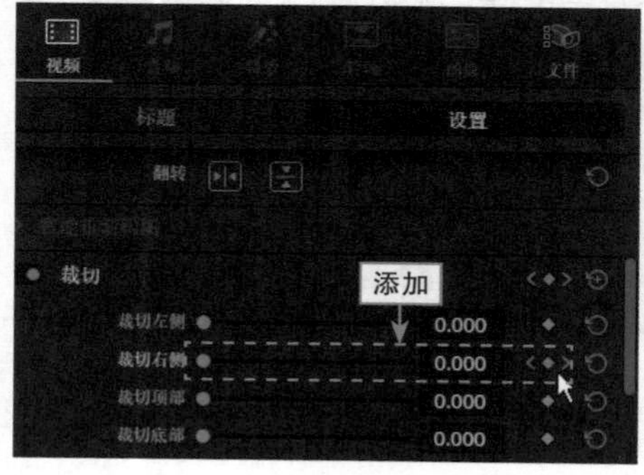

图12.19 自动添加第2个关键帧

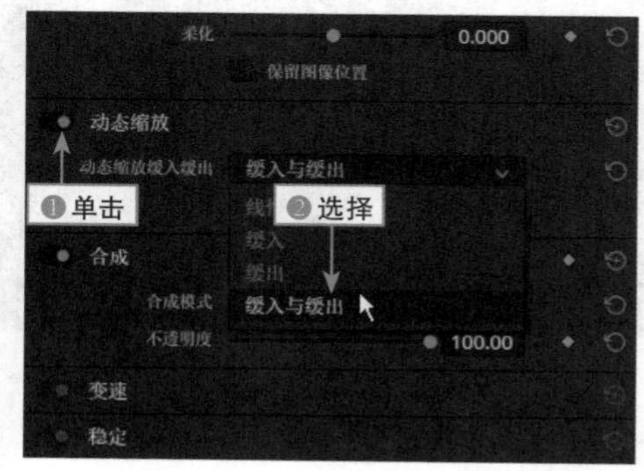

图12.20 选择“缓入与缓出”选项

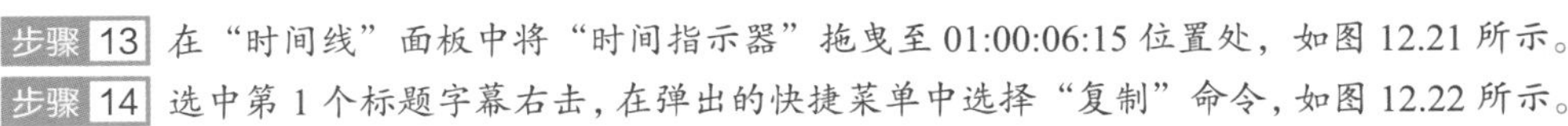

步骤 13 在“时间线”面板中将“时间指示器”拖曳至01:00:06:15位置处，如图12.21所示。

步骤 14 选中第1个标题字幕右击，在弹出的快捷菜单中选择“复制”命令，如图12.22所示。

步骤 15 再次在空白位置处右击，在弹出的快捷菜单中选择“粘贴”命令，并调整文本时长，如图12.23所示。

步骤 16 展开“检查器”|“视频”|“标题”选项卡，在“多信息文本”编辑框中输入文字，如图12.24所示。

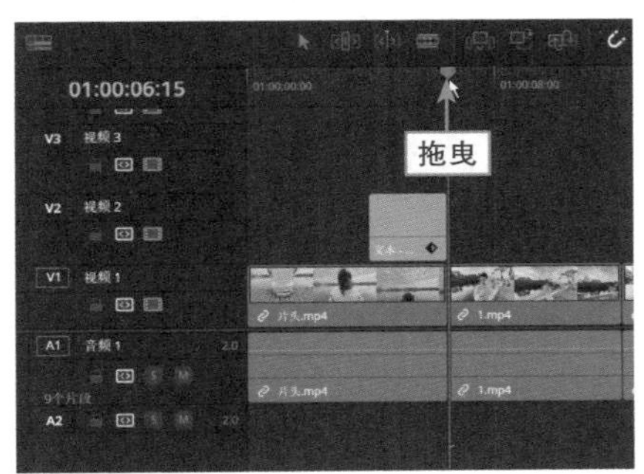

图12.21 拖曳至01:00:06:15位置

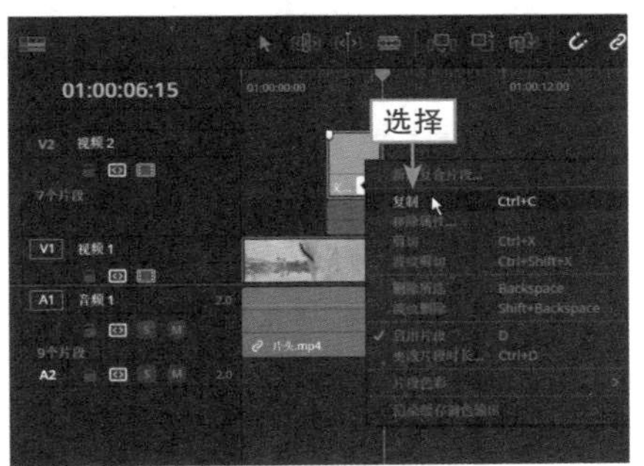

图12.22 选择“复制”命令

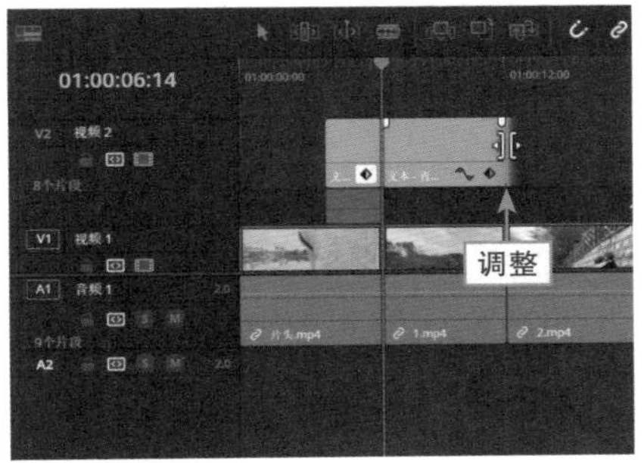

图12.23 调整文本时长

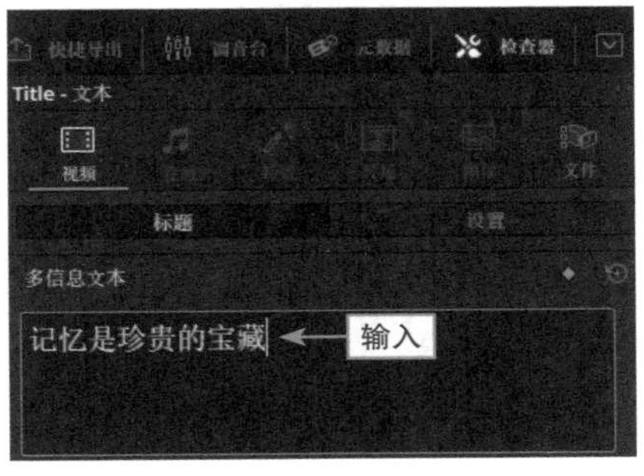

图12.24 输入相应文字

步骤 17 设置相应字体，设置“大小”参数为115，设置“字距”参数为-10，如图12.25所示。

步骤 18 设置“位置”的X参数为960.000、Y参数为234.000，如图12.26所示。

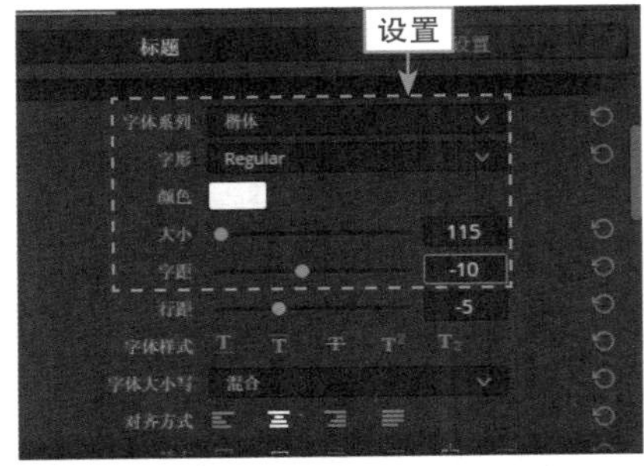

图12.25 设置相应参数（2）

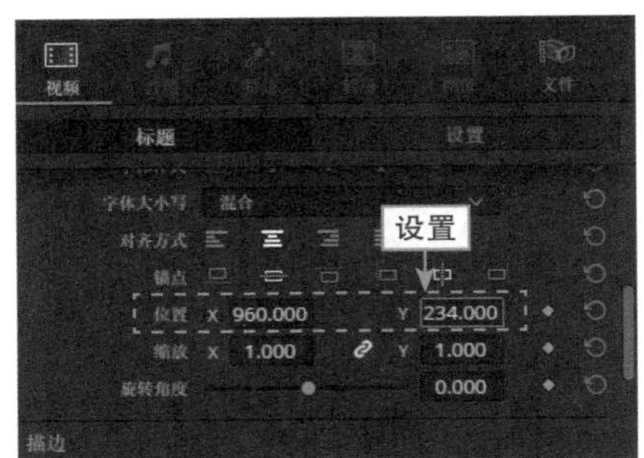

图12.26 设置“位置”参数（2）

步骤 19 在“描边”选项区中设置“色彩”为紫色，设置“大小”参数为 3，如图 12.27 所示。

步骤 20 展开“检查器”|“视频”|“设置”选项卡，单击“动态缩放”按钮，如图 12.28 所示，即可关闭“动态缩放”功能区域。

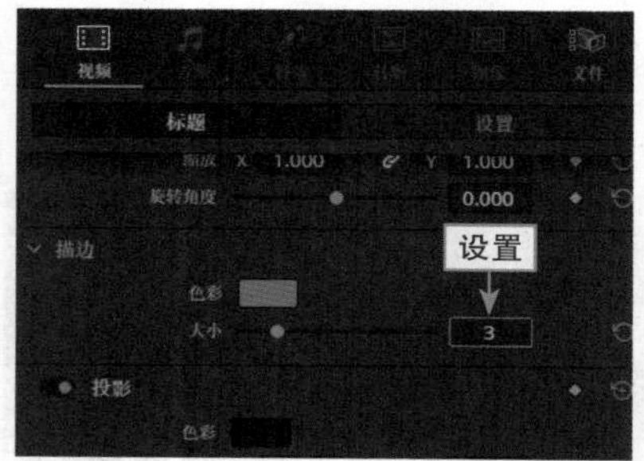

图 12.27　设置“大小”参数（2）

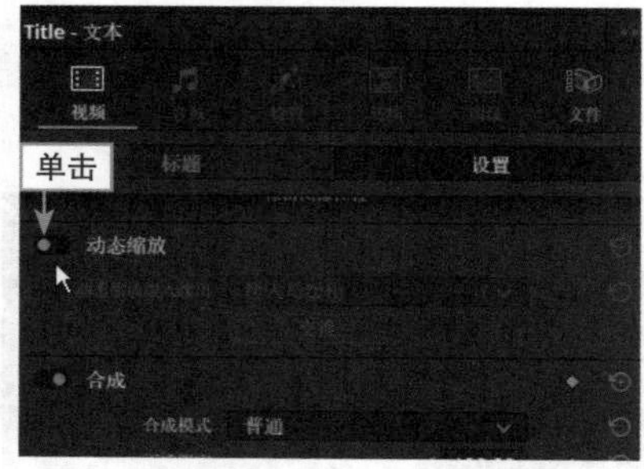

图 12.28　单击“动态缩放”按钮

步骤 21 用同样的方法，设置其余的标题字幕内容，效果如图 12.29 所示。

步骤 22 拖曳“时间指示器”至 01:00:45:24 位置处，如图 12.30 所示。

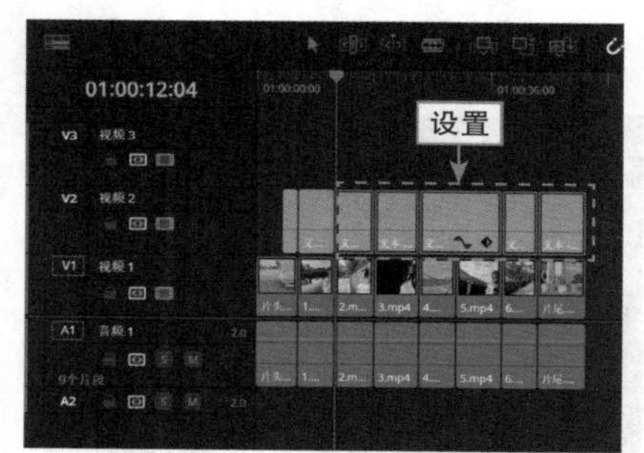

图 12.29　设置其余的标题字幕内容

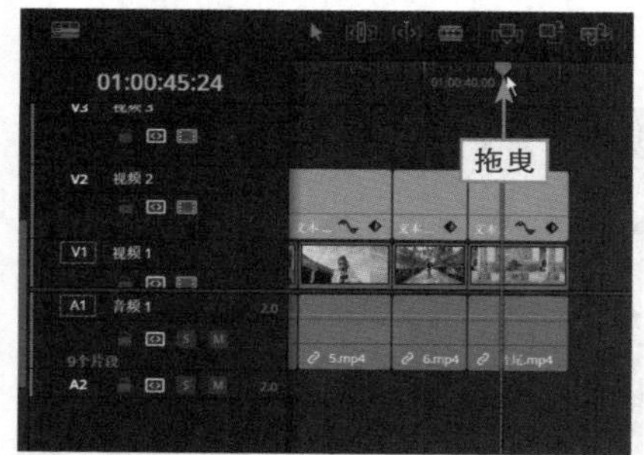

图 12.30　拖曳至 01:00:45:24 位置

步骤 23 在“剪辑”步骤面板中展开“特效库”面板，在“工具箱”选项列表中选择“标题”选项，展开“标题”选项面板，在“标题”选项面板中选择“文本”选项，如图 12.31 所示。

步骤 24 按住鼠标左键将“文本”字幕样式拖曳至 V2 轨道上方，如图 12.32 所示，“时间线”面板中会自动添加一条 V3 轨道，在合适位置处释放鼠标左键，即可在 V3 轨道上添加一个标题字幕文件。

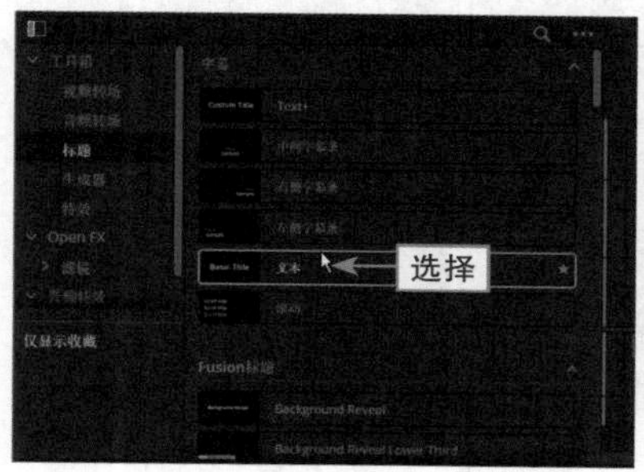

图 12.31　选择“文本”选项

图 12.32　拖曳至 V2 轨道上方

步骤 25 双击标题字幕文件，展开“检查器”|“视频”|“标题”选项卡，输入文字，设置相应字体，设置“大小”参数为357，设置“字距”参数为31，设置“行距”参数为-5，如图12.33所示。

步骤 26 设置“位置”的X参数为980.000、Y参数为540.00，如图12.34所示。

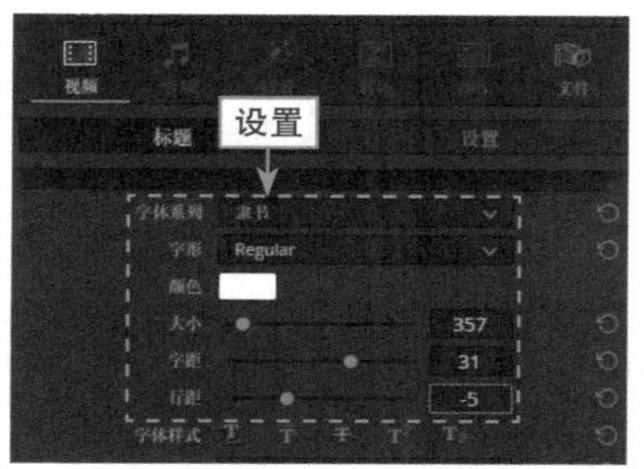

图12.33 设置相应参数(3)

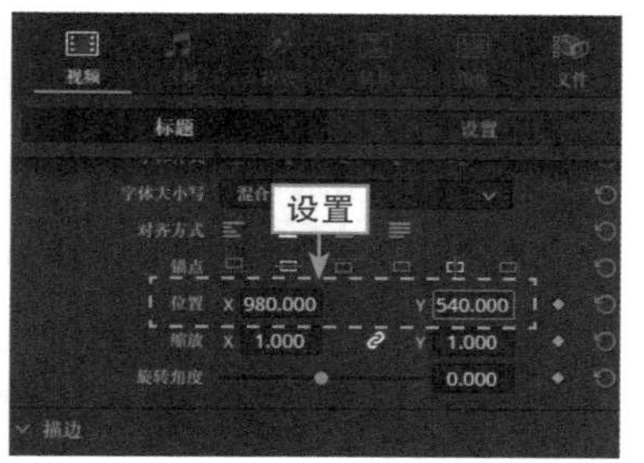

图12.34 设置“位置”参数(3)

步骤 27 在“描边”选项区中，设置相应色彩，设置“大小”参数为8，如图12.35所示。

步骤 28 展开“检查器”|“视频”|“设置”选项卡，在“裁切”选项区中拖曳“裁切右侧”滑块至最右端，设置“裁切右侧”参数为最大值，单击“裁切右侧”关键帧按钮◆，如图12.36所示，添加第1个关键帧。

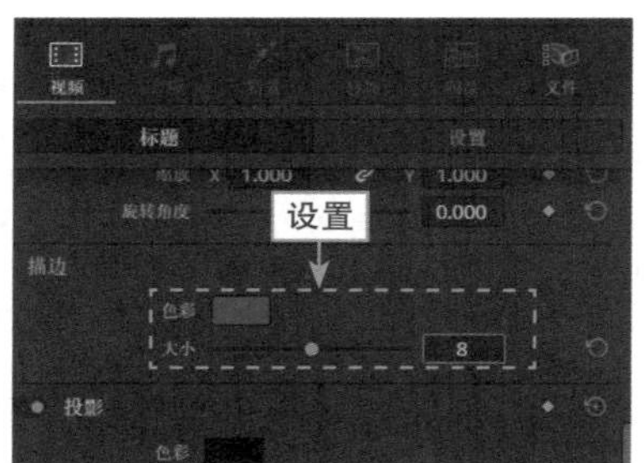

图12.35 设置“大小”参数(3)

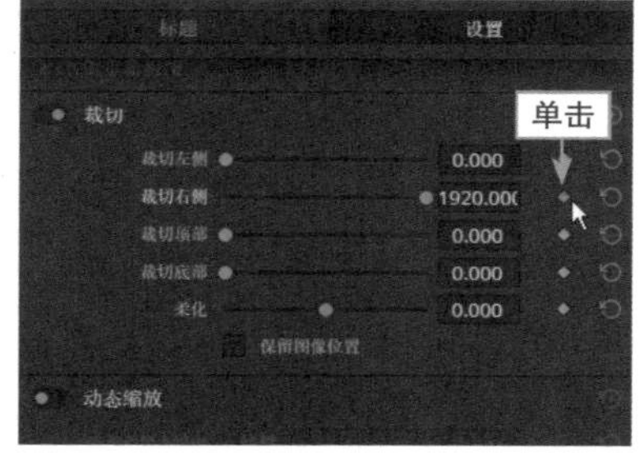

图12.36 单击“裁切右侧”关键帧按钮(2)

步骤 29 在“时间线”面板中将时间指示器拖曳至01:00:49:23位置，如图12.37所示。

步骤 30 在“检查器”|“视频”|“设置”选项卡的“裁切”选项区中拖曳“裁切右侧”滑块至最左端，设置“裁切右侧”参数为最小值，即可自动添加第2个关键帧，如图12.38所示。

图12.37 拖曳至01:00:49:23位置

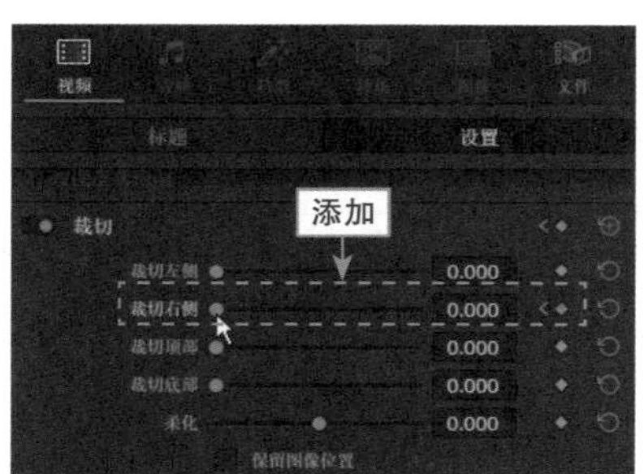

图12.38 自动添加第2个关键帧

步骤 31 在预览窗口中查看标题字幕效果，如图 12.39 所示。

图 12.39　查看标题字幕效果

12.2.3 添加背景音乐

扫码看教程

标题字幕制作完成后，可以为视频匹配一个完整的背景音乐，使宣传片更有感染力。下面介绍具体的操作方法。

步骤 01 在“媒体池”面板中的空白位置处单击鼠标右键，在弹出的快捷菜单中选择“导入媒体”命令，如图 12.40 所示。

步骤 02 弹出“导入媒体”对话框，在其中选择需要导入的音频素材，如图 12.41 所示。

图 12.40　选择“导入媒体”命令

图 12.41　选择需要导入的音频素材

步骤 03 单击“打开”按钮，即可将选择的音频素材导入“媒体池”面板中，选择导入的音频素材，如图 12.42 所示。

步骤 04 按住鼠标左键将其拖曳至 A1 轨道上，释放鼠标左键即可为视频匹配背景音乐，并调整音乐时长，如图 12.43 所示。

图 12.42　选择导入的音频素材

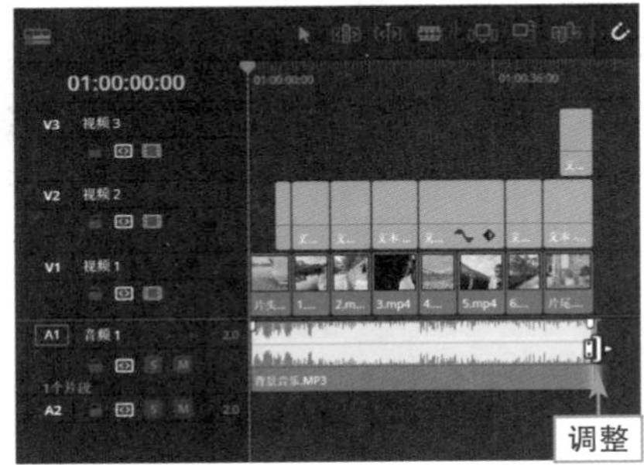

图 12.43　调整音乐时长

扫码看教程

12.2.4 输出制作的视频

待视频剪辑完成后，即可切换至“交付”面板，将制作的成品输出为一个完整的视频文件。下面介绍具体的操作方法。

步骤 01 切换至“交付”步骤面板，在“渲染设置”|“渲染设置 -Custom Export”选项面板中设置文件名称和保存位置，如图 12.44 所示。

步骤 02 在“导出视频”选项区中单击“格式”右侧的下拉按钮，在弹出的下拉列表中选择 MP4 选项，如图 12.45 所示。

图12.44 设置文件名称和保存位置

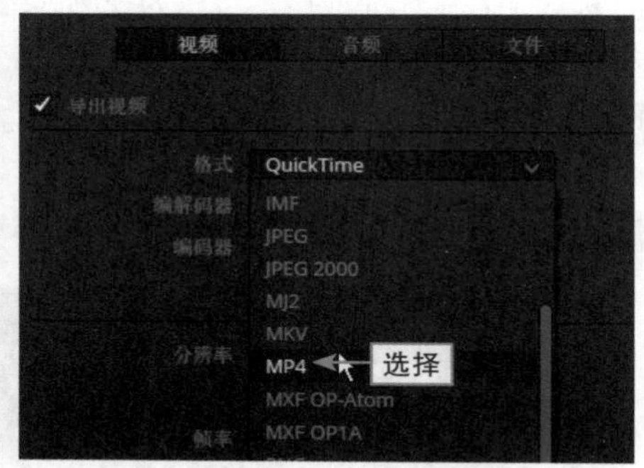

图12.45 选择MP4选项

步骤 03 单击“添加到渲染队列”按钮，将视频文件添加到右上角的“渲染队列”面板中，单击“渲染所有”按钮，如图 12.46 所示。

步骤 04 此时开始渲染视频文件，并显示视频渲染进度，如图 12.47 所示。待渲染完成后，在渲染列表上会显示完成用时，表示渲染成功。在视频渲染文件保存的文件夹中，可以查看渲染输出的视频。

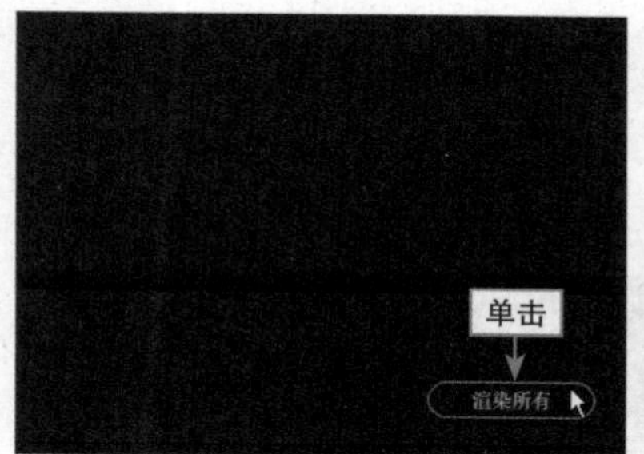

图12.46 单击“渲染所有”按钮

图12.47 显示视频渲染进度